南方熊楠の森

松居竜五・岩崎 仁 編

発売：オクターブ
発行：方丈堂出版

南方熊楠の森

目次

出発点としての森　松居竜五　004

第1部　南方熊楠が歩いた熊野

熊野と熊楠　千田智子　016
南方熊楠と熊野古道―世界遺産百年前　安田忠典　026
南方熊楠ゆかりの地　中瀬喜陽　040

第2部　南方熊楠の生態調査

南方熊楠とキノコ　萩原博光　074
［熊楠によるキノコ彩色図いろいろ］　078
変形菌研究と南方熊楠　山本幸憲　080
南方熊楠と蘚苔類　土永浩史　088
藻類調査の光と影　松居竜五　096
博物学と南方熊楠　近田文弘　104

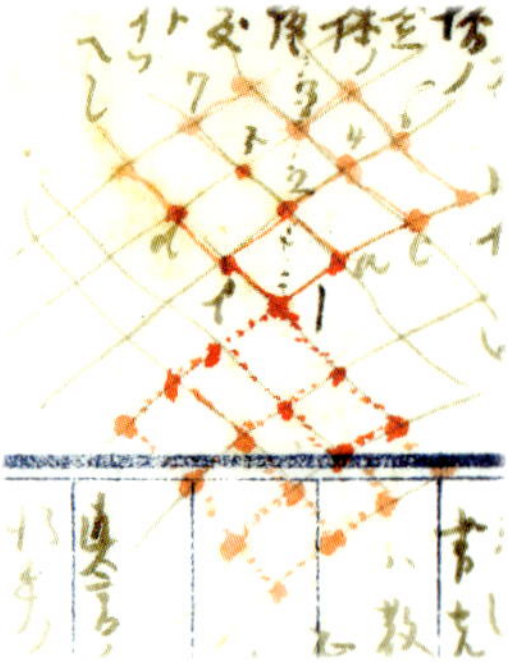

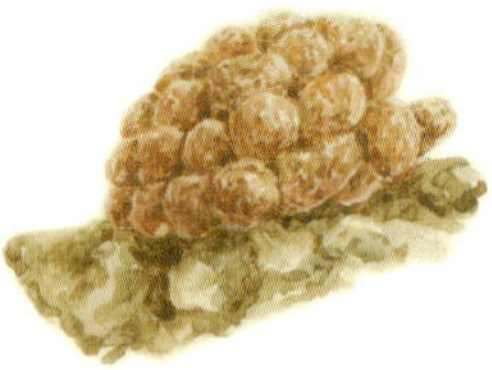

第3部 南方マンダラをめぐって

土宜法龍と南方熊楠　奥山直司 —— 114
南方マンダラの形成　松居竜五 —— 132
土宜法龍宛新書簡の発見と翻刻の解説　神田英昭 —— 160
【新資料紹介】土宜法龍宛南方熊楠書簡　翻刻　雲藤　等 —— 170

第4部 データベースとしての森

デジタル熊楠の壺　岩崎　仁 —— 202
CD-ROMの使い方 —— 213

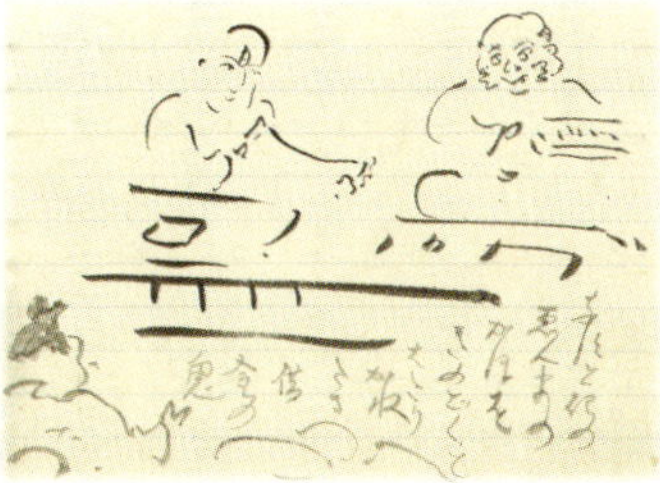

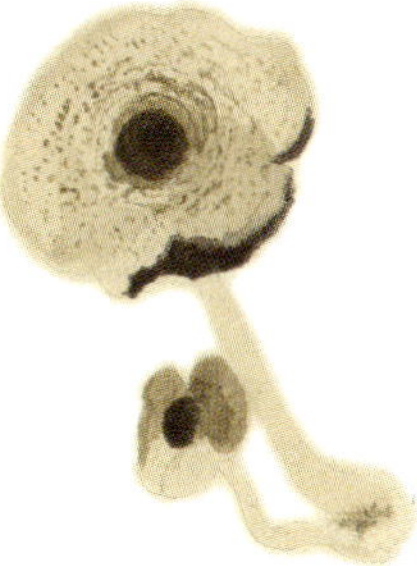

出発点としての森

松居竜五

南方熊楠《みなかたくまぐす》（一八六七―一九四一）が十数年におよぶ青年期のアメリカ、英国での生活を終えて帰国し、故郷和歌山に到着したのは、一九〇〇年十月のことでした。二十歳で日本を出た熊楠は、この時、三十三歳になっていました。

海外での熊楠は、酒造会社を営み富裕であった父からの援助で生活し、父の死後も家督を継いだ弟・常楠《つねぐす》からの仕送りで学問三昧の生活を続けていました。ロンドンでは大英博物館に通い世界最大の図書館で読書し、『ネイチャー』など世界一流の学術誌にも多くの論文を掲載されるという充実した日々を送っていた熊楠にとって、仕送りの打ち切りによる日本への帰国は挫折であり、旅の終着点である和歌山の実家は居心地のよいところではありませんでした。当時の熊楠の日記からは、おそらく熊楠への父の財産分与の問題をめぐって、南方家の親戚筋で何度も家族会議がもたれたことがわかります。

一方、この頃の熊楠の頭の中には「日本の隠花《いんか》植物の調査をしてほしい」という、友人で大英博物館の植物学者ジョージ・マレーの言葉がありました。隠花植物とは、当時の分類学上の言葉で、花の咲く顕花《けんか》植物に対して花が咲かない植物という意味です。現在の分類では多様な分野に分かれているキノコや藻類《そうるい》、シダ、コケなどのさまざまな種が、ここには一括して含まれていました。熊楠は和歌山市内の円珠院《えんじゅいん》に在寓しながら、近くの森に入って隠花

南方熊楠

植物の採集を始めることになります。

　この時の熊楠の意図は、紀伊半島の隠花植物の悉皆《しっかい》調査を行なうことにありました。たとえば、帰国後ひと月あまり後の十一月二十日の日記には、「午後昨日集し藻しらべる」という言葉とともに、「紀州隠花植物の予定」として、「粘菌《ねんきん》一〇、キノコ四五〇、地衣類《ちいるい》二五〇、藻類二〇〇、シャジク藻（淡水性藻類の一種）五、苔類《たいるい》五〇、蘚類《せんるい》一〇〇、（計）一〇六五」（引用者注、原文はすべて学名）という数字が挙げられています。ここからは、粘菌、キノコといった個々の種類だけではなく、紀伊半島の隠花植物の総体を、水生のものから陸生のものまでひっくるめたかたちで調査しようとしていたことがうかがわれます。

　半年後の一九〇一年四月までに、熊楠は和歌山市内でキノコ（菌類）だけでも当初の目標を超える五〇〇種あまりの数を集めることになります。そしてそのことを背景にして四月十四日の日記には、「所期数」として「藻五〇〇、地衣五〇〇、菌二〇〇〇、蘚三〇〇、苔一〇〇、（計）三四〇〇」と訂正をした数字が書き付けられています。最初の計画と比べると、菌類が四〜五倍、地衣類が二倍、藻類が二・五倍、そして蘚苔類《せんたいるい》が併せて三倍弱と、大幅に目標が膨らんでいます。熊楠は、和歌山市のかぎられた範囲内での調査を通じてさえ、紀伊半島の隠花植物が予想よりもはるかに多種多様であることに気づいたのだろうと思われます。

　そして、この隠花植物悉皆調査の目的を果たすために、熊楠は紀伊半島の南端にある港町、勝浦《かつうら》を目指すことになります。勝浦には、父が興した実家の南方酒造の販売店があり、そこに身を寄せながら周辺の生物を調査しようと考えたのです。結局、熊楠は帰国後ちょうど一年になる一九〇一年十月三十日、単身、勝浦行きの船に乗りこみます。当時、和歌山からは、ほぼ丸一日の船旅でした。船は夕方に出航しますが、あいにくこの夜は波がたいへん荒く、

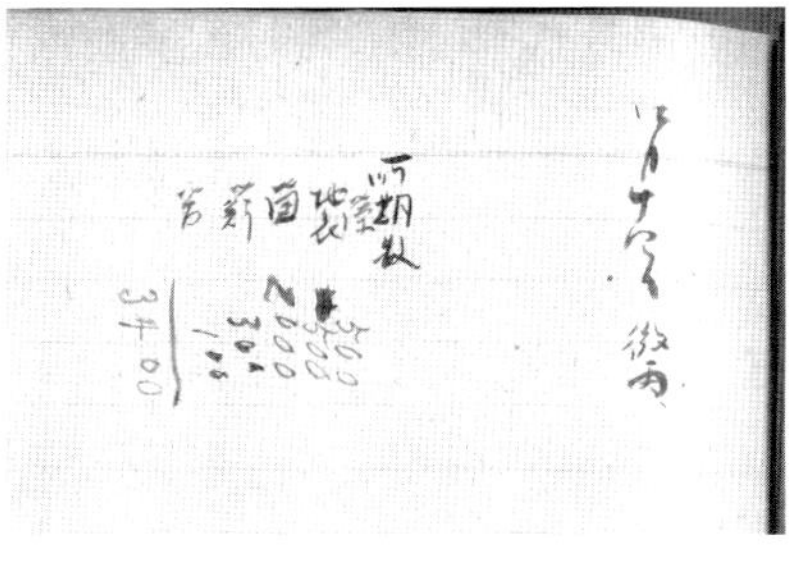
1901年4月14日の日記

場所は変わったが現在も営業している勝浦の南方酒店

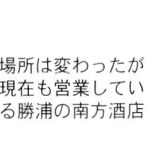

熊楠はまったく眠れなかったようです。

その行く先で熊楠を待ち受けていたのは、当時まだ人の手がほとんど入らない、原始のままの面影を残す熊野の森林でした。数千年の間に老大樹から寄生植物、隠花植物、昆虫、動物たちが作り上げてきた複雑で精妙な生命の世界が、熊楠の眼前に繰り広げられていました。一九〇二年一月に海辺の勝浦から山中の那智《なち》に移動した熊楠は、途中歯の治療のために和歌山市に戻った時期を除いて、一九〇四年十月まで大阪屋という旅館に滞在を続けました。そして、読書と論文執筆の合間を縫って、那智の聖域とその辺り一帯に広がる原始林の世界を逍遥することになります。

この時の熊楠の感懐を述べた文章が、晩年に書かれた「履歴書」と呼ばれる文章の中にあります。

そのころは、熊野の天地は日本の本州にありながら和歌山などとは別天地で、蒙昧《もうまい》といえば蒙昧、しかしその蒙昧なるがその地の科学上きわめて尊かりし所以《ゆえん》で、小生はそれより今に熊野に止まり、おびただしく生物学上の発見をなし申し候。

熊楠はまた岩田準一に宛てた手紙では、「熊野の勝浦、それから那智、当時実に英国より帰った小生にはズールー、ギニア辺以下かに見えた野蛮の地」と記していて、よほど強烈な印象をこの地に受けたことがわかります。

もう一点、先の文章の中では、「それより今に熊野に止まり」という言葉も、よく考えてみるとたいへん重要な意味をもっています。これが書かれたのは一九二五年で、すでに熊楠

和歌山県東牟婁郡本宮町湯峰の地名から名付けられたユノミネシダ

現在の那智の森林。熊楠が「向山」と呼んでいる大阪屋向かいの山

が紀伊半島南西部の城下町の田辺《たなべ》に居を定め、家庭をもってからずいぶん経ってのことです。そうした田辺定住後の自分の状況についても、熊楠自身は一九〇一年以降、「引き続き熊野にとどまっている」という認識をもっていたわけです。言い換えれば、熊楠の人生は、三十四歳の時の勝浦行きを境として転換し、それ以降は常に熊野というフィールドの中で生きていくという、強い意志に支えられたものであったということになります。

その熊野での生活の出発点であった那智の原生林の中で、熊楠がどのようなものを見ていたのかということは、興味の尽きない点です。まず、隠花植物に関しては、勝浦に着いたばかりの頃は海産と淡水産の藻類を採集していることが目につきます。那智に移ってからは、今度はキノコ、地衣類、シダなどの森林中の採集品が飛躍的に増えていきます。粘菌と呼ばれるアメーバ状の変形体から小さなキノコのような子実体へと変貌する不思議な生物が、本格的に研究の対象となってきたのもこの頃のことです。

しかし、那智での熊楠の調査はこうした隠花植物にとどまらず、森林をかたち作るすべての生命形態とその関連性へと向けられていたと考えたほうがよいでしょう。現在、和歌山県田辺市の南方熊楠旧邸の書庫には、この当時採集された多数の生物標本が残されていますが、それらを見ると、花の咲くいわゆる高等植物や、数百種の昆虫からヒトデやウミヘビなどの小動物にいたる、熊野の海、山、川のありとあらゆる生き物が含まれています。そこには、のちに熊楠が日本ではじめて本格的に用いることになる「生態学」という概念を、熊野のフィールドワークの中で文字どおりつかみ取っていった様子を見て取ることができます。

そして、それとともに熊楠は、そうした生命の世界を、仏教の言葉を用いて説明しようとしていました。顕微鏡を一台持って森林に入っていくだけで、世界の多様さを知ることがで

旧邸書庫に残された
アサヒガニの標本

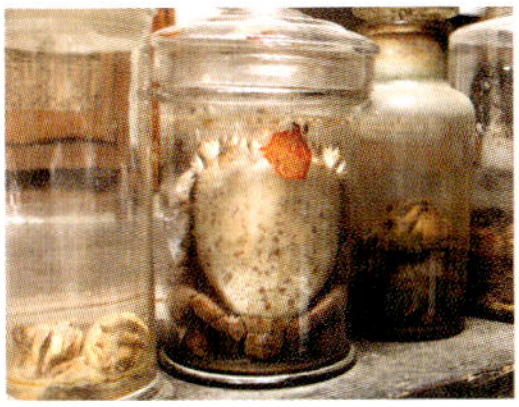

旧邸書庫に残された
テヅルモヅル（ヒトデ）の標本

南方熊楠旧邸書庫に残された
昆虫標本箱

きる。それは、大乗仏教の説く世界そのものだ、と熊楠はいうのです。

大乗は望みあり。何となれば、大日に帰して、無尽無究の大宇宙の大宇宙のまだ大宇宙を包蔵する大宇宙を、たとえば顕微鏡一台買うてだに一生楽しむところ尽きず、そのごとく楽しむところ尽きざればなり。

大乗仏教に基づくこうした独自の世界観を、那智時代の熊楠は盟友の土宜法龍《どぎほうりゅう》という真言僧に送り続けました。法龍は若い頃から真言宗の開明的な学僧として知られた人物で、ロンドンを訪れた際に熊楠と親交を結び、仏教に対する忌憚ない意見をお互いに長文の書簡に吐露していました。とりわけ、一九〇三年七月から八月にかけて書かれた熊楠から法龍への書簡には、仏教の考え方によって自然の世界を理解しようという独自の思想的な試みを語った論考が見られます。

この時、熊楠の心のうちには、それまでの西洋科学に感じていた限界を、仏教の概念を用いることで乗り越えていこうという意志がありました。「小生の曼陀羅《まんだら》」と熊楠自身が呼ぶこの試みは、のちに鶴見和子によって「南方マンダラ」と命名され、彼の思想を読み解く鍵と位置づけられています。そこには、個々の要素を分解して理解する近代科学のやり方ではとらえきれない森林世界の関係の多様性を、マンダラのかたちで取り込んでいこうとする姿勢が見られます。

すなわち森羅万象を今の時代の必須に応じて、早く用に立つように分類順序づけるなり。
いわば曼陀羅の再校なり。

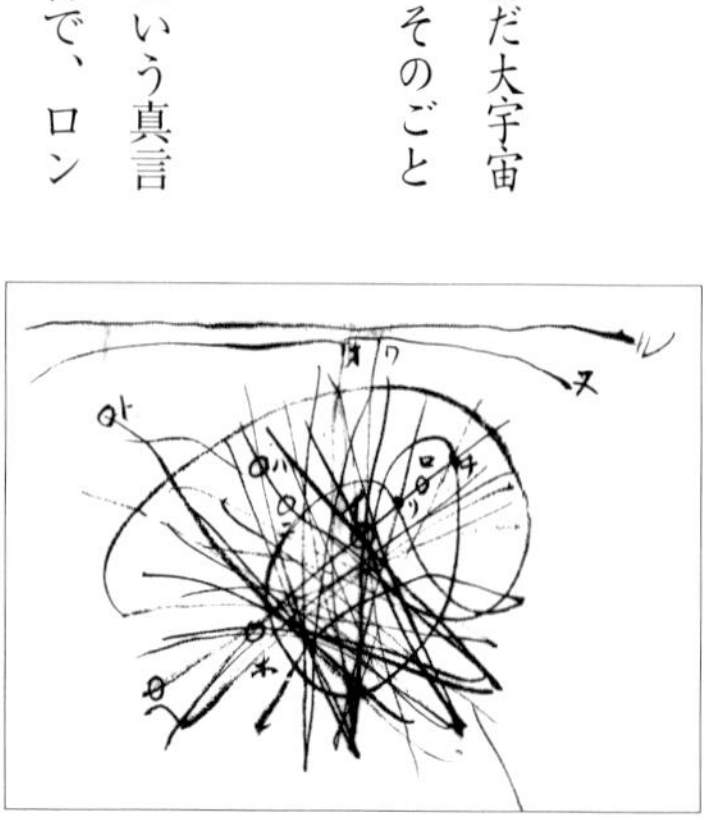

1903年7月18日付土宜法龍宛書簡に描かれた「南方マンダラ」と呼ばれる図。本書146頁参照

眼の前に広がる森羅万象の世界を理解するためには、真言密教における曼陀羅のようなモデルを現代科学の成果に合わせて作り替えることが必要だと熊楠は考えたわけです。こうして「南方マンダラ」と呼ばれるようになった世界観は、熊楠の思索とフィールドワークの広がりを探っていくための見取り図としての役割をもつものだといえるでしょう。

この南方マンダラに関連して、最近、土宜法龍が住職をしていた京都栂尾山高山寺《とがのおさんこうさんじ》から大量に未公刊の熊楠書簡が見つかるという新発見がありました。とくに、一九〇二年に書かれた長文書簡が多く含まれており、一九〇三年七月、八月書簡に見られるマンダラの形成過程を示すものではないかと注目されています。本書第3部では、この新発見の法龍宛書簡のもっとも重要と思われる一部分を紹介します。そこからは、熊楠が隠花植物の世界と、霊魂、生死などの問題を統合するような世界観を模索していたことが読み取れます。こうした新資料からも、南方マンダラが当時の熊楠の植物調査と密接な関係をもって形成されてきたことがわかるのではないでしょうか。

さて、一九〇四年十月に那智山での隠花植物採集を終えた熊楠は、本宮《ほんぐう》から熊野古道を歩いて踏破し、和歌山市までの中間にある城下町、田辺にたどり着きます。田辺は熊楠の友人も多く、また植物採集を行なうための拠点としても便利のよい場所でした。一九〇六年に結婚し一男一女をもうけた熊楠は、結局、七十四歳で亡くなるまでの三十七年間をこの地で過ごすことになります。熊楠はこの田辺から周辺の森林に出かけて隠花植物を調査し、また民俗学の研究に没頭する生活を、後半生を通じて続けました。とりわけ、粘菌に関しては英国の権威であるリスター父娘との共同研究のかたちで、その一部が英国の学界でも発表されて

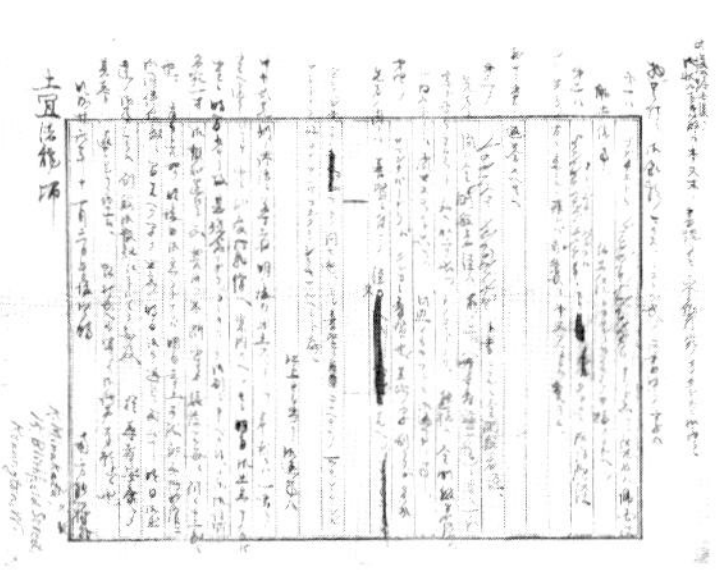

2004年に高山寺で発見された土宜法龍宛書簡。長文の巻物も多い（高山寺蔵）

います。

　しかし、熊楠が田辺に家庭をもった頃から、明治政府による神社合祀《ごうし》令の和歌山県における実施が急速に進められていきます。この神社合祀令は、小さな神社や祠《ほこら》を統廃合して、市町村など行政単位の神社にまとめることを目的としたものでしたが、その結果として境内にある森林の売却、伐採が行なわれることになりました。熊楠は、そうして自分の調査の対象である森林が周囲から消えていくことに、大きな憤りを感じたのでした。

　一九〇九年頃から、熊楠は地元紙の『牟婁《むろ》新報』社主の毛利清雅とともに、神社合祀に反対する文章を同紙に寄稿し、同時に国会にも働きかけるなどの運動を行なっていきます。翌年八月には、合祀推進派の集会に乱入して逮捕・拘留されるなど、その運動は苛烈をきわめました。こうした熊楠の運動は、すでにかなりの乱伐が進んでしまってからのものであったとはいえ、一部の重要な古林を残すなどの成果をあげます。一九一一年に熊楠から東京大学植物学教授の松村任三に宛てて書かれた手紙は、柳田國男の手によって『南方二書』としてまとめられますが、そこには、最初に熊野の森林に入った那智から始めて、熊野古道、沿岸の諸島と、自らの道のりをたどるように紀伊半島の植物相が解説され、それらが危機に瀕していることが訴えられています。

> さて木乱伐しおわり、その人々去るあとは戦争後のごとく、村に木もなく、神森もなく、何にもなく、ただただ荒れ果つるのみに有之《これあり》。紀州到る処、山林という山林、多くはこの伝にて荒らされおり候。

しかし素人《しろうと》の考えとちがい、植物の全滅ということは、ちょっとした範囲の変更よりし

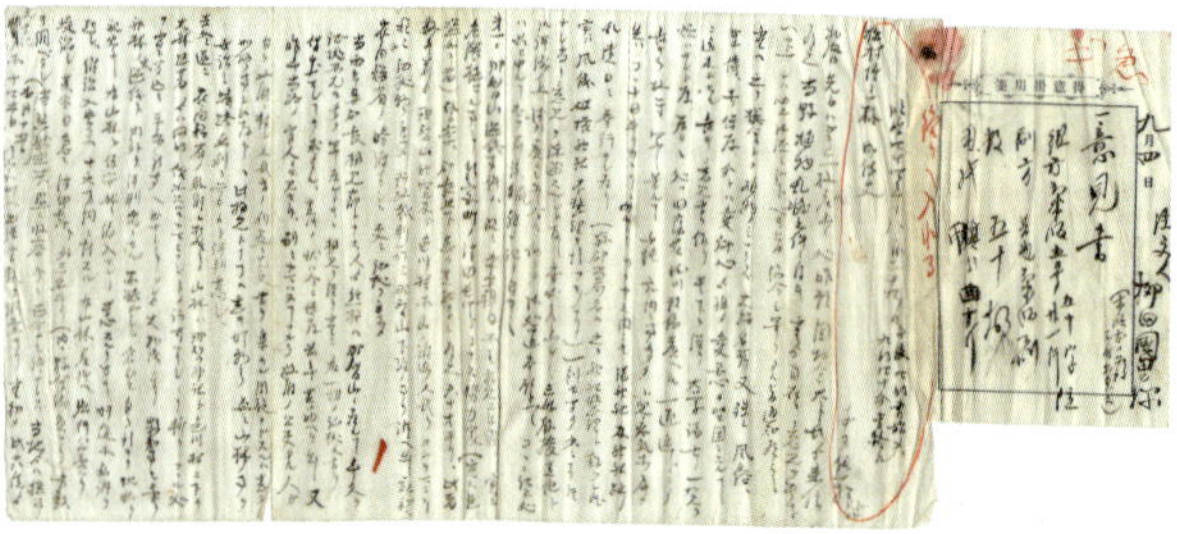
『南方二書』の元となった松村任三宛書簡

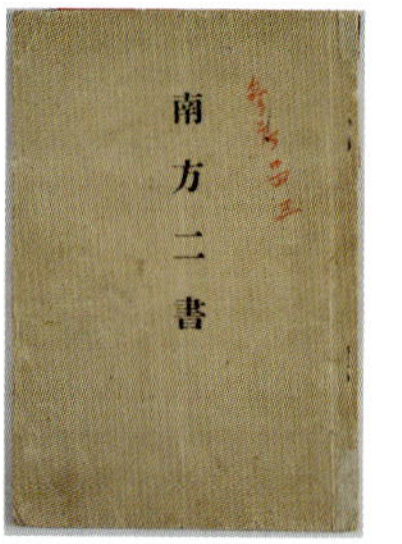

『南方二書』表紙（1911年）

て、たちまち一斉に起こり、そのときいかにあわてるも、容易に恢復《かいふく》し得ぬを小生まのあたりに見て証拠に申すなり。

この時期の熊楠はまた、こうした神社林保護のための理論として、十九世紀末から認知されはじめていた新しい学問であるエコロジーを紹介しています。現在のような自然保護運動といった意味の言葉とはちがい、当時のエコロジーという言葉は、自然生態系とそれを解明する学問そのものを指す言葉でした。次の文章などから見て、熊楠にとってエコロジーとは、原生林を中心とする自然の世界の中にある「密接錯雑」した関係性のことだったと考えることができます。

御承知ごとく、殖産用に栽培せる森林と異《かわ》り、千百年来斧斤《ふきん》を入れざりし神林は、諸草木相互の関係はなはだ密接錯雑致し、近ごろはエコロギーと申し、この相互の関係を研究する特種専門の学問さえ出で来たりおることに御座候。

ここまで見てきたように、一九〇一年に那智の原生林の中に入ってから、一九一一年頃に神社合祀反対のための理論を固めていくまでの熊楠の思想には、ある一貫性があると思われます。それは、熊野の森林を前にして、熊楠がその生命が織りなす関係性に着目し、それを自然を理解するための根底に据えようとしてきたということです。南方マンダラから生態系としての紀伊半島の森林をとらえる見方へと、熊楠はその関係性に向けた視点を持続させていきました。当時の紀伊半島を覆っていた熊野の森こそが、後半生における熊楠の思想の、文字どおりの出発点であったということができるのです。

継桜王子社（田辺市中辺路町）の南を向いた杉の巨木（一方杉）は現在9本が残されているが、数十本が切られた。社の上方には大きな切り株があちこちに見られる

熊楠が調査した江須崎（和歌山県西牟婁郡すさみ町）の自然林

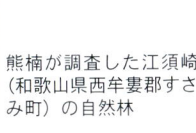

本書は、「南方熊楠の森」をテーマとして、おもにこの一九〇一年から一九一一年頃までの熊楠の活動に焦点を当てています。第1部は「南方熊楠が歩いた熊野」と題して、熊楠の紀伊半島での足跡について、その詳細をたどります。第2部は「南方熊楠の生態調査」で、植物学のそれぞれの分野から見た熊楠の調査・研究の特徴について見ていきます。第3部は「南方マンダラをめぐって」と題して、新資料紹介を交えながら、熊楠が那智の森林の中で眼の前に広がる自然の世界を、仏教の言葉を用いてどのようにとらえようとしていたかを探ります。

現在こうした熊楠の研究は、画像を含むデジタル情報としてデータベース化が進められています。コンピュータのもたらすマルチメディアを活用すれば、誰もが簡単に熊楠の踏破した森林の世界を追体験し、その大まかな見取り図を得ることができると考えているからです。そこで、本書では第4部の「データベースとしての森」でこうした「デジタル熊楠」計画について解説するとともに、CD-ROMのかたちでこのデータベースを活用した閲覧システムの一端を提供しています。CD-ROMにはまた、『南方二書』をテクストとして、熊楠の森とその現在の姿を現地で撮影した映像作品「南方二書の世界」を収録しています。

このような本書の内容は、おもに二〇〇四年六月五日から八月一日にかけて龍谷大学深草学舎パドマ館で行なわれた、「人間・科学・宗教」オープン・リサーチ・センター特別展示「南方熊楠の森」を基に、あらたに書きおろし、また編集したものです。展示を本書にまとめる際には、さまざまな面で同センターの援助を受けました。同センターのリサーチ・アシスタントである本多真さんには編集の協力をしていただきました。

この展覧会は、田辺市、南方熊楠邸保存顕彰会、国立科学博物館、(財)南方熊楠記念館などの協賛を得て行なわれたものですが、これらの機関には資料提供などの点で、本書においても多大のお力添えを賜りました。また、展覧会の終了後に高山寺で発見された土宜法龍宛の熊楠書簡に関しては、山主の小川千恵様および田村裕行様のご厚意により重要部分の掲載をご許可いただきました。心より御礼を申し上げます。さらに、CD-ROMの内容などには学術振興会科学研究費基盤研究C「南方熊楠関連図譜類のデジタルファイル化・データベース化とインターネット公開」（代表・岩崎仁）の成果、翻刻などの資料については同基盤研究A「南方熊楠草稿資料の公刊および関連資料の総合的研究」（代表・松居竜五）の成果を利用しています。

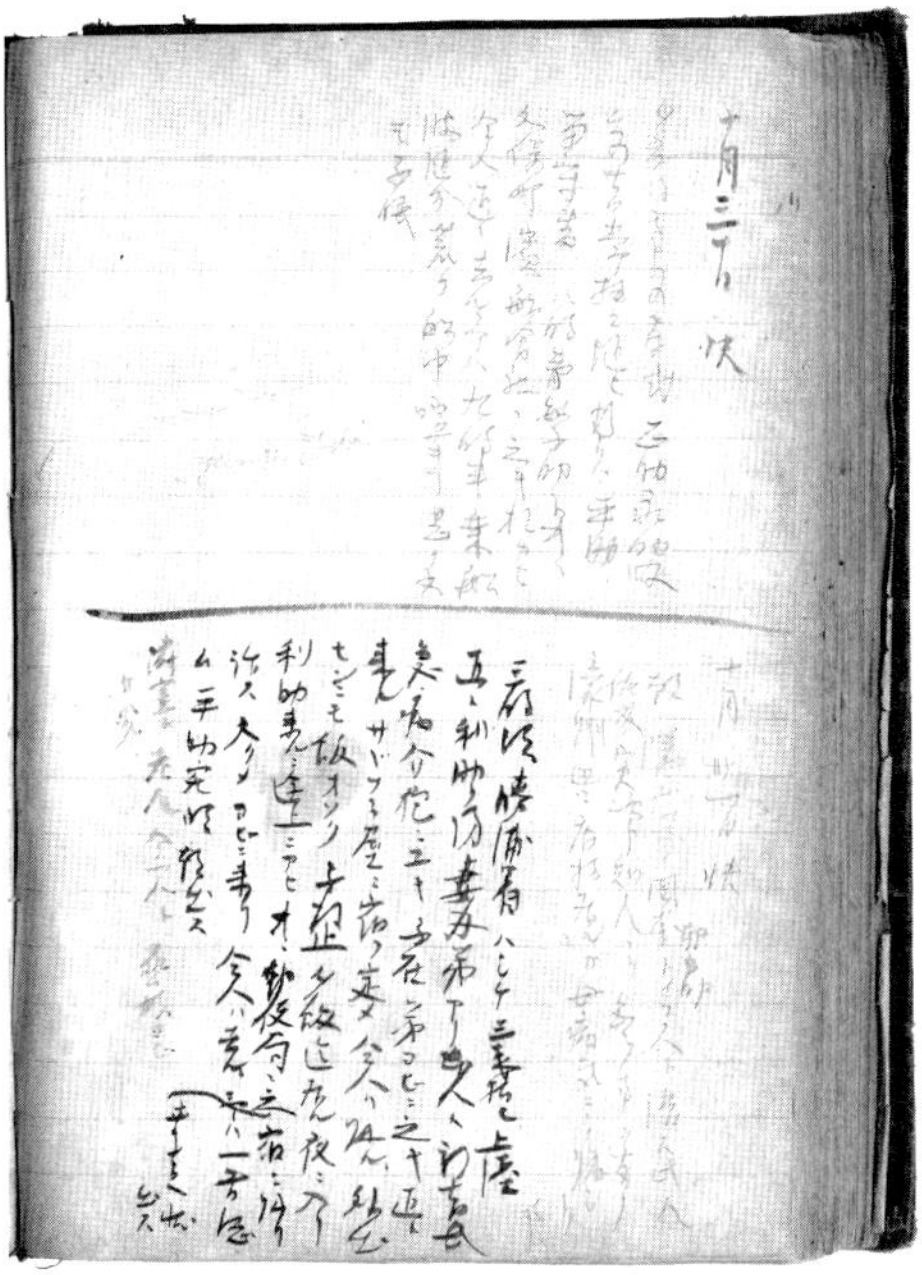

1901年10月30日、31日の熊楠日記。
30日夜、和歌山市久保町の港で「九時半乗船」、翌31日午後「三時頃勝浦着」とある。熊楠那智時代のはじまりである

熊楠（右）は、1902年に和歌山から那智に戻る際に田辺・白浜に滞在したが、9月29日から10月8日にかけて多屋勝四郎（左）、浜本熊五郎（中央）と、椿、富田、高瀬、湯崎に採集旅行に出かけている。写真は、10月9日に田辺の池田写真館で、この時の採集のいでたちを再現して撮らせたもの。同日の日記には「多屋はブリキ胴乱かけ、カナヅチ持ち、熊五郎は植物圧搾器及ビク二つかたげ、池田方に写真写す」とある

第1部 南方熊楠が歩いた熊野

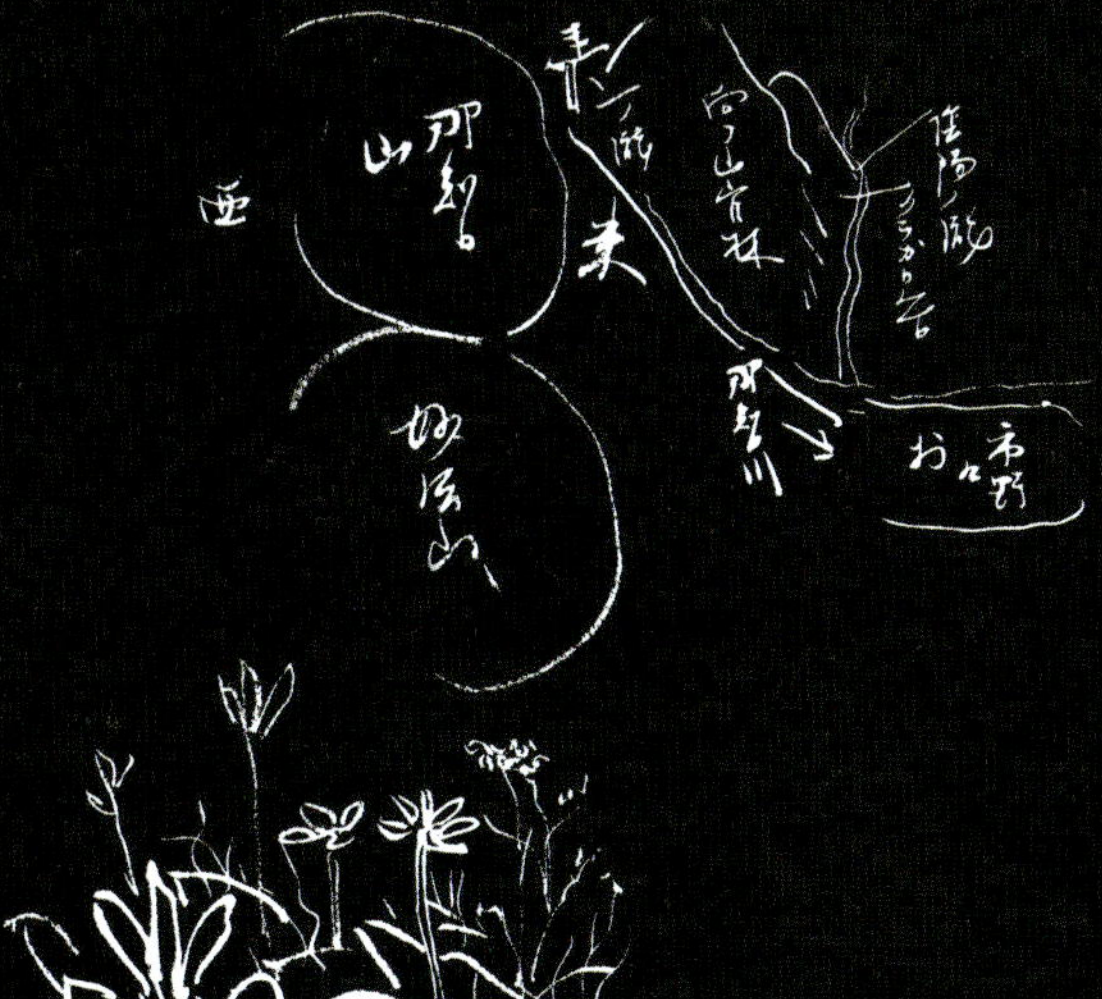

『南方二書』より那智の地図など

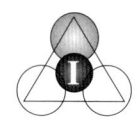

熊野と熊楠

千田智子

森のなかの時間

熊野と熊楠――熊野は熊楠であり、熊楠は熊野であった。不思議な因縁が、日本が生んだ思想の巨人と日本を代表する聖地を結びつけている。

南方熊楠は、一八六七（慶応三）年、紀州和歌山で生まれた。「小生は藤白《ふじしろ》王子《おうじ》の老樟木《くすのき》の神の申し子なり」という言葉は、一九四一（昭和十六）年に没した熊楠が六十六歳の晩年になって記したものである（『全集』九巻、四一一頁）。南方家の子どもは、熊野の山への入り口にある藤白王子神社の神官から「藤」「熊」「楠」のうちから一字をとって名づけられるのが代々の慣わしであった。晩年のこの言葉には、青年期に世界を駆け巡り世界の一切を知ろうとしてきた熊楠が、一方で自分のルーツである熊野に対して土着的な愛情をもち続けていたことをよく示している。

植物という人間以外のものに自分の祖を感じるこの感覚は、世界各地の習俗や民話に見られるトーテミズムに通じる。自分が植物の子孫であり、植物が自分の祖先であるという、人間の枠を超えて世界と一体化するこの感覚こそ、南方熊楠というそれ自体がシンボリックな名をもつ者の世界把握のありようの根本を成している。人間と植物、人間と世界という対立的図式から抜け出して、世界をあるがままに受け入れること。熊楠は自分と世界を、分け隔てあるものとしては考えていないのだ。

さらに、熊野と熊楠の濃密な関係は、一九〇〇（明治三三）年～一九〇四年の熊野那智における植物採集の時期なくしては語れない。その間につづられた日記のささいな記述に見える、熊野と熊楠の間に流れた時間にわたしは心を揺さぶられる。

熊楠は、擦り傷をつくり、谷に落ちそうになりながら、那智の山中で植物採集に明け暮れた。それは彼の日記と、

図1　熊楠の日記に描かれた
那智山周辺の地図

何度も書き直された手書きの地図を見ればわかる。彼は自分の体ごとを使って空間と「まじわって」いたのである。熊野の森のなかで植物採集に没頭していた頃の日記を見ると、毎日を新たな発見で埋めてゆく熊楠の姿がある。一九〇四年三月二九日の日記を見てみよう。

正午後より向山に登り、三ノ滝より進み向山つゞき北嶺に上り、それより直下して向山の後の東脇を下る。

（『日記』二巻、四一九頁）

熊楠は何かに衝き動かされるように動く。このとき「四時過頃」とある。「始めは草葉木葉深き密林なりしが、一所にて北に水の音をきく」。行ってみると「谿流《けいりゅう》」があり、それから流れに沿って下ると「だん〳〵昏《くら》くなり」、月が出ているのを見る。さらに「道おひ〳〵細くなり」、「六七丈」の深さはありそうな「絶壁のへりをつたひゆく」。おまけに「下は瀑布也」。熊楠の植物採集は命がけである。なんとか岩に「へばり」つき、ついに「手に一株をつかむ」が、「つかむ力よわりぞろ〳〵と滑りかか」る。気をとり直して「又右手にて上方に他の一株をつかみ当り」、ついに道に下りることができた。この時点で「全く夜」となる。

こんな調子で熊楠の毎日は暮れてゆく。熊楠の身体が、熊野という不思議な空間に吸い寄せられてゆくのがわかる。同時に熊野が、熊楠という知性と感性を日々刺激している。

空間との「まじわり」

一九〇四（明治三七）年四月二一日の日記より。

熊楠はいつものように出かけ、「午下よりくらがり谷に遊ぶ」（『日記』二巻、四二九頁）とある。「くらがり谷」、いいネーミングではないか。日記によると、定宿としていた大阪屋を出て陰陽《いんよう》の滝へ、その近くに「くらがり谷」があり、三の滝、二の滝をめぐって下山というのが、熊楠がよくたどったコースのようである（図1）。熊楠はこの「くらがり谷」の周辺を何度もうろつきまわり、植物採集に日々を費やした。その植物採集を熊楠は「遊び」

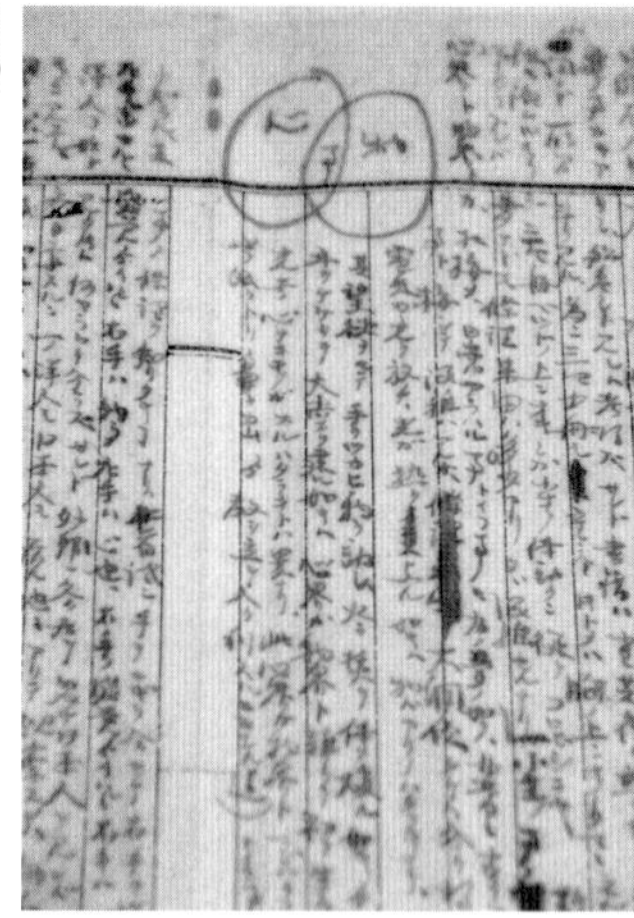

土宜法龍宛書簡に描かれた「事」の概念図（財団法人南方熊楠記念館蔵）

という言葉で何度も描いている。あらためて彼は〝遊んで〟いるのだと思う。熊楠にとって、熊野の空間と「まじわる」ことは「遊び」であった。しかし恐ろしく真剣な、命がけの遊びであった。

この研究のやり方が、思想家・植物学者としての南方熊楠を決定づけている。熊楠は生涯、学者にはなりきらなかった。日本では職業化されたプロフェッサーにならないと評価されない。その現実に彼は憤慨していた。そうではなく、自分は「リテラリーマン」だと主張し、その意味でアマチュアであり続けた。リテラリーマンとは、狭義の文学者を指すのではなく、広義の「文士」であり研究者である。つまり在野にありながら、大学に匹敵する、あるいはそれを超える水準の研究や学問をする、そういう種類の人間である。こういった人間のあり方を、熊楠は重視していた。アマチュアであったというのは、決していい加減な態度という意味ではなく、学問のなかにある「遊び」を探求し、宇宙や世界の「不思議」を知ることの喜びを心得ていた覚悟の結果なのである。熊楠は言う。

何となれば、大日に帰して、無尽無究の大宇宙の大宇宙のまだ大宇宙を包蔵する大宇宙を、たとえば顕微鏡一台買うてだに一生見て楽しむところ尽きず、そのごとく楽しむところ尽きざればなり。

（『全集』七巻、三五六頁）

この「大宇宙」の「不思議」を探求した熊楠は、出来事のなかに潜む「因縁」、ことのほか「縁」の不思議に興味を示した。縁はその時々で、「事」を生んだり生まなかったりする偶然性の契機である。この縁が「起」となることによって、一回性の出来事としての事が生まれる。熊楠は事の概念をまずこう説明している。

心界が物界と雑《まじわ》りて初めて生ずるはたらきなり。

（同、一四五―一四六頁）

互いに異質の法則性をもつ心の世界と物の世界が縁によってまじわって、事が生ずる、というわけだ。さらに言う。

この物心両界が事を結成してのち始めてその果を心に感じ、したがってその感じがまた後々の事（心が物

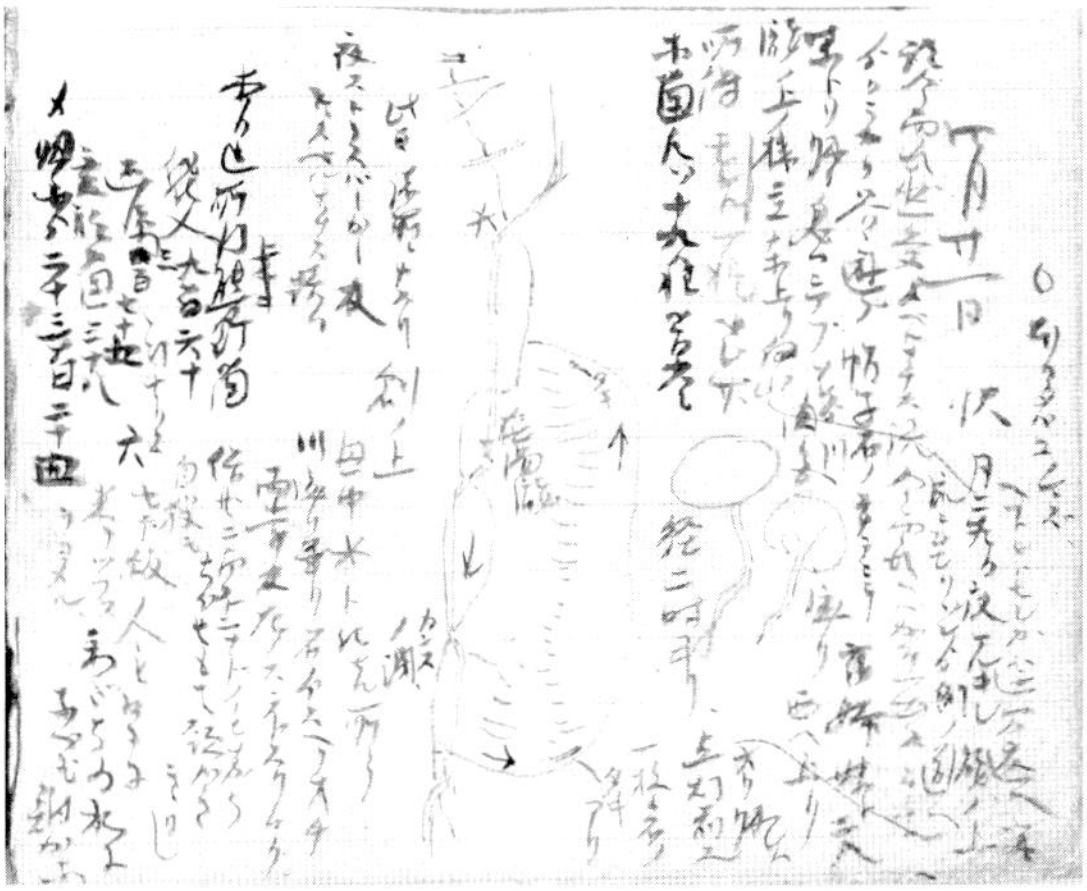

図２　転落現場を図記した1904（明治37）年4月21日の日記

に接して作用を現出すること）の因となるなり。

（同、一四七頁、傍点は原文による）

事はまた「因」となり、新たな縁に引かれてゆく。そしてまた新たな事が生まれる。その無限の連鎖が世界を、ひいては宇宙を成り立たせている。そう熊楠は考えていた。自分と世界は、お互いが連続して事を成し、世界の一部となっている。

ところで「雑」と書いて「まじわる」と読ませるのは、おそらく『全集』編集の際に、翻字を手がけた人の解釈だろうと推測するのだが、わたしはこの読み下しがひどく気に入っている。というのは、熊楠の生き方も思想も、すべてこの「雑」で納得できてしまいそうになるからだ。そもそも、異質な植物どうしがまじわることによって、生態系は成り立っている。熊楠の言った「エコロギー」とは、今でいう自然保護ではなく、植物のまじわりの連鎖としての生態系を意味していたのだ。さらに、ある空間とまじわるとき、「縁」が生じて「事」が起こる。熊楠の足取りを追いかけていくと、こんな感触に幾度となく出会うのである。

日記に戻ろう。「くらがり谷」「帽子石」「カンスの滝」「陰陽の滝」「一枚岩の滝」と、その日だけでも魅力的な地名がたくさん出てくる。魅力的だが、門外漢には、どこのことだか見当もつかない。それは、熊楠の森だからである。そこから生まれるのは、彼が身体をぶつけてもぎ取った感触による地名の連続である。その感触が熊楠に地図を書かせ、地図を何度も何度も書き直させる。そうやって熊楠は、熊野の森とまじわり、自分の森にしていったのである（図2）。

此日諸所にかすり創の上、図中＊と記せる所にて、川渡り畢り石よりすべりおち両掌及左のすねすりむく。

（『日記』二巻、四二九頁）

かすり傷をいくつもつくりながら、そのうえ川を渡った拍子に石から滑り落ちて両手の手のひらとすねを擦りむいた。彼のまじわりはこんなふうである。あるのは、森のただなかで、遊んでいる子どものような姿である。子どもは怪我をするかもしれないという結果予想より先に、あれを見たい、あそこに行きたい、という衝動が勝る。熊楠の植物採集の日々は、まさに子どもの日々であった。一九〇四（明治三七）年五月二六日の日記には、

　陰陽滝西岸の崖上の蘚中にフルヂセプス如きもの三あるを取んと上りしが、下ること危険にて大にこまる。
（同、四四〇頁）

とある。彼は目標となる植物を見定めると、後先を考えず、それめがけて突進するのである。その結果、「大にこまる」こともしばしば。なんとも痛快である。

そうしてまじわった空間と身体との濃密すぎるつながりが、のちの彼の人生を、皮肉にも決定づけていくことになる。

熊楠、立つ——神社合祀反対運動

熊楠にとって、みずからの身体と分けがたい熊野の空間。それが破壊される瞬間が訪れる。明治末期の神社合《ごう》祀《し》令である。神社合祀とは複数の神社をとりまとめてひとつにすることをいう。つまりは、ひとつを残してあとの神社は取り潰すということである。この結果には地域差があるが、とくに和歌山県や三重県では深刻であった。熊楠は次のように記述している。

　本年六月二十五日、『大阪毎日』によれば、神社合祀のもっとも励行されしは、伊勢、熊野（日本でもっとも神社の本尊たる所）で、すなわち、

	現存	滅却
三重	942	5547
和歌山	790	2923

（『全集』七巻、四九一頁、一部略）

さらに神社合祀は、村社や無格社のレベルにおいて徹底的に実施された。つまりは建築として立派なかたちを成していない祠《ほこら》のようなものがおもに取り潰されたわけだが、次の熊楠の言葉が示すように、神社の建物自体は、

熊楠が「一枚岩の滝」と呼んだ夜美（やみ）の滝

かつて神社の杜は神の棲む森であった

カミの存在にとって本質的な意味を成さない。なぜ神社の取り潰しが森の破壊につながるのか。

> 大和の三輪明神始め熊野辺に、古来老樹大木のみありて社殿なき古社多かりし。これ上古の正式なり。『万葉集』には、社の字をモリと訓《よ》めり。後世、社木の二字を合わせて木ヘンに土（杜字）を、神林すなわち森としたり。とにかく神森ありての神社なり。
>
> （同、五四九頁）

「神森ありての神社」。したがって神社を取り潰すことは、森を潰すことであった。おりしも日露戦争後、急速な貨幣経済の浸透によって、それまで「神森」と見えていたものが、材木に見えるように、人々の心の眼は変化していった。神官も官僚のなかにも、それでひと儲けを目論む人は少なくなかった。

　また、当時の地方局では、「模範町村」ということがしきりに奨励された。模範町村として地方官吏が高い点数をあげるには、いかに多くの神社を滅却するか、という今となってはとんでもなく馬鹿馬鹿しい項目も含まれていた。しかし、それが是とされた時代であった。

　熊楠は、この個人では抗しがたい大きなうねりに抵抗をはじめた。彼にとって熊野の森の植生は、失うに耐え難い自然であった。一九〇九（明治四二）年、彼ははじめて神社合祀反対の論文を掲げた。それは、熊野那智での植物採集に区切りをつけ、田辺に定住してからのことである。熊楠が合祀反対運動に入りこんだ最初のきっかけは、自身の産土神である大山《おおやま》神社の合祀問題であった。そこから彼は中央と地方の二段構えで論陣を張ってゆく。

　熊楠は、これにさきだつ一九〇六年、三十九（数えなら四十）歳にしてはじめての結婚をした。こんなプライベートなことがらは、熊楠の旺盛な研究心や思想の深さから考えると、彼の行動とは無縁のように思える。しかし、これが熊楠にとってはイニシエーションであった。彼は「子ども」の日々に別れを告げ、政治と闘争に彩られた「大人」の日々に突入することになる。新妻は、熊野でも由緒ある闘鶏神社の神官の娘であった。それからほどなく、子どもにも恵まれる。熊楠の闘争は、家人としての想いと、植物学者としての熱意の葛藤の日々であったことは間違いない。しかし、家人であり、子どもをもつ、そうした普通の日常があったからこそ、彼は自然に対する普遍的な研究を、自分が熊野の土地に対して抱く愛情と結び合わせて考えることができた。その彼の集大成ともいえる仕事が、『南方二書』なのである。

友人へ、世界へ——南方二書

熊楠が『南方二書』を書いたのは一九一一（明治四四）年。『南方二書』は、熊楠の代表作とされている。しかしそれは、一方で植物学者・松村任三に宛てた手紙であり、一方で柳田國男によって公開されることを当初から目指して書かれた論文でもある。言うまでもなく、熊楠の文章の真価は手紙に現出している。

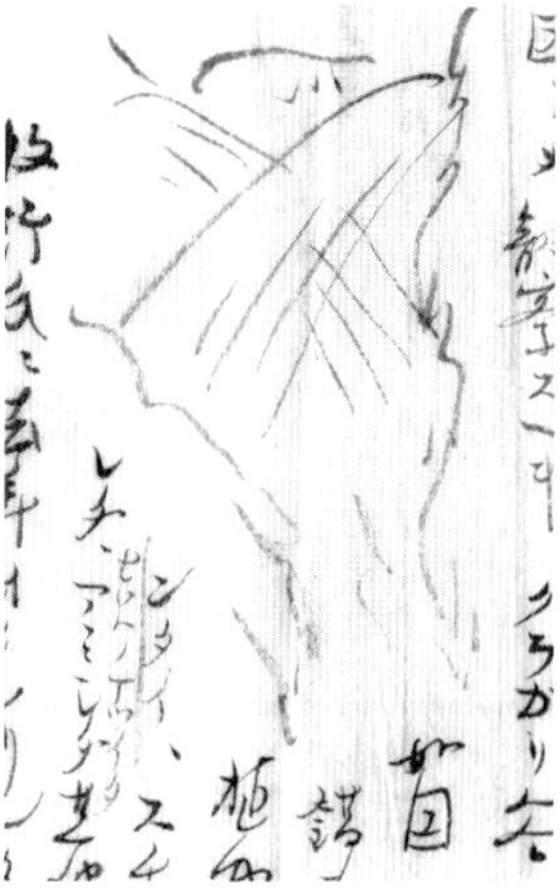
図3　『南方二書』に描かれた陰陽の滝の図

「第一に那智山濫伐事件は」（『全集』七巻、四七七頁）と、熊楠はかつての自分のフィールド、那智の森の問題から話をはじめている。熊楠が何度も訪れた「くらがり谷」についても、「同山中最勝の植物区」（同、四八一頁）と激賞し、「陰陽の滝とて、図のごとき二流の小瀑布交錯して下る滝あり」（同）と地図（図3）で紹介している。しかし植野又一という男が、この滝の水で水力発電を企画している、とすかさず事態説明に入る。

　この会社のためには、クラガリ谷の一側の民有林をすでに伐尽《きりつくし》にかかり、クラガリ谷より西側の向う山官林をもおびただしく伐尽するつもりにて、
（『全集』七巻、四八一―四八二頁）

と、起ころうとしている事態の深刻さを訴える。最後に、

　何とぞこのクラガリ谷付近は、一切保安林とするよう御運動を願いたきなり。
（同、四八二頁）

と結んでいる。自分の身体と交錯したフィールドを守ろうとする私的な感情と、貴重な植生を保護しようとする植物学者としての願いは、熊楠のなかで分かちがたく一体となっている。

　那智山那智山と言えど、すでに貴下ら二十余年前見

現在の陰陽の滝。くらがり谷にかつての面影はない

舞われしときと打ってかわり、滝の辺はことごとく老杉老樟を伐り去られ、滝下へ人力車がすぐに付くようになり、滝の上は向う山官林（これも年々濫伐のため、実は数えるほどしか大木なし）□□□〔三字不明〕ことごとく禿山となり、わずかに今度濫伐せんとする寺山をのこすほどのことゆえ　（同、四八二頁）

という熊楠の言葉から、熊野は、すでに熊楠の時代においてさえ、伐り崩されたあとの姿でしかなかったということを思い知らされる。世界遺産となったいま現在の姿は、そのまた後の姿である。それでもいまも熊野は「秘境」とされているし、現代人はそれを疑うことも知らない。そこに熊楠の先見性をみると同時に、いかに現代人が貧困な自然しか知らないでいるのか、暗澹たる気持ちにさえなるのである。

『南方二書』には数多くの地名が出てくるが、公表されることを念頭においたものであるだけに、日記のように熊楠本人にしかわからないような事柄や地名を書き連ねたものではない。それでも熊野に関する最低限の地誌は必要となるだけに、難解すぎるのではないか、と刊行を請け負った柳田國男でさえ躊躇した。しかしこの複雑さ、決して単純化しない純粋さこそ、熊楠が熊野という土地を背負って生きていた証なのである。

わだちの水になづむ鮒かな

彼が半生を賭した神社合祀反対運動は、それに先立つ熊野での植物採集の日々を抜きにして語ることはできない。その時期に彼が感じたであろう空間と身体との一体性——この経験が彼の反対運動を支え、同時に、彼の学者としての成功を奪った。熊楠を「先生」と呼んだ柳田國男は、熊楠があまりに反対運動にのめりこんでゆくさまを見て、熊楠の学問的成果の頓挫を残念がった。彼の政治性の有無や方向性については諸説ある。しかしその根には、那智の山のなかで傷をつくりながら歩き回って身体に刻まれた履歴があったことは間違いないだろう。

熊楠は先の日記（一九〇四年四月二一日）に続いて、歌を詠んでいる。その詠み人を次のようにいう。

秘境熊野は現在も濫伐によって切り刻まれ続けている

二而不二などいひながら自殺もせで飯米をつぶす人をよめる

（『日記』二巻、四二九頁）

仏教教義などをふりかざしながら、自殺もしないで寝食をつぶしている人。それはあるいは熊楠自身のことだろうか。熊楠と自殺という言葉はにわかに結びつかないという人もいるかもしれない。しかし、おそらく彼は狂気のただなかで、植物と、森の空間と「遊んで」いたのだ。その経験が彼を合祀反対運動に導き、『南方二書』を書かせた。

ちがやもて頸かききりしことあるに　わだちの水になづむ鮒かな

（同、四二九頁）

「頸かききりし」狂気の淵と、『荘子』から危急の事態のたとえとしてつかわれる「わだちの鮒《ふな》」。熊楠はたしかに何かに焦っていた。彼にとって比較的「静」の時代といえる那智時代にさえ、ただ空間のなかに埋没していたのではなかったのだ。イギリスに長く留学しておきながら、何ら社会的地位ももたずに帰国した熊楠に、世間は冷たかった。したがって、熊楠の那智隠棲時代は、見かけとは裏腹に、激しい狂気と焦燥の時代であった。しかしこの歌、不思議なことに、「なづむ」という言葉を中心に据えると、次のような牧歌的な詠み方もできる。「なづむ」とは、空間的な広がりを感じさせるとともに、熊楠が重視した出来事である「事」にあたる。「わだちの水」、そのなかにさえ「なづむ」こと。その空間的な広がりが、主体と客体の二元的な対立を乗り越え、自分という存在を世界に開いてゆくことにつながる。

「わだちの鮒」はたしかに危急の焦りとそこからくる狂気を表しているだろう。しかし一方で「なづむ」という言葉によって、不思議な明るさと平和さを見出すこともできる。この二重性、分裂性こそ、熊楠が「熊野の熊楠」たり得る理由なのである。

熊楠も訪れた熊野信仰奥之院と称される玉置神社（奈良県吉野郡十津川村）。世界遺産にも登録されている境内には神代杉（左上）や夫婦杉（右上）等の杉の巨木が林立する。「十時と思ふ頃宿を出、木馬道を上がる。一時玉置権現に詣す。馬吉は忌明かずとて入らず、予は社後に立て眺望するに高山重畳際限なし」1908年11月19日の日記より

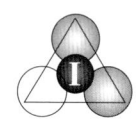

南方熊楠と熊野古道
——世界遺産百年前——

安田忠典

世界遺産熊野古道

二〇〇四年七月、「紀伊山地の霊場と参詣道」がユネスコの世界遺産に登録された。これは、それぞれ異なる宗教の霊場である「吉野・大峯」「熊野三山」「高野山」およびその「参詣道」について、文化遺産というカテゴリーでの登録である。このうちの「熊野三山」に至る「参詣道」すなわち「熊野古道」、とくに田辺から本宮《ほんぐう》へのメインルートである中辺路《なかへち》については、明治末期から大正中期にかけての南方熊楠らによる神社合祀反対運動がなければ、今回世界遺産に登録できるだけの資産を維持できていなかった可能性が高い。

現在、熊野古道の中辺路ルートは世界遺産登録にともなう観光の目玉として注目を浴びている。かつての古道に沿って整備された国道三一一号線を大型観光バスがひっきりなしに往来し、歩きやすく手入れされた古道を多くのハイカーがカラフルな装いで連なって歩くさまは、往時「蟻の熊野詣《もうで》」といわれた賑わいはかくのごとしであったかと思わせるほどである。しかし、実際に昔ながらの熊野古道の面影をわずかでもとどめている資産となると、野中《のなか》の一方杉《いっぽうすぎ》や高原熊野神社の大楠など、ごくごくわずかでしかない。当然、それらは中辺路ルートにおける最良のポイントとして必ずツアーに組み込まれることになっている。

蟻の熊野詣を彷彿とさせる世界遺産ツアーのハイカー

これら熊野古道の景勝地の大半は、いわゆる熊野九十九王子や熊野古道周辺の神社の社叢《しゃそう》に由来するものである。一連の神社合祀反対運動で、熊楠が破壊してはいけないと主張しつづけたのは、まさにこれらの神社であり、その社叢であった。前述の野中の一方杉も、高原の大楠も、熊楠らの運動によってかろうじて命脈を保つことができた数少ない例である。しかし、これらの例外的といってもいい二、三の成功例を除けば、熊楠自身が「今回の神社合祀にて熊野街道の樹林は絶滅せるなり」（『全集』七巻、五二二頁）、「熊野九十九王子社、すなわち諸帝王が一歩三礼したまえる熊野沿道の諸古社は、三、四を除きことごとく滅却、神林は公売にさる」（同、四九二頁）、「合祀滅却されし十三社中、野中王子、近露王子、小広王子、中川王子、比曽原王子、湯川王子の六社は、いずれも藤原定家卿の『後鳥羽院熊野御幸記』に載りたる古社古蹟なり」（同、五〇七頁）というように、神社合祀反対運動は、実質的にはほとんど功を奏することなく終わったのである。

このように、物理的なモノ（実体）としての結果だけ見ても、神社合祀は熊野古道という文化遺産に決定的なダメージを与えることになったのであるが、熊楠がもっとも憂えたのは形而上の問題をも含めた神社を中心とする信仰や文化自体の急激な破壊であった。小稿では、世界遺産という現代的な評価を受けた熊野古道を手がかりに、熊楠の残したメッセージから何を読み取ることができるかについて考えてみたい。

熊楠と熊野古道

熊楠は、神社合祀反対の論陣を張るために、熊野古道と王子社について、得意の文献研究とフィールドワークを駆使してかなり詳しく調べ上げている。これは、おそらく近代的な手法を用いて行なわれた最初期の熊野古道に関する研究のひとつであろう。そして、その成果として、神社合祀反対運動に関する熊楠の主著ともいうべきいわゆる『南方二書』や「神社合祀反対意見」などに例によって非常に雑駁にではあるものの、いわゆる九十九王子社に関する文献調査と、実地における植生ならびに民俗学的調査によって得られたデータが紹介されている。一例を引いてみよう。

しかして右の八上《やかみ》王子は、『山家集』に、西行、熊野へ参りけるに、八上の王子の花面白かりければ社に書きつけける、

待ち来つる八上の桜咲きにけり荒くおろすな三栖《みす》の

世界遺産「熊野古道」屈指の景勝地である
継桜王子社と野中の一方杉

山風とて、名高き社なり。シイノキ密生して昼もなお闇《くら》く、小生、平田大臣に見せんとて写真とりに行きしに光線入らず、止むを得ず社殿の後よりその一部を写せしほどのことなり。（中略）
　これらの大社七つのばかりを、例の一村一社の制に基づき、松本神社とて大字岩田の御役場のじき向いなる小社、もとは炭焼き男の庭中の鎮守祠たりしものを炭焼き男の姓を採りて松本神社と名づけ、それへ合社し、跡のシイノキ林を濫伐して村長、村吏等が私利をとらんと計り、（中略）よって小生このことを論じて大いに村長をやりこめ、合祀の難をのがれ今日までも存立しおる。

（『全集』七巻、四九六頁）

　このように熊楠は、中辺路沿いの王子社をひとつずつ、いかにそれらが由緒あるものかを紹介し、社叢の特徴について解説し、どれほどの窮状に陥っているかを述べ連ねている。これは当時、神社を合祀する際の評価基準のひとつとして、「特別の由緒あるものは合祀に及ばず」という項目があったことによる。熊野九十九王子社の大半は、延喜式神名帳に記載されている式内社ではないから、特別な由緒がなければ無条件で合祀の候補にされてしまったのである。

　では、社格の低い神社が大半であるにもかかわらず、熊楠が熊野古道の王子社の保護を繰り返し強調しているのはなぜであろうか。武内善信[1]が詳述しているように、文化財保護の先進地である西欧世界での生活が長かった熊楠は、文化遺産や天然記念物の保護に関する最新の情報を入手していた。その豊富な情報量に基づいて、熊楠はこの「熊野街道」（熊楠は「熊野古道」ではなく「熊野街道」と表記する）という山道《トレイル》と常緑樹に覆われた沿道の王子社が、いかに文化遺産として高い価値をもつものであるかを理解していたようである。

　たとえば『南方二書』で、「熊野には今日古熊野街道の面影を百分の一たりとも忍ばしめるところはここあるのみ」「熊野街道の風景を添うることおびただし」と述べているように、熊楠は神社や社叢だけでなく熊野古道そのものに注目していたのだ。また、『南方二書』では、同時期に発生した那智山疑獄事件や、同じく那智山電源

古の熊野の面影をとどめる
高原熊野神社の大楠

開発事件、本宮大斎原の乱伐などについても論及されており、熊楠が熊野三山とその参詣道である熊野古道を文化財としてトータルに見つめていたことがよくわかる。

もちろんかれが熊野古道にこだわった理由はそれだけではない。もっと生々しい、みずからの出生にまで熊楠と熊野の因縁はさかのぼる。かれ自身が晩年「小生は藤白王子の老樟木の神の申し子なり」と語っているとおり、熊楠に「熊」「楠」という字を名に授けた藤白《ふじしろ》神社は、熊野九十九王子社のうちでももっとも格式の高い「五体王子」のひとつであった。かれが熊野の地に対して、理性を超えたレベルでとくに強い愛着を抱いていたことは疑いのないところであろう。

これほどかれの生活とともにあった熊野古道は、いわばおのれの血管のように身近なものだったに違いない。その意味で、熊楠の神社合祀反対運動は、かれ自身が生活する地域に密着して発信されたものであり、鶴見和子が高く評価した（『南方熊楠 地球志向の比較学』講談社）のもこの点であった。もちろん自然保護の先駆けという先見性も鶴見によって高く評価され、定評として固まりつつあるものであるが、こちらについては若干の留保が必要かもしれない。

自然保護運動なのか

熊楠の神社合祀反対運動に、現代的な自然保護運動に通じるものを認めることができるのは確かである。しかし、自然保護という思想は近代化の申し子のようなもので、自然と人間生活を対立させて、人間が自然をコントロールするという西欧的な発想にともなう矛盾を補うために、いわば開発とセットで輸入されたヨーロッパの文化である。極端な話、無位無官で熊野という僻地にこもった奇人学者が自然保護を早く輸入せよと運動したのが神社合祀反対運動であったかというと、それにはやはり無理があるといわざるを得ない。

熊楠自身が『南方二書』の冒頭で述べているとおり、当時熊野三山はかなり荒廃していたうえに、明治政府に

熊楠が撮影させた八上神社（西牟婁郡上富田町岡）の写真。昼なお暗い密林であったため社殿の背後から撮影させた

よる近代化政策によって熊野の森林は急激な変化を迫られていた。英国からの帰国後那智山にこもった熊楠は、「熊野植物調査」と称して環境アセスメントのような悉皆採集調査を敢行するが、当然それは、古来安定的であった熊野の自然が人為的な激動期に入ったことを理解してのものであった。「近代化」という選択をしてしまった以上、日本の自然環境も激変せざるを得ないことを熊楠は知っていたのである。それでも熊楠は、黙々と採集活動に専念し、いずれ破壊され、失われるであろう熊野の生態系を記録しようと努めていた。その時点では、熊楠には国家的な流れとしての近代化に異論をはさむつもりはなかったように見える。

一方で、現代的な意味での自然保護や環境保護に通じる流れは、きちんと「官」の側に近いところで生まれていた。順を追って説明するために、まず当時の文化財保護について概観してみよう。

建築物や所蔵される宝物の価値については早い時期、たとえば一八九七（明治三〇）年の「古社寺保存法」などから保護政策が施行され、おおかたの理解を得ていた。これは一九二九（昭和四）年の国宝保存法へと発展していく。また、建築物や宝物などの人工物以外の自然物まで視野に入れたものとしては、ほぼ同時期に進められていた東京大学教授三好学らの史蹟名勝天然記念物保存運動が知られている。これこそ、一九一一（明治四四）年の史蹟名勝天然記念物保存協会設立、そして一九一九（大正八）年に施行された「史蹟名勝天然記念物保存法」に結実するわが国における自然保護運動の先駆けである。三好がこの運動を起動したのは一九〇七年とされているから、熊楠の神社合祀反対運動より約二年先んじていたことになる。この三好らの運動は、ドイツあたりを源流として当時ヨーロッパのトレンドであった天然記念物保護を輸入しないと一流の文明国とはいえない、というまさに近代化の流れに棹をさすものであった。

もちろん熊楠は、こうした国際的な自然保護運動の流れをある程度把握していたし、それを神社合祀反対における論拠のひとつにもしている。だから、つての限りを尽くして、「官」の側にいる白井光太郎や松村任三に応援を依頼したのだ。誤解を恐れずに言い切ってしまうと、熊楠は神社を守るために自然保護の専門家たちと手を組もうとしたのである。問題は、近代化政策にともなう自然破壊を傍観していた熊楠が、なぜ神社合祀については怒りたけって飛び出してきたのかというところにあるのではないだろうか。

この問題については、神社合祀反対に関する議論のなかで、熊楠が自然保護以外に何をいっているかを見るとわかりやすいかもしれない。

熊楠独自の論点

その作業は、すでに田村義也[2)]によって試みられている。これまで、熊楠は神社合祀反対運動に際して、語りかける相手にあわせて論点を変えているといわれてきた。しかし田村が示したように、熊楠は論拠をいくらでも可能な限り列挙しようと試みているようにも見える。じつはそれが熊楠にとっては普通の論述スタイルなのかもしれないが、ともかくかれは、そのいくつもある論拠をとりあえずすべて並べて、そのなかからたとえば植物学者に対しては自然保護について強調して述べているに過ぎない。じっさいに熊楠自身が挙げている神社合祀政策の矛盾点は以下のとおりである。

かくのごとく神社合祀は、第一に敬神思想を薄うし、第二、民の和融を妨げ、第三、地方の凋落を来たし、第四、人情風俗を害し、第五、愛郷心と愛国心を減じ、第六、治安、民利を損じ、第七、史蹟、古伝を亡ぼし、第八、学術上貴重の天然紀念物を滅却す。

（『全集』七巻、五六二頁）

このように熊楠の示した論拠のうち、現代的な自然保護とか環境保全といった思想と直接結びつくのは第八番目のみ、第七番目の文化財保護という観点を加えるとしてもたったの二つである。従来の熊楠の神社合祀反対運動に対する評価の大半が、かれが珍しくも箇条書きにまでして並べた八つの論拠のうちの、わずかに四分の一のみを恣意的に取り上げて称揚していたとしたらどうだろう。

結論を急ごう。つぎの文章を読んでいただきたい。

タブーがかつて、古代の社会制度のすべての面にわたって重要な役割を果たしていたという点において、

旧邸蔵の "The Taboo-System in Japan"
の抄録原稿

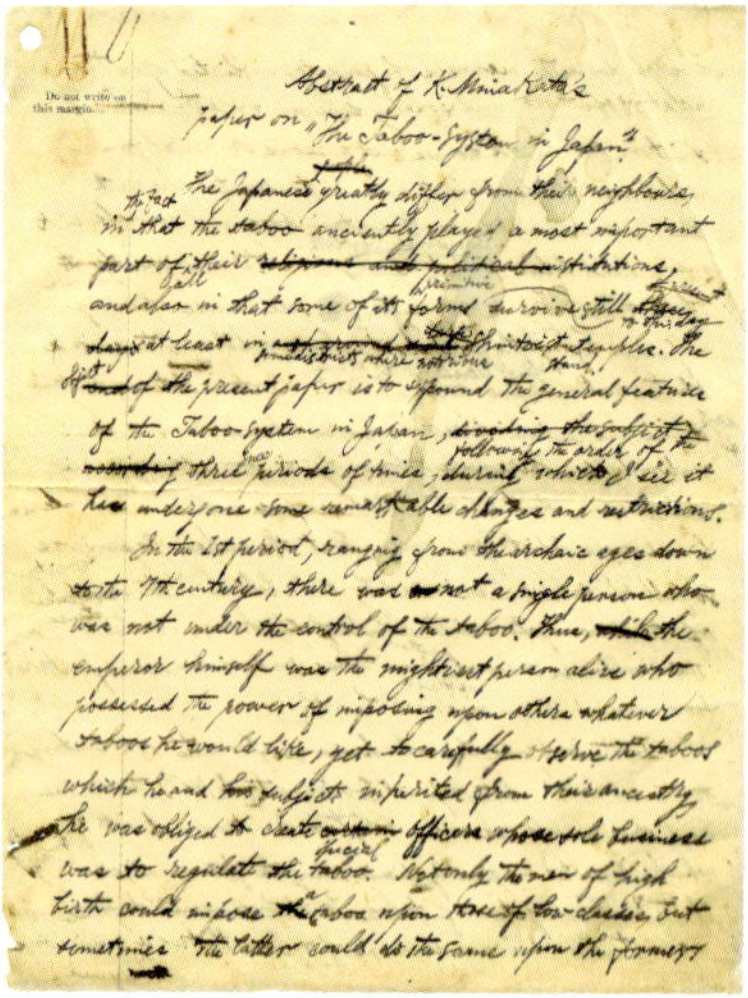

日本は近隣諸国とは大いに異なっている。その中の一部は、少なくとも著名な神社のある地では、現在に至るまで生き続けている。

（松居竜五訳、原文は『熊楠研究』六号所収）

これは、一八九八（明治三一）年九月、ブリストルで開かれた英国科学奨励会で代読されたという熊楠幻の論考"*The Taboo-System in Japan*"のうち、現存する抄録の冒頭部分を和訳したものである。ちなみに、この抄録の結論部分はつぎのようなものである。

日本のタブー体系は国家にとって有益なものであった。それは、皇室への忠誠心という端倪《たんげい》すべからざる国民性の基礎を形作った。また、この国が有史以前から勝ちえてきた特質である清廉さの第一の要因となった。さらに、敬語や婉曲《えんきょく》的な表現といった、広く日本人の間に行きわたっている美徳を生みだす唯一の源泉だったのであり、この国に行きわたっている文明の高さの直接の起源となったのである。これまた、日本人の情緒の特質にとって、最大の原動力となった。遠い祖先の時代から祀られてきた神社や森、川、山々、岩屋などを心のよりどころとすることは、東洋でも類をみない繊細さを持つ文字文化が生みだされるうえで、強い方向づけとなったのである。

おそらく熊楠が神社合祀反対運動に乗り出すことになった最大の要因は、この「タブー・システム」という視点である。熊楠の議論を具体的にみてみよう。たとえば『南方二書』につぎのような文章がある。

わが邦の人は、由来一種欧人に見得ざる優雅謹慎の風ありとは、小生が二十四、五年前米国に留学せし時毎度聞きしところなり。（中略）しかるに、ただ一つ封建の制より一層古く邦民一汎に粛敬謹慎の念を銘心せしめおるものあり。何ぞや。最寄り最寄りの古神社これなり。いわゆる何ごとのあるかを知らねど有難さに涙こぼるるもこれなり。神道は宗教に相違なきも、高語論議をもって人を屈従させる顕教にあらず。（中略）故にその教えは、古え多大繁雑の斎忌 taboo system をもって成れる慣習条々（不成分律）を具したるのみ、外に何というむつかしき道義論、心理論なし。

（『全集』七巻、五〇五頁）

この文章は、直接には「第四、人情風俗を害し」に相当する部分で述べられているのであるが、抄録の内容から容易に読み取れるとおり、熊楠の八つの合祀反対論拠のうち、自然保護とか環境保全と関連がありそうな二つ以外のすべてが、この「タブー・システム論」から紡ぎだされたものであるといっても過言ではない。

つまり熊楠は、在英時代すでに日本の優れた文化の源流として紹介していたタブー・システムの拠り所である神社を壊してはいけないという、非常にわかりやすい議論をしているのである。しかし、これこそがじつはもっともユニークな視点なのではないか。すなわち、ここで熊楠が問題にしているのは神社を中心としたタブー・システムという関係性全体の破綻によって生じるであろう日本人の生活の変容についてであって、樹木や、森林や、ましてや建造物としての神社といったモノ自体の破壊ではない。かれは、神社の破壊が、タブー・システムによって醸成されてきた「東洋でも類をみない繊細さを持つ文字文化」の崩壊にまでつながっていることを見抜いたからこそ、行動を起こさざるを得なかったのだ。

熊楠の先駆性

一方、当時からいわゆる自然保護運動は、モノ（この場合のモノには、命ある動植物も含める）の保存に主眼を置いている。これは現在まで議論の続いている問題なのであるがあえて概括するならば、これまで自然保護の流れは、人間中心的な「環境保全」か、あるいは人間非中心的な「自然保護」か、という二元論に終始しがちであった。しかし、いずれの側も、生態系という概念を持ちこむようになって以降でさえ、モノ、つまり熊楠流にいうならばあくまでも「物界」の出来事として自然を捉えていることに違いはない。

これに対して鬼頭秀一は、自然を広い意味で利用の対象と考える「保全」(conservation)も、自然そのものに価値を見出そうとする「保護」(preservation)も、自然と人間とを対立的に捉えること自体に無理があることを指摘し、人間や自然をそれ自体として独立して存在する実体と考えるのではなく、それぞれがその関係性のなかに存在していることを認識する必要があると訴えた。その際、鬼頭は、自然と人間の間の「かかわり」という関熊楠が撮影させた田中神社（西牟婁郡上富田町岡）。
まさに日本文化の「萃点」であった

係性を全体的に捉えるあり方が必要になると述べ、「かかわりの全体性」というキーワードを提示している（鬼頭秀一『自然保護を問いなおす』筑摩書房）。

　熊楠が提示したタブー・システムという視点が、鬼頭のいう「かかわりの全体性」とどれほど重なる部分があるかについての詳しい分析をする用意は、残念ながらいまはない。しかし、どう考えても、熊楠の議論のうち自然保護的な要素を含まない六つの論拠は、何か実体のあるモノを保存せよといっているのではない。むしろ熊楠は、地域の神社を中心とする信仰や文化といった人間同士の、あるいは人間と自然との「かかわり」が寸断されることによって生じる矛盾を並べたてているのであり、その視点は現代的、物理的な自然保護や環境保全を乗り超えようとする鬼頭の立場に近いものと思われる。

　これを穿った見方として留保するとしても、自然と人間の文化の両方を視野に入れているという点だけで、熊楠の視点はかなり先駆的であったといえよう。それは、たとえば今回熊野古道が指定された世界遺産の思想にも通じる面がある。たとえば、ユネスコの世界遺産条約について（社）日本ユネスコ協会連盟ホームページには次のような説明文がある（http://www.unesco.jp/）。

> 　文化遺産と自然遺産の保全を一本化するという考えは、一九七二年にストックホルムで開催された「国連人間環境会議」で実を結びました。（中略）これが、従来相反すると考えられてきた文化と自然には密接な関係があり、ともに保護していくことが大切であるという、今までになかった考え方を提唱する「世界遺産条約（世界の文化遺産および自然遺産の保護に関する条約）」です。

鬼頭との近似性で見たように、熊楠の神社合祀反対論はこのような物理的保護論よりさらに一歩先を行くものであった可能性が高いが、熊野三山とその参詣道を自然と文化の両面から評価しているという点で、世界遺産条約の思想を先取りする一面をもっていたことも確かである。

沖縄のウタキを思い起こさせる密林に隠れた鳥居。かつて日本人はあらゆる自然の事物に神を見た（西牟婁郡すさみ町稲積島）

さらに、神社を日本人の信仰や文化の、これも熊楠流にいえば「萃点《すいてん》」と捉え、多角的な視点で見ていこうという姿勢は、二〇〇二年に創立された社叢学会のコンセプトに近いものといえるかもしれない。参考までにその社叢学会のホームページから学会設立の趣意書を全文引用しておく（http://www2.odn.ne.jp/shasou/about.htm）。

社叢は神社の森、すなわち「神々の森」である。当学会は鎮守の森を始めとする社寺林、塚の木立、ウタキなどについて、関連する諸学の垣根を取り払って調査研究を進め、地域に密着した新しい学問の創造と社叢の保存・開発をめざして設立されたものである。

かつて日本列島に住みついた人々が「神々の森」を創ったのは、厳しく、しかし美しいこの日本の自然を、ただ畏怖し、あるいは制御するだけでなく、積極的に共生しようと考えたからであった。そういう日本人の思想のシンボルとなり、かつ、行動の結節点となったものが、以後の社叢であり、そのなかには変わらぬ日本の自然が生き続けている。

そのありようは、今日の社叢についてもいえる。そこには、昔の植生、地域の動物、乱されない土壌を始め、神々の霊跡、遺跡、遺物、古建築、古植栽、古美術、古文書、史跡、名勝、天然記念物、さらにすぐれた景観、芸能、民俗行事、共同体組織、水利構造から村落配置、住民の生業や環境、文化の生成にいたるまで、有形、無形の多くの文化財が残されている。

そこで、この社叢を対象に、植物学、動物学、生態学、考古学、建築学、造園学、美学・美術史学、歴史学、民俗学、宗教学、農学、林学、水産学、法学、社会学、地理学、都市・国土計画学、土木工学、環境学、文化人類学等の諸学を結集してその解明を進めるならば、何百年、何千年にわたる日本人の変わらぬ思想や生活、環境、文化などを明らかにしうるとともに、今日、自らのアイデンティティを喪失しつつある多くの日本人に、自然を基軸とする日本文化にたいする深い自覚をうながし、大きな自信を与えることができる、また人々が社叢に関心をもつことによって、社叢の破壊をくいとめ、人々の生活環境に緑を恢復することができる、さらには地球環境の悪化に悩む世界の国々にたいしても、日本文明の発信のひとつとしての環境学的指針を提示することができる、と考えられる。

これは『南方二書』の解説文ではない。しかし、そういわれても疑わないほど、この文章は熊楠の考えに近いではないか。あるいは、熊楠が神社の破壊によって失われると警告したものの一部を再評価し、取り戻そうとする試みと位置づけられるかもしれない。ただ、このあたりは、まだ詳細な照らし合わせを経ていない議論なので、あくまで近似性の指摘に留めておきたい。

ひとつだけ確かなことは、熊楠が当時近代化の最先端であった大英帝国での生活をとおして近代主義の矛盾や限界を見極め、日本文化の豊穣な可能性を"*The Taboo-System in Japan*"で紹介しようとしたことだ。社叢学会設立の一〇四年前のことである。

熊楠の限界と可能性

さて、このように見てくると、わたしたちはどうしても「先駆者熊楠」という像を想起せざるを得なくなってしまう。ただし、「自然保護の先駆者」というフレーズがあまり正鵠を射たものでなく、むしろ現代的な自然保護のさらに向こうまで見渡していた可能性さえ考えられるのは前述のとおりである。しかし、これまで先駆者として称揚されるあまり、熊楠の仕事の限界についてはこれまであまり触れられてこなかったが、最後に一点だけ指摘しておきたい。

それは、神社合祀令廃止後の熊楠の態度についてである。全力を傾けたにもかかわらず多くの神社が破壊され、タブー・システムによって維持されていた日本文化の最良の部分は致命的なダメージを受けてしまったわけであるが、致し方のないこととはいえ熊楠は、その後どうすべきか、ということについて公的にはまったく発言していない。それどころか、私信のなかにはつぎのような言葉が見られる。

> 小生は前年原敬大臣のとき神社合祀を励行しむやみに神社をつぶし其あとの地所林木を売り払［ひ］、はや官民共同で其の所得をぬすみ候を見て甚だけしからぬことに思ひ、之に反抗致候。（中略）中村啓次郎氏を以て二度迄国会へもち出し十年かかりて神社合祀は止み

申候も、紀州の神社は大抵つぶされ申候。その神罰として、何ともならぬやうに人情がわるくなり、世間茶々むちゃになり申候。(中略)それに付て去る大正十一年五月十三日徳川頼倫侯小生を大磯の別荘で饗応せられ史蹟名勝保存会より出す雑誌へ何とか尽力して毎号書きくれとの御頼みなりしも、自分は既にするだけのことを致し七千円斗りくひこみおまけに監獄に迄入たのだから、するだけのことは致したり。おひおひ危険思想などが出来るは大臣等が天罰を蒙むりおるなり。今更私し共の力の及ふ所に非ずと申しきり〔断〕はり申候。

(『熊楠研究』七号、一九二六年三月六日付、辻清吉宛書簡)

このような投げやりな態度は、せっかくの先進的な仕事を目先の失敗だけで放棄する無責任さと見なされても仕方がないように思える。もし熊楠が、神社合祀反対運動を起動した当初の情熱で善後策にまで論及していたとしたら、と考えるといかにも残念でならない。

その振幅の大きい性格と、おもにそれに起因する安定的とはいいがたい生活史のために、熊楠の仕事は多彩ではあるが、ある種のムラッ気のようなものを纏っている。そのため実態以上に高い評価を受けたり、逆にキワモノ的に不当に低く評価されたりと、かれに対する評価の振幅もまた大きいわけだが、おそらくはここに見たような態度によって、かれの学問は同世代に正当な評価を受けることができなかったのではないだろうか。

そうしたことも踏まえたうえで、最後に、世界遺産という現代的な評価を受けた熊野古道を手がかりとして、熊楠の残した仕事の可能性について触れておきたい。

熊楠は、「神社合祀反対意見」のなかで「確固たる信心は、不動産のもっとも確かなるものなり」と述べている。また、「何の説教講釈を用いず、理論実験を要せず、ひとえに神社神林その物の存立ばかりが、すでに世道人心の化育に大益あるなり」とも述べている。近代教育の普及によって、わたしたちは信仰のもつ感化力ではなく、普遍的に授けられる知性によって社会の秩序や「優雅謹慎の風」まで維持できると信じてきたが、二十一世紀の今日、それが楽天的に過ぎたことを認めざるを得ない状況に瀕している。

もしも、今回世界遺産に認定されたことを機に熊野古道を訪れようと考えている方がいるなら、そこの森は伐りつくされた後の人工的な植林であること、百年前には存在した古社や巨木を擁する社叢が壊滅してしまったこ熊野の森を抜ける古の街道。
現代版癒しの道に再生しうるか

と、かつてはそこに神社を中心とした信仰の体系によって醸成された「東洋でも類をみない繊細さを持つ文字文化」が息づいていたことなどを記憶に留めたうえで訪れてほしい。残念ながらそれらはもう失われてしまったが、それでもほんのわずかに残された巨樹や社叢、地元の人々の柔らかな気風が、何ともいえぬ郷愁や癒しを与えてくれるはずだ。

このわずかに残された熊野の森の力を頼りに、現在ではほとんど残骸のようになってしまった熊野古道を、神社を中心とした信仰の体系によって保持されてきた日本文化のよき一面にわずかなりとも触れられる場として再生していくとすれば、神社合祀反対運動を通して熊楠の残したメッセージは貴重な手がかりとなるに違いない。

＊注＊

1　武内善信「南方熊楠と世界の環境保護運動」『熊楠研究』第六号、七〇―九四頁、二〇〇四年。

2　田村義也「「南方熊楠の『エコロジー』」」『熊楠研究』第五号、六一―二九頁、二〇〇三年。

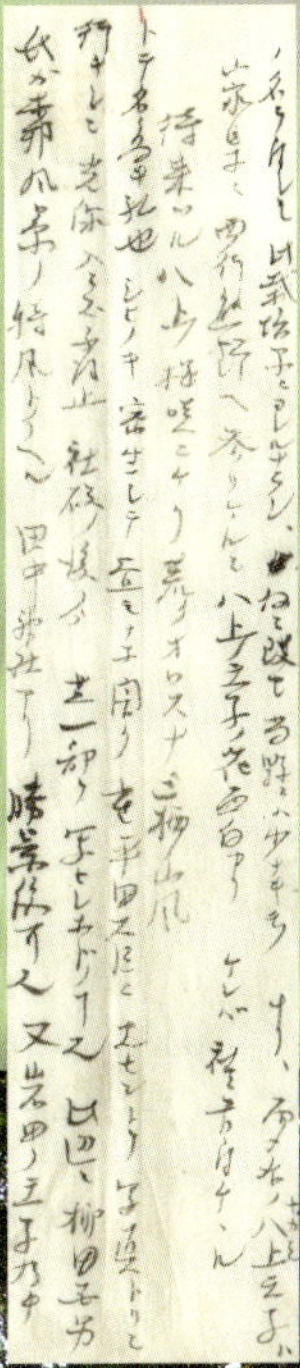

現在の田中神社（上）と八上神社（下）。右上『南方二書』（部分）では、この二社に言及し、「……而して右の八上王子は山家集に西行熊野へ参りけるに八上王子の花面白かりければ……此辺に柳田国男氏が本邦風景の特風といへる田中神社あり勝景絶可也……」とある。

南方熊楠ゆかりの地

中瀬喜陽

理智院（大阪府泉南郡）

百年目の訪問

南方熊楠のイギリスからの帰国後百年に当たる二〇〇〇（平成十二）年九月、私は思い立って理智院《りちいん》を訪ねてみた。

理智院は大阪は泉南の岬町多奈川谷川にある古刹で、熊楠は「海辺の孤寺」と形容しているが、実際はひとところに産土《うぶすな》神社、興善寺、理智院と一社二寺が境域を連ねていて、注意しなければそこが〝海辺〟であることも忘れるほど田圃《たんぼ》が広がり山を背負った場所である。

地名の「谷川」に「たがわ」とフリガナをしたものがあるが、「たにがわ」、「たながわ」と三様の読みがあって、人それぞれ使い分けているそうだ。当時熊楠が乗降した南海電車「吹井」駅もいまはなく、近くに「深日」駅ができて、以前の駅舎は歴史的建築物として保存されていると聞いた。「吹井」は「ふけい」または「ふけ」と呼ばれるが、「深日」もまた「ふけ」である。

滞在の二夜三日

足かけ十五年の海外遊学を終え、熊楠が神戸の港に着いたのは一九〇〇（明治三三）年十月十五日のことである。弟常楠《つねぐす》に迎えられて家路につくが、故郷和歌山を目の前にして二夜の足止めを食ったのが、大阪府下の理智院であった。常楠は、帰っても家は手狭で居場所がないから、父と縁故のあるこの寺でしばらく世話になるように言った（「履歴書」）そうだ。

理智院滞在の詳しいことは日記に出る。

帰国第一夜を神戸で過ごし、翌十六日は大阪へ出て「吹井駅に到り下車」、理智院へ四里の道のりを歩いていく途中、出迎えの僧と会い、理智院へ着いた。常楠は寺で一緒に夕食をすませたあと和歌山に戻った。十七日に

理智院の山門

ゆたかな自然につつまれた寺院の由来書き

は、和歌山から弟楠次郎が面会にやってきた。兄弟の中でもっとも熊楠を認め、熊楠もまた目をかけていた弟である。夕方、和歌山へ帰る楠次郎を送って熊楠は吹井駅まで出かけた。十八日、寺僕に連れられ裏山にのぼって付近のたたずまいを眺めた。その夜、理智院の食客和佐氏に送られて和歌山の弟宅に着く。この帰宅は早々に決まったとみえて、荷物は理智院に置いたままだったので、二二日、熊楠は常楠方の店員を連れて取りに行き、二八日には兄弥兵衛が理智院を訪ね、熊楠宛の友人らのハガキを受け取って帰っている。

熊楠はこの寺へ植物圧搾機を携えてきており、友人から理智院宛てにハガキが来ているところをみると、当初はここにしばらく腰を落ち着けるつもりだったのだろう。それが十八日の夜に入ってあわただしく弟宅へ向かったのは「履歴書」にも出るように、和佐氏が弟の店の繁昌のさまを語ったため、弟の二枚舌を見届けようとしたものだろうか。

理智院にて

理智院への道順は、和歌山市駅から南海電車でみさき公園駅に出、そこで多奈川線に乗り換え、終点多奈川駅下車。駅前に停車しているバスに乗って南谷で降りると、橋を渡って山かげの道を五分ほど。とにかく、和歌山市を出て一時間もかからないで理智院の玄関に立つことができる。熊楠の頃はまだこの多奈川線が敷かれていなかったので、十数キロの道のりを歩くことになったのである。

熊楠が滞在した寺ということで、理智院にはこれまでも時々訪れる人がいたようだが、当時を偲ぶものは何ひとつ残されていない。しかし、何といっても話題の現場である。その現場に立たなくては、片言隻句《せっく》の解釈もままならないことがある。その日は裏山の上り口まで歩いてみた。途中、本堂の前に「南方熊楠由縁の寺」と看板が置かれていた。熊楠の草鞋が脱ぎ揃えられているような錯覚をふと覚えた。

理智院……正式には真言宗宝珠山理智院。大阪府泉南郡岬町多奈川谷川。南海多奈川駅から南海バス・南谷バス停下車、徒歩。

那智山（和歌山県東牟婁郡）

那智入り

熊楠が初めて南紀の名勝那智《なち》の滝を目にしたのは、一九〇一（明治三四）年十一月一日のことである。前年十月イギリスより帰国し、一年を故郷和歌山市で過ごしたが「父母ともに草葉の陰に埋まり、親戚にも知らぬ人のみ多くなり、万事面白からぬゆえ」他郷に出ようと思い那智山を選んだという。日記によると、十月三一日に勝《かつ》浦《うら》に上陸、翌日には真っすぐ那智の滝を訪れている。「那智山に行き滝を見る。社へは参らず」とあるのを見ると、滝と、滝を覆う原生林の様子を見てすぐ引き返したのだろう。

そもそも熊楠に那智山のおもしろさを説いたのは田辺の友人中松盛雄（東京の予備門時代の同宿）で、一八八六（明治十九）年八月二二日に田辺を訪れた熊楠が、夏休みで帰省中の中松に出会ったところ、那智行きを勧められたという。

那智の滝

しかしその時は機会に恵まれず、それから十五年たって、海外で学んだ幅広い知見をもって本邦での本格的な生物調査の最初の拠点に那智山を選んだのである。当初は二、三ヵ月の調査の予定で入ったそうだが、結局一九〇四年十月まで、足かけ三年の那智山滞在となった。

那智の宿

那智山での採集調査中は大阪屋旅館の離れを借りていた。旅館は大正の末に廃業し、その後建て替えられているのでいまは残された絵はがきなどで偲ぶほかないが、熊楠の書簡などから総合すると、本館は二階建てで客間が四室か五室、離れは平屋の二室、熊楠の借りた部屋は平屋の一室で十六畳間、まだ電灯はなく、夜はランプに灯を入れてもらっての生活だった。離れの部屋の前には小溝が流れていて、溝にはワサビが育てられていた。

宿の前を参詣道が通り、鳥居が立つ。鳥居を潜ればそこからが神域である。神域にもっとも近い旅館、それが大阪屋だった。一九〇〇年、大阪屋に生まれた稲垣いなえさんは、滞在中の熊楠のことをかすかに覚えている。暑い時分のことで、浴衣《ゆかた》がけに尻を端折った姿とか、離れの前の小溝で草履《ぞうり》ばきのまま足を洗っていたこと、採集してきたものを縁に拡げて干していた様子など。なかでも離れの近くで手毬《まり》をついていて「やかましい」と怒鳴られたことが一番印象に残っているようだった。

好んだ場所

熊楠が採集に一人で出かけることはほとんどなかった。かならず荷持ちを同伴している。那智山ではもっぱら松本喜一、田中亀松の二人が交代で呼ばれた。一九六七年に私が那智山を訪れた時、田中さんはすでに亡く、松本さんがおられた。二人とも山が好きで植物が好き、それで山案内を仕事にしていたそうだ。松本さんの記憶にある熊楠の採集地はたいてい陰陽《いんよう》の滝《たき》付近とのことだった。夜になると光を出すキノコを採ったことを鮮明に覚えておられた。

元東京女子大学教授の故・宇野《うの》脩平氏が熊楠から聞いたところによると、熊楠は寒中の那智の大滝に打たれて、平家物語で荒行中の文覚上人《もんかくしょうにん》に矜羯羅《こんがら》童子やせいたか童子が現れた、という話の真偽を確かめる実験をした（「南方さんのこと」）ということや、牛鬼が出るという滝にたたずんで出るのを待った、という話があるので、山中のふつう人の行かないところに好んで行った形跡がある。

熊野那智大社……那智大滝は那智大社内にある。和歌山県東牟婁郡那智勝浦町那智山1。JR紀勢本線紀伊勝浦駅下車、熊野交通バスで神社お寺前駐車場下車。

那智村天満（東牟婁郡）

南海療病院と千代田屋

熊楠は初めて勝浦入りした一九〇一年十月三一日の翌日、那智の滝を訪ね、以降足かけ三年、那智山、勝浦湾

紀伊天満駅前。ここから一本道を汐入橋まで歩いた辺りに、千代田屋や南海療病院があったらしい

一帯の海浜を生物研究の場とした。その頃、長期には那智山の大阪屋の離れの一間を借りていたが、時には天満《てんま》界隈で過ごすことがあった。日記によると、

明治三十六（一九〇三）年十月五日　夜提灯点し、川関、天満の川徒歩し渡り、天満南海寮病院にゆく。清水氏と話し病院にとまるつもりになり、予の室にて飲む。それより松月という家にゆき飲む。
（『日記』一巻、三七九頁）

翌三十七年一月八日　千代田屋男徳太郎と松月に遊ぶ。（中略）帰来り予は臥す。徳太郎、妻の父に折檻さる。これより徳太郎一週間ばかり銀行行き止めらる。
（同、三九九頁）

八月十七日　千代田屋食物少く予不快。
（同、四五八頁）

等々、千代田屋と南海療《なんかいりょう》病院に寝起きしたことを書いている。那智村天満の熊楠の故地はいまどうなっているのか、日記の文面だけではわからない人間模様もあって、それを探ってみた。

これを知るのにかっこうの手引きがあった。新宮市三輪崎在住の郷土史家、故・浜端栄造氏の『熊野よいとこ』によると、浜端氏の奥さんの実家が千代田屋で、そこから得た知識で書かれているというから、これ以上の語り手はいないわけである。

それによると、千代田屋には五人の姉妹がいて、二人目のみねに婿を迎え跡を継がせたが、その婿は高津家の長男だったので姓を変えず高津徳太郎を名乗った。当時の天満は村の中心であるばかりか、奥に色川村という材木と炭の産地を控えていたので、わずか三〇〇戸足らずの在所ではあったが宿屋が三軒、料理屋が三軒、芸者の置屋もあって近隣に聞こえた繁華の地であった。その頃、病院は新宮《しんぐう》にしかなかったのが、ここに大きな病院が経営されていて、そのそばに千代田屋があった、と述べている。

ついでに私の簡単な手控えを紹介すると、この南海療病院は一九〇二年に、地元の有力者浦水漬十郎、三隅善助、田原済二、植野又七郎らの発起で当時資本金三〇万円で設立され、初代院長は東京大学出身の東といった。熊楠の出入りした頃は、院長は清水虎之助となっているので、東の在院期間はごく短かったと思われるが、それにしても千代田屋の高津徳太郎が妻の父に折檻されたこ

となども、この浜端氏の記述を読めば氷解しよう。私が千代田屋の跡を探して歩いたのは一九七九年の二月で、天満の駅前から真っ直ぐな一本道を汐入橋に突き当たるように歩いたところ、その当時駄菓子屋になっているところがそうだと教えられた。南海療病院も消防署の辺りと教えられた。

南方酒造勝浦支店

　南方酒造の勝浦支店は、勝浦港の岸壁に近い築地にあった。熊楠は「予の弟の妻の兄の支店なり」と紹介している。熊楠の当地滞在中の入費はすべてこの勝浦支店を経由して支払われていたようである。酒のほかに味噌なども商っていたようで、「味噌あり。予は味噌を食うことを好む」（土宜《どぎ》法龍《ほうりゅう》宛書簡）とも報じている。しかしここも当時の風景とは一変しているそうで、それは大火によると聞いた。試みに熊楠日記を調べると、一九二六（大正十五）年三月の項に「三月二十五日午前十時十分、勝浦町内で火災。旅館等四戸、倉庫五棟全焼、常楠酒店もやく」と記している。

　熊楠はこの支店に人手の足りない時は応援に出たようで「小生用事おこれり。勝浦の支店に主たる者、決算のため和歌山へ上り数日留守なり。そのことのためなり」（前出、土宜宛書簡）とある。

那智村天満……現、和歌山県東牟婁郡那智勝浦町大字大満。JR紀伊本線紀伊天満駅界隈。

川湯温泉（和歌山県田辺市本宮町）

初めての中辺路《なかへち》

大塔《おおとう》山系に源を発する大塔川は、谷川の中から熱い温泉が湧き出る秘湯としてもてはやされ、江戸時代から温泉宿が開けた。河原を少し掘れば自分だけの浴槽が簡単にできるので、いまも鍬を借りて小さな湯壺を作る人が多い。

　この川湯《かわゆ》温泉に熊楠が初めて訪れたのは、一九〇四（明治三七）年十月七日のことである。それまで熊野地方の生物を調査するため足かけ三年、那智山周辺を探り、とくに藻類の標本をおびただしく得て陸路を田辺に向かったのであるが、この日は小雲取《こくもとり》の難所を越えての川湯到着だった。宿所は藤屋（現、冨士屋）と決めていた。それは那智山に滞在中知り合った新宮営林署に勤める岡野周蔵（後の田辺営林署長）からとくに旅館主の小淵藤

大塔川に沿って旅館が建ち並ぶ川湯温泉

右衛門への紹介状をもらっていたからである。

熊楠が川湯でまず見たかったのは、川に湧く温泉の流れに「青のり」のような藻がついた石があるという、その藻だった。藤右衛門は「そんな藻ならたくさん生えていたが、この間の大水でぜんぶ流されてしまった」という。温泉の湧き口につく藻を見るのは、次回にまわし、その夜は川の湯壷に身を沈めて、ゆっくり身体を休めた。

仙境の画幅

二度目の川湯訪問は四年後の一九〇八年十一月十二日だった。この時は田辺屋に宿をとった。田辺屋の前田富蔵の娘（養女とも）前田豊は、田辺に出て旅館のぬし惣で仲居として働いた。ぬし惣でよく仲間と食事をしていた熊楠はすぐ豊を見知るようになる。豊はその後縁あって石友の子息、啓三郎と結婚した。また田辺屋に滞在する間に熊楠をたずねて、同地の旧知・成石平四郎がやって来たと日記に出る。

熊楠は、田辺屋を拠点に静川や小口村を訪ね、また大和の霊峰玉置山《たまきさん》へも上った。前回果たせなかった「青のり」のような藻も成石橋の少し上手《かみて》でとることができた。熊楠のとった玉置山への登山コースは、熊野川を宮井まで下って、北山川をさかのぼり、瀞八丁《どろはっちょう》を経て玉置口から歩くというルートだった。瀞八丁は天下の景勝の地である。日頃あまり日記に景色の描写などしない熊楠であるが、ここでは一言なかるべし、と思ったのかどうか、「仙郷の画幅、空にかかるが如し」と書きつけている。一幅の名画が忽然と空に現れ出でたようだ、というのである。

玉置口で北岩蔵の経営している旅館に泊まって、玉置山に上った。この日、下山途中道を踏み間違え、山中で一夜を明かすことになる。後年の脚疾はこの時の冷えによるものだという。夜明けを待って下山、和歌山中学校の後輩で医師の栗山弾次郎を萩にたずねた。栗山から歓待され、そこに二泊してふたたび川湯へ戻っている。日記には「川湯の湯壷へ入る」、「川べりに入湯」と記す日が続く。脚疾をいやしたのだろうが、熊楠にとって川湯の風情はまた格別なものがあっただろう。

川湯温泉……和歌山県田辺市本宮町川湯。ＪＲ紀勢本線新宮駅下車、

バスで約1時間。ＪＲ田辺駅下車、バスで約1時間45分。

水上の宿（田辺市中辺路町）

熊楠が逗留した中林家の離れ。現在は農具小屋となっている

心待ちの水上入り

日記によれば、一九〇八（明治四一）年六月六日、熊楠は多屋秀太郎からの紹介状をもらって水上《みずかみ》へ向かった。お供は山案内人の西野文吉である。水上の集落は鍛冶屋《かじや》川の上流にある。熊楠らは長尾坂から潮見《しおみ》峠を越えて栗《くり》栖《す》川に入り、紅葉屋で休憩、その後、沢《さわ》を経て水上の中林家の離れに入った。翌日さっそく大内谷の多屋家の持ち山を調査したが、ここは名だたる原生林でありながら、めざす隠花植物は木の肌が乾燥しているせいか見当たらない。翌日、今度は集落近くの谷間を歩いたが、やはり乾燥がひびいて収穫は少なかった。それで、九日には水上を発った。来た時とは道を替えて、熊野川から伏菟野《ふどの》へ出る道をとって帰宅した。

この熊楠の跡を追って私が歩いたのは一九七九（昭和五四）年一月五日のことだった。熊楠が訪れてからすでに七十年の時間が流れている。中林家は当主が中林清治さんに代わっていた。当時熊楠を迎えたのは清治さんの祖父の近蔵さんと父の清太郎さんだった。近蔵さんは田辺の多屋氏から水上大内谷の山の管理を任されていて、その子清太郎さんは明治三七～四一年まで近くにあった栗栖川小学校沢分校の先生をしていたという。清治さんは明治三六年の生まれと聞いたので、熊楠が訪れた時は五歳の子どもということになる。

　それでも熊楠の滞在した日のことを清治さんはよく覚えていた。貸した離れの間には煙草の空き箱がたくさんあって、くさびら（キノコ）を詰めるためのものだったということや、皆がするように自分も蝶の形をしたカエデの葉を取って持っていくと「もーえー、もーえー」と断られたこと。夜、近所の青年を集めて話をするということだったが、自分が酔ってしまって話にならなかったことなど。この清治さんの話を裏付けるような記述が日記に出てくる。

　六月八日　シデ蕈描きながら酒飲む。酒甚悪し。村の人等に話しすとて八人ばかり集まり来る。予二升一合酒、中林氏のありきり買いとり、人々にのませ、自分も八合ばかり飲み夢中になり臥す。
（『日記』三巻、一八五頁）

この滞在中に近蔵さんから聞いたという話を熊楠は別に日記（『日記』四巻、三三八頁）に書きつけていた。「ミミズが、弘法大師に、私ら何を食べたらよいのか、とたずねたら、土を食え、もし土を食い尽くしたら六月の土用に土から出て死ね」と言われたのでいまもそうしているという話や、マタタビというのは暑気あたりによく効き、「また旅に出られる」からそう名づけたのだ、という話などがある。この水上行きはすでに那智滞在中から予定していたようで、明治三七年三月十五日の日記に「栗栖川、沢、能城勇三郎、水上中林近蔵」と書きつけている。多屋秀太郎から来信があった日の記入であるから、多屋氏がそのような誘いか紹介状を書いたものであろう。

里人仰天す

この採集行の帰途、ちょっとした〝事件〟があった。

小生、三番というところ（栗栖川村の旧称）より山を二、三里こえて長野というところへ下るに、暑気の時ゆえ丸裸になり鉄槌一つと虫捕る網とを左右に持ち、山頂よりまっしぐらに走り下る。あとへ文吉という沙河の戦（日露戦争の合戦地）に頭に創を受けし究竟の木引き男、襦袢裸にて小生の大いなるブリキ缶二個を天秤棒で荷い、大声挙げて追いかけ下る。熊野川という小字の婦女二十人ばかり田植しありしが、異様のもの天より降り来れりとて、泣き叫び散乱す。小児など道に倒れ起きあがることもあたわず。

襦袢裸の大入道が二人、雷神のようにかなづちと網を持って、大声をあげて駆け降りてきたものだから、村人の驚きは想像に難くない。初めての中辺路採集行での出来事であった。

水上……和歌山県田辺市中辺路町水上。JR紀勢本線田辺駅下車、バスで約1時間、徒歩。

兵生（田辺市中辺路町）

兵生

熊楠が中辺路町大字兵生《ひょうぜい》に入ったのは、記録として確認できるものは前後二回、一九一〇（明治四三）年と一九二九（昭和四）年である。明治期の第一回は十一月十三日〜十二月二四日の四〇日ほどの長期滞在である。第二回は門弟の小畔四郎《こあぜしろう》の採集につきあっただけで、二泊三日で引き揚げている。

簡単に兵生の位置を紹介すると、和歌山・奈良県境の安堵山《あんどさん》を源とする富田川の最上流にあった。その後二川村の字となり、小学校の分校も開設されたが、一九四六年さらに中辺路町に合併。一九七四年には過疎となり、集団移住していまや無住の地となった。

小畔に宛てた書簡によると、交通の不便な地で、最初の入山の時は、栗栖川で一泊し、二日目の夕方に宿泊先へ落ち着く全行程徒歩であった。しかし一九二九年には、「今では定期の自動車が集落の入り口である福定《ふくさだ》まで一日一便通っていて、田辺を朝発てば一時間四十分で福定に着き、そこから徒歩約二時間で集落へと、半日もあれば行けるほど便利になった」と書き送っている。

兵生の宿

宿についても小畔に「坂泰官林の近くに人家はなく、一里半か二里ほど下流に集落はあるが、旅客をとめるような家は一軒もない。わずかに私が二十年前に泊まった西《にし》徳次郎氏方が当時のままあるのでそこを紹介する」と報じている。しかし一九二九年には徳次郎氏は亡く、秀次郎氏に代わっていた。

熊楠が西家に泊まるようになったのは、ここが採集にあたって手引きしてくれた西面《にしお》欽一郎氏の妻の実家であったからで、一九一〇年の採集では西家に一泊したあと、さらに山中深く入り、安堵山のふもとの野川原にある製板所の一室を借りて、飯場の食事を分け合いながらの植物調査となったのである。

兵生野帳

宿泊先の事業所の正しい呼び名は鈴木製板所で、豊富な谷水を動力に換え、当時そこに多かったカワキ（トガサワラ）の巨木を柱や板に挽いていた。一八九九年暮れから営業を開始、一九一四年までにすべての木を伐り尽くし、あとにスギやヒノキを植えて閉鎖したが、入った当時は昼なお暗い森林だったと西面氏は回想している。熊楠はちょうどその作業の真っ最中に入山したのである。ちなみに言えば、坂泰国有林はその当時まだ手つかずで、一九三一年から大がかりな伐採がはじまり、かくして富田川の水源は荒廃してしまったのである。

兵生での熊楠の収穫はクマノチョウジゴケをはじめ粘

菌、キノコなど予期以上のものだったが、民俗、風習、伝説などでもまた得るところが多く、後年柳田國男に、『遠野物語』に似せた『兵生物語』を書いて世話になった家へ残してきた、と述べている。

この稿本は今日所在がわからないが、熊楠のノート「随聞録」などには破素を望んで少年を追いかける少女の話や、渡り木地師《きぢし》たちの伝承、火事の時に火を伏せる呪言、真夜中の山中で馬のいななきを伏せた話など、熊楠好みの妖怪譚が書き留められている。後年「巨樹の翁の話」を教えてくれた西面導《おさむ》氏（後、寒川《そうがわ》導）は欽一郎の弟で、この山小屋でひとつ釜の飯を分け合った仲であった。山を去る日、茶碗酒を何回かお替わりしてぶっ倒れ、道の途中で西氏方へかつぎ込まれたり、自身の話題もいっぱい残したが、いまはそれを伝える人さえもいない。

兵生……和歌山県田辺市中辺路町兵生。紀伊田辺市から国道311号線を北上、高原を越えてから311号線をはなれ、富田川に沿って北上。

高山寺・猿神社跡（田辺市）

神社合祀反対運動の原点

和歌山県田辺市を横断する国道四十二号線が会津川に架かる高雄大橋の右岸、高山寺《こうざんじ》は聖徳太子の開基と伝えられる紀南の代表的な古刹である。天明年間、円山応挙《まるやまおうきょ》の高弟長沢蘆雪《ながさわろせつ》が滞在し障壁画をのこしたことでも知られる。

一九〇四（明治三七）年十月、田辺に借宅した熊楠は、人情豊かで物価も安く、自然の色濃くのこる田辺がすっかり気に入り、腰を落ちつけてしまった。そして那智山で集めていた生物標本を大成しようと、田辺近郊の寺社林を足まめに巡り、キノコや粘菌《ねんきん》を調査し、池や川の藻《そう》類《るい》を観察していた。人里に近いこの糸田《いとだ》の高山寺の森は手頃な観察地であり、中でも森の一角を占める猿神《さるがみ》社の境内には、クスノキやタブノキの巨樹が枝をひろげて、幹にはさまざまな植物が寄生し、季節ごとに種類の異なるキノコや粘菌が姿を現した。

現在ではその当時のたたずまいを想像せよといってもとうてい無理なほどこの付近は変わっている。かつて猿神社の森などは、枯れた木一本伐《き》るにも役所へ届け出て、その許可がなければ氏子にも自由にはならなかった。田辺の大庄屋の文書『万代記』には「糸田村の猿神の大松が枯れた。もし折れるようなことがあると近所の家に迷惑をかけるので、お調べの上伐らせてください」（要旨）

高山寺にある熊楠の墓

高山寺の一角に分社された猿神社

という願い出が文政五年（一八二二）十一月八日に出されている。この時期にも「大松」があったということは、古くから神の森として大切に守られてきたことを示している。

ところがこの森に大異変が起こった。明治憲法下、天皇の神聖不可侵を強調する一環として「各集落ごとにあった神社を合祀《ごうし》して、一町村一神社を標準とせよ」という神社合祀令が全国規模で行なわれたのである。猿神は稲荷神社に合祀し、合祀後の社叢《しゃそう》（＝神社の森）を伐採することとなった。記録によるとこの合祀は一九〇七（明治四〇）年四月に行なわれ、社叢がなくなったのはそれからしばらくした一九〇九年の春ではなかったかと思われる。

熊楠は猿神社の合祀の惨状を友人で新聞記者の杉村広太郎（筆号楚人冠）に書いて送り、杉村はその手記を一九〇九年十月十六日付の東京朝日新聞に掲載し、ここにはじめて植物学の見地から見た神社合祀の問題点が内外に知らされた。明けて一九一〇年二月十一日、大阪毎日新聞も「無謀なる神社合祀、和歌山県当局者の亡状、植物学者の憤慨」の見出しで熊楠の主張を二日にわたって掲載し、政府の方針に決定的に対立する熊楠の立場を援護した。これらの意見は、その後展開される熊楠の神社合祀反対、自然保護のさきがけとなるものとなった。

合祀の嵐がやんだ昭和に入ってからも、高山寺の山裾は鉄道開通で削られ、山頂では墓地が拡げられていく。開発の進行とともに熊楠の足もだんだん遠のき、最後にここを訪れたのは一九三六（昭和十一年）二月十五日で、その日の日記に「三時半北島氏来る。共に秋津口より高山寺山門に至り、墓地の下よりもと猿神祠の上に至り、引き返して墓地に入り、稲成の方へ下り、獺田川《おそたがわ》のへりを上るうち、二十余年前の大寒中見付けおきたる膠状の緑藻を見出す。前年よりはるかに少し」と出る。

一九四一（昭和十六）年十二月二十九日に没した熊楠は、いま、猿神跡を見下ろすこの高山寺の墓地に眠っている。

高山寺……和歌山県田辺市稲成町糸田。JR紀勢本線紀伊田辺駅下車、駅から徒歩二・五キロ。

引作神社の大楠（三重県南牟婁郡御浜町）

引作の大楠

三重県南牟婁郡阿田和村は一八八九（明治二二）年の町村合併で阿田和、柿原、引作《ひきつくり》の三村が合併して誕生した村である。合併後も旧村名は大字の名として残った。旧引作村には「引作の大楠」と呼ばれる名物の楠があった。天児屋根命《あめのこやねのみこと》をまつる引作神社の境内にあって、その偉容は近郷に知られていた。ところが、一村一社の明治政府の方針から引作神社は阿田和神社に合祀され、神さまのいなくなった引作神社の楠は三〇〇〇円で売却され、伐採されることになった。境内にかつては杉の大木があり、それを伐った際、年輪を数えて推定七百年余とみられた。楠はそれよりなお古く、千年以上は経つというのが村人のおおかたの見方であった。

一九一〇（明治四三）年の暮れに合祀され、翌年にはすぐ伐採にとりかかったようである。杉が伐られ、いよいよ楠にとりかかるという段になって、それを惜しむ声が持ちあがった。

新聞記者の機転

大楠を惜しむ声に動かされた一人に、牟婁新報《むろしんぽう》新宮支局の記者がいた。記者は何度となく関係者をたずね保存を迫ったが、「いまとなっては他に方法がない」というばかりでとりつくしまがなかった。

そこで最後の手段として自社の新聞に「南郡無二の歴史樹、近く伐採されんとす、天下の志士よ、願くは起ってこの大樟樹保護に尽くされよ、時は今也」（一九一一年六月二七日付）と訴えた。

この記事を読んで熊楠が動いた。熊楠はさっそく柳田國男に新聞の切り抜きを送り、三重県知事へのとりなしを頼んだ。そしてあまる筆でいま一人の友人杉村広太郎にも実情を書き応援を請うた。この時、熊楠がいかにこの楠の保存に熱心したかを示す和歌がある。柳田へは「音にきく熊野樟日《くすひ》の大神も柳の蔭を頼むばかりぞ」、いっぽう杉村へは「木の路なる熊野樟日の大神も偏《ひとえ》に頼む杉村の蔭」。この手紙を承《う》けて柳田がさっそく知事に要請状を出したであろうことは「三重県知事も郡長を通じて保存するよう内訓があった」（七月十七日付牟婁新報）

推定樹齢1000年を越すとされる引作の大楠

と報じていることでわかる。杉村もまた七月三日付の東京朝日新聞のコラム「五味龍」で「一般の民が神と仰いでゐる霊木をむざむざと切り倒したりなんかして碌《ろく》なことがあるものかと熊野辺の人は憤ってゐる」と書いている。こうして、関係者の折衝と新聞という公器での世論に訴えることで、いまとなっては手遅れだといわれた「引作の大楠」は、事なきを得たのである。

大楠のその後

大楠の保存が決まったことは七月十七日の牟婁新報に「樟樹保存に決す、本紙記事の反響」として報じられた。この記事を読んで上機嫌の熊楠が「三熊野の山に生ふてふ大楠も芸妓の蔭で末栄枝けり」と田辺検番の芸妓の名を詠みこんだ和歌まで披露したと十九日付の牟婁新報が伝えている。

大楠は平成元年の環境庁の調査で三重県随一の祈り紙がつけられ、続いて平成二年には「新日本名木百選」に選ばれ、いまや熊野路の名物として観光に大きく貢献している。私が最初にこの楠を訪ねたのは平成八年で、楠の根方に大きな看板が御浜町教育委員会の手で立てられ、それには、この楠を守ったのが南方熊楠、柳田國男であると明記している。もう二度と再びそうした受難がこの楠の上におとずれることはないだろう、そう思わせる立派な看板である。観光客もまた多いようで、行くたびに周辺が整備され、最近は中型のバスなら楽に入るように道が改修され、公衆便所まで建てられていた。付近にある丸山千枚田や弁慶産家《うぶや》の楠跡などとともに、一見をおすすめしたいコースである。

引作神社……三重県南牟婁郡御浜町引作。JR紀勢本線阿田和駅より車で約10分。

継桜王子社と一方杉（田辺市中辺路町）

古態とどめた神の森

熊楠が野中《のなか》（中辺路町）の継桜王子《つぎざくらおうじ》社と「野中の一方杉」と呼ばれるその巨杉群をはじめて目にしたのは、まだ神社合祀の動きのない一九〇四（明治三七）年のことである。

熊楠は那智山を主とした熊野の生物調査を終え、田辺への道はそれまでの海路から陸路に変えて、熊野古道の大雲取《おおくもとり》、小雲取、中辺路と五日をかけて歩き通した。一方杉のほとりを通ったのは十月八日で、その日は近露《ちかつゆ》の北野屋に泊まった。継桜王子社や近露王子社が金比羅社に合祀されるのはそれから四年後の一九〇八年十一月のことであるから、熊楠は、荒廃したとはいえまだ古態をとどめている王子社の建物とそれを荘厳している巨大な杉群を目にすることができたはずである。

二度目にここを訪れたのは、大和の玉置山《たまきさん》への登山を目指した一九〇八年十一月のことで、八日の夜、野中の松屋に宿をとっている。松屋は継桜王子社にほど近い旅館で、帰りもまた松屋に立ち寄っているから、偉容を誇る一方杉の木立はいやでも目に入ってくる。後年、土地の青年野長瀬弘男（画号晩花）に、一方杉とその上部の雑木林を画いて、上部の雑木を伐れば下部の杉群は数年を経ずして色を変え、枯損がはじまる、と警告したが、そうした観察はこの両三度の訪問の成果なのである。

一方杉保護の戦い

熊楠が神社合祀と神社林の伐採に反対して第一声をあげたのは一九〇九年九月のことである。その直後に、紀伊教育会主催の夏期講習会場である田辺中学校講堂に、係員の制止を振り切って「乱入」したかどで十七日間もの獄中生活を味わった。「世界的大学者の投獄」ということで世間の耳目を集め、その発端となった神社合祀問題は国内外に大きな反響を呼び起こした。熊楠のもとへは、合祀された神社の復社を願う人びとが各地から相談の手紙を寄せた。近露在住の野長瀬忠男・弘男兄弟もそうで、兄弟は近露、野中の両王子社跡の杉の寸法をいちいち測ってその保存方法を相談したようだ。一九一一年五月二六日のことで、以後、同年十二月五日の一方杉伐採着手まで、熊楠は保存の成功を信じて関係者への働きかけに没頭するのであった。

法蚓と法蠏

一方杉の保存について熊楠には成算があった。それは柳田國男を通じて、植物学者松村任三《じんぞう》に宛てて書いた二通の書簡が柳田によって『南方二書』として関係者に配布されたからで、世間にこの継桜王子社の由緒や巨杉に

継桜王子社、野中の一方杉

囲まれたたずまいが知られ、保存の声が和歌山県知事にまで届き、須藤丑彦（県視学）が知事の特命を帯びて現地調査に入ったのである。須藤は熊楠の小学校からの友人で、その感触では、村長は県の指導があれば保存に努力するだろうということだった。熊楠は後述の神島と同じ結果になるという期待で須藤の話を聞いた。

だが、話は思わぬところから崩れた。合祀の規模が十三社と多く、湯川王子社などすでに十社の神木を売り払い、その代金のうち一〇〇〇円を使って新神社も建築した。いま一方杉を例外にすれば、伐採した神社すべてに代金を還付しなければならないという村会議員の強硬意見に村長が屈服したからである。わずか九本のみの保存に落着した結果に熊楠は落胆し、これまで応援してくれた人びとへの申し訳から頭を丸め、土宜法龍にあやかって法の一字をとり自らはミミズに擬して法蚓《ほういん》と称し、五歳になる子息熊弥《くまや》もカニになぞらえ法蠏《ほうかい》として、当分いっさいの世事を断って謹慎の意を表したのである。

継桜王子社……和歌山県田辺市中辺路町野中。JR紀勢本線田辺駅より熊野本宮行きバスで約1時間半、一方杉下車、徒歩30分。

報恩寺（田辺市）

如来さんの古刹

報恩寺《ほうおんじ》は下三栖《しもみす》にある古刹で、山号は浄覚山、本尊の薬師如来が有名で「如来さん」とも「三栖の善光寺」ともいろんな呼び名で親しまれている。だが、少し前までは「竜口山知法寺《ちほうじ》」であった。熊楠の時代はもっぱら知法寺で通り、熊楠はその表記を「千法寺」と思い込んでいたようだ。

クサソテツ（シダ）の観察

熊楠がはじめてこの寺を訪れたのは、一九〇二（明治三五）年十月二一日のことであった。那智山へ戻る途中、白浜、田辺で長逗留するその時期である。なぜそんな時

熊楠がクサソテツを観察した三栖報恩寺

にここを訪れたのか。その理由は、田辺の知人中川作右衛門（家号油作）がこの知法寺の境内から珍しいシダを採って持参したことによる。

シダ好きの熊楠は、持参してくれた標本の状態がよくないためか、自生地を見たいと言い出して多屋《たや》秀太郎と弟の勝四郎の案内でここを訪れたのである。知法寺へ参り、岩屋《いわや》観音へも行った。この山でたくさんのミミカキグサを見た。もちろんお目当てのシダもあり、「クサソテツ」であることが確かめられた。田辺に戻って油作に珍しいシダを見つけてくれてありがとうと礼を言っている。

知法寺からの帰り道、熊楠は万呂《まろ》に出て、天王の池で子どもがたらいの舟に乗ってヒシを採って遊んでいるのを見て、ジュンサイを採ってくれるように頼んだ。田辺の近郊に豊かな自然が残っていることを改めて知ったのである。

神社合祀反対の現場

知法寺の裏山には熊野古道が通っている。熊野九十九王子社のひとつ三栖《みす》王子はこの裏山にあって、建仁元（一二〇一）年の秋、熊野詣《もう》でをした藤原定家の日記にも「参ミス山王子」と書いている。

ところがこの王子社は合祀され、村内の神社がまだあといくつか合祀を強要されている。熊楠は松村任三に宛てて「この三栖村は裕福な村なので、五〇〇〇円の積立金で困るようなところではないが、県や郡の役人に責め立てられて困っている。景勝の地でもあるので何とかその保存に力を貸してほしい」と訴えている。

熊楠は一九〇四年に田辺へ転住してきた。それからは、救馬渓観音《すくまだにかんのん》への往来の途中立ち寄ったり、岡《おか》の八上《やがみ》神社へ行く時に通ったりして、この三栖谷付近のことはよく知るようになった。知れば知るほど特色がある寺社林ばかりである。そこで、神社合祀の結果、神林がどのように荒廃したかを東京の植物研究家などに見せ、政治家にもわからせようと、写真家を連れて近村の寺社林を巡った。一九一〇年のはじめである。三栖王子を通って岡へ越す道に大きな松の木が一本、峠に立っていた。その木の下に、冬だというのに熊楠は上半身を裸にして立ち、今日の記念にと、口に煙草をくわえてポーズをとった。写真家の辻がすかさずそれを写真に収めた。いわゆる「林中裸像」（本書二〇六頁参照）の図である。

「よしこの節」の歌詞

熊楠が訪れた時、岩屋観音の壁に誰が落書きしたのか「よしこの節」（江戸後期のはやり歌。都々逸の元。節をつけて歌う）の歌詞が書かれていたそうだ。「ぬしのためなら身をきりずしになるとわかめぢゃよくの皮」（惚れたお方のためたならば、身をきざまるるとわかっていても、わたしゃそれでよいわいな）とあった。よしこの節は、東京遊学時代によく流行ったもので、熊楠の十八番の一つでもあった。

熊野九十九王子のひとつ三栖王子社跡

報恩寺・三栖王子……和歌山県田辺市下三栖。JR紀勢本線紀伊田辺駅下車。◆救馬渓観音……和歌山県西牟婁郡上富田町生馬313。JR紀伊田辺駅か紀伊朝来駅下車、タクシー。◆八上神社（八上王子跡）……和歌山県西牟婁郡上富田町岡。JR紀伊田辺駅からタクシーまたはバス、紀伊岩田下車、徒歩。

神島（田辺市）

神の島の伝説

神島《かしま》の神は建御雷命《たけみかづちのみこと》で、田辺市秋津の竜神山《りゅうぜんさん》の神と同体である、と地元ではいわれている。神島から竜が立ちのぼって竜神山へ降りた、というのである。その縁で合祀後のいまも、神島の大山の頂きの祠《ほこら》は秋津の人たちがていねいに祭っているという。

田辺の大庄屋文書『万代記』の慶安二（一六四九）年には「か嶋明神の宮と申、海内に雑木の森山御座候」と出る。神の島の神の森という意識がずっとあったのだろう。南部町沖の鹿島《かしま》と田辺の神島を、昔おおびとが担ってきて、天神崎《てんじんざき》で荷を下ろしたので同じような島が二つできたのだとも聞かされた。神島が神の島で、森林は神のものであるという信仰は古く、先にあげた『万代記』の文政五（一八二二）年九月二六日に「神島の古木持ち伝え候もの御座なく候。右の嶋、社木ゆえ村内の者共あい恐れ、先年より伐り申さず候」という返事を差し上げたと記している。これはおそらく殿様の御用で、神島産の古木で作った置物を持っている者がいないか調べよ、

田辺湾に浮かぶ神島

神島の鳥居の下に座る熊楠

というお尋ねに対して答えたものと思われる。この返事は、神島の木は神の木であるから、昔から誰も畏れ多くて切る者もいない。したがって置物などにしている者はいない、というのである。このように神島は人の手の入らない島として長く伝えられてきたのである。

熊楠と神島

熊楠がはじめてこの島を目にしたのは、一八八六（明治十九年）の渡米を前に、親友と白浜に遊ぶ途中、田辺から乗った船の上からである。上陸の最初は一九〇二（明治三五年）六月一日、那智勝浦へ下る途中で、この時、木耳《きくらげ》を少し採集したと記している。植物調査のため神島に渡ったのはそれよりもなお七年後の一九〇九年八月で、この時、秋津出身の植物研究家栗山昇平に誘われての上陸だった。その時は粘菌を三種採集している。

神島の神が大潟《おおがた》神社へ合祀されるのは一九〇九（明治四二）年七月で、合祀後さっそく森の伐採が計画されたが、漁民の反対で立ち消えになった。喜んだのも束の間で、一九一一年八月五日付の大阪朝日新聞と牟婁新報が神島の「下草刈り」と称する伐採がはじまったことを報じた。

熊楠はこの島の植生は紀州沿岸に数多い島の中で唯一、人の手の入らない自然の森であり、植物生態学（エコロジー）を実地に観察するのにこれほど適した島はない。また、ワンジュやキシュウスゲといった貴重な植物もある、といってこの保存に乗りだしたのである。

一九二九（昭和四）年六月一日、昭和天皇をこの島に迎えてからは「行幸の島」として注目され、一九三五年十二月に国の天然記念物の指定を受けた。

「一枝もこころして吹け沖つ風わが天皇《すめらぎ》のめでまし森ぞ」の熊楠の歌を刻んだ行幸記念碑がある。

神島……国指定天然記念物。和歌山県田辺市新庄町字北鳥の巣三九七二。JR紀勢本線田辺駅下車、最寄りの港より渡船。ただし、上陸には田辺市教育委員会の許可が必要。

稲荷神社（田辺市）

熊楠に守られた神の森

熊楠は、田辺来往のはじめから近郊の神社林を求めてよく出かけたが、ことに人の手の入っていないこの稲荷神社の森はかっこうの採集の場であった。一九一五（大正四）年、熊楠が「郷土研究」に投じた稲荷神社に関する一文には、

　田辺近処稲成村の稲荷神社は、伏見の稲荷より由緒古く正しいものを、むかし証文を伏見より借り取られて威勢その下に出ずるに及んだと言う。今も神林鬱蒼《うっそう》たる大社だが、この神はなはだ馬を忌み、大正二年夏の大旱《たいかん》にも鳥居前で二、三疋馬駆《うまかけ》すると、翌日たちまち少雨降り、その翌日より大いに降ったと言う。しかるに老人に聞くと、以前はこの鳥居前に馬場あって例祭に馬駆したと言う。されば馬場がなくなってから、神が馬嫌いになったものか。

とある。

文中に「今も神林鬱蒼たる」神社だとあるが、しかし、この宮の森に伐採の危機がなかったわけではない。一九一四（大正三）年四月二七日付の牟婁新報には、「稲荷神社伐採真相、当局者反省す」という見出しで、熊楠によって伐採作業をとがめられ、その抗議により松田郡長から中根村長に伐採中止の勧告があったことを記している。新聞によると稲荷神社には二町《ちょう》二反歩《たんぶ》余の神社林があり、そのうち七反五畝《せ》を一部伐採、一部皆伐の予定で進行し、すでにシイ、ヤマモモの大木を百五十一本伐採、そのあとへスギ、ヒノキを植林し終わった、とある。

続いて二九日の同紙に「南方熊楠先生談片」として稲荷神社の学術的研究価値が語られている。要約すれば、この神社のシイの森林は「本邦希有の珍品」で、植物学会のために永く保護すべきものである。とくにこの森には、イチヤクソウ、ヨウラクラン、コクラン、ホングウシダ、シャクジョウソウ、ミヤマムギランなどがあったが、今度の伐採でミヤマムギランは全滅してしまった。あまり珍しい植物があると宣伝すればすぐ取り尽くされてしまうので言えないが、今後は村のほうで責任をもって愛護してほしいものだ、とある。

このように、一度は伐採の危機があったが被害は最小の区域にとどまり、現在は「市内の他の神社に比べて、残存自然林の面積が大きいこと、森林全体が安定方向に

田辺市指定文化財「稲荷神社の森」

回復している」とみられ、市の指定文化財として保護されている。

熊楠の長女、故文枝《ふみえ》さんによると、稲荷神社へは何度か父の言いつけで採集に出かけたという。ときには目的のものの生育場所を詳しい地図に書いて渡されたというから、熊楠は目をつむってもわかるほど、この森林の様子を知悉《ちしつ》していたのであろう。

なお、この稲荷神社は荒光《あらびか》の地にあり、古くは阿羅毘《あらび》賀《か》大明神と呼ばれ、元亀年中（一五七〇—一五七二）に稲荷大明神と改称されたと社伝にある。前掲の糸田の猿神社はここに合祀されている。例祭は一月七日に行なわれるが、他に二月初午の粥《かゆ》占い、四月三日の雛《ひな》流し、五月五日の御田植祭など季節の神事には参拝者で賑わう。

稲荷神社……和歌山県田辺市稲成町。ＪＲ紀勢本線紀伊田辺駅より、明光バス稲成行き農協前下車。

幼少年期の舞台　和歌山城下（和歌山市）

出生地・橋丁

熊楠は一八六七（慶応三）年四月十五日、和歌山城下橋丁《はしちょう》の金物商南方弥兵衛《やへえ》とすみの間に次男として生まれた。橋丁の名はたぶん市中を南から西に巡る水路（堀川）に架かる橋に由来するものであろう。いまでも京橋、北中橋、寄合橋と、この付近だけでもいくつもの橋がある。水路を利用した物資の運搬が盛んで、和歌山の商業の中心地であった。

生家は熊楠が六歳の時、同じ堀川沿いの寄合《よりあい》町に新築移転した時に売却されて、その跡は酒造場となったようである。「亡父は橋丁河岸、只今宇治田の醸造場か何かになりおる所で金物屋を営み、明治五年に寄合町へ移った」（一九二六年十一月十一日、堂場武三郎宛）という手紙も残っている。「宇治田の醸造場」のことを「中六酒店」という人もいるが、いずれにしろ大正の頃には跡形もなくなっている。現在では広い駐車場となり、その一角に熊楠の生誕地を示す胸像が建っている。

「明治五年、小生六歳の時、拙父おいおい身上を持ち上げ、和歌山目ぬきの寄合町に宅を求めて普請なり、引き移り」とも書くように、橋丁よりさらに商売に便利な立地条件のよい寄合町に進出、弥兵衛はここで財を築いていく。熊楠は小学校、中学校時代をこの寄合町の家で過ごしたのであるが、東京に出て予備門に通う頃、この家から三、四軒離れたところに寄留したという。渡米時のパスポートに板屋町二十番地と書いているのが当時の家の所在地であろう。約九ヵ月そこに住んでいる。

幼年期の風景

　熊楠が幼少年期の風景としてもっとも印象に残っているのは寄合橋のようだ。学校の行き帰り、朝晩に通った橋である。「余も七、八歳のころ、同歳なる長尾少将と打ち連れて雄《おの》小学校とて今も舎弟方の隣にある学校へ寄合町の自宅から通う途上、わずか二町足らず（約二〇〇メートル）の間を一時間もかかって歩き、しばしば教課時間におくれて立罰というやつに処せられた」（一九一八年一月「竹馬およびホニホロ」）と回想している。

熊楠少年　画/清水崑
（財団法人南方熊楠記念館蔵）

　寄合橋はいまもあるが、現在のものは一九四一年一月に架け替えられたもので、それまでのものは木製の反り橋で、現在の橋より幅は少し狭かったようだが、欄干に擬宝珠のある立派なもので、広い橋だったという。長さ二十間一尺三寸、幅三間五寸と記すものがあるが、当時としては堂々たる橋だったのだろう。

　さて、熊楠の幼児期の記憶でもっとも早いものは明治三、四年頃のもので、それは「和歌山にてなにか一同おどりありきし、その時のことばのうち覚えているは『宵には大の字、夜中にゃ小の字』という言葉だった」（大正四年の日記付録）とか、「四歳の時、和歌浦東照宮の祭礼で蟹《かに》のぬけがらを見た」とも記している。藤白《ふじしろ》神社に参詣した思い出も四歳の時のことのようで、この頃から関心のありようがただごとではないことがうかがえる。

　少年期になるといたずらの思い出が多く、「ないもの買い」をよくしたそうだ。雑貨店などへ「鬼の角」とか「釣鐘の虫糞」とかを買いに行って困らせたようだ。ある時熊楠が「狐の舌」を買いに行ったところ、その店が古い漢方の薬局だったので、ないはずの「狐の舌」を探し出してきて、とうとう四銭も払って買わねばならぬ羽目になり、家に帰ってたいそう叱られた、という話もある。熊楠が多感な少年期を過ごした橋丁や寄合町、寄合橋も、名をそのままにいまも残っているが、小学校などは移転し、統合されている。

橋丁……和歌山県和歌山市橋丁。JR紀勢本線和歌山駅より、バス。
南海和歌山市駅より徒歩。

藤白神社（和歌山県海南市）

楠神

熊野詣《もう》でで賑わう南海道も、藤白《ふじしろ》王子社からは道もいよいよ険しくなり、行路のただならぬさまを見せつける。険阻《けんそ》の路を前にして、人びとはこの王子の社頭で法楽《ほうらく》の神楽《かぐら》や和歌の会を催して権現《ごんげん》の心を慰め、往く手の平穏を祈願した。

この王子の社頭に樹齢幾百年とも知れぬ一本の楠がある。亭々と空をかくす楠は日の光をさえぎり、こんもりとひとつの森をなしている。元文五（一七四〇）年頃、名高浦専念寺第十四世住職全長の著した『名高浦四囲廻見』（『海南市史』第二巻所収）によれば「大木の楠の木のもとに楠神の社とあり。文明旧記に楠神の社は子守の宮と云の義是なるべし。此辺にては楠神は命神にて在すと云ひ、城下在辺ともに大切なる一子などには、権現の神主へ頼み、楠の字をかたとりて名をつけてもらう人多し」とある。古来、子どもの命を守る宮として崇められ、和歌山城下や近郷から参詣する信者には楠、藤、熊の三文字を用意して名付けをしたという。藤白王子社は、明治に入って藤白神社と改められた。

熊楠の名を授かる

南方家もこの子守宮の篤い信者だった。長兄には藤、姉には熊をもらって、藤吉、くまと命名している。三人目の男児は楠と熊の二文字をもらい熊楠とした。六人の兄弟姉妹のうち二字をもらったのは熊楠ただ一人である。それだけ両親にとって肥立ちの心配される子どもだったのだろう。

熊楠が四歳になった時、とうとう恐れていた重い病にかかった。しかし「命神」はその験を顕わし病はほどなく平癒、そのお礼に父に伴われて藤白の宮に詣でた。「未明から楠神へ詣ったのをありありと今も眼前に見る。また楠の樹を見るごとに、口にいうべからざる特殊の感じを発する」（「南紀特有の人名」）と後年熊楠は記している。

藤白神社と楠神

楠を見ると心に湧きおこる特殊な感じとはどういうものなのか。それはさだめし、遠い記憶の底にある自分の命を守ってくれた子守宮への感謝の気持ちであったにちがいない。熊楠は、明治四〇年代から大正のはじめにかけての十年ほど、神社合祀反対、神社林の保全で激しく国家権力と争うことになるが、それには楠に対するこうした思いも一因であるといえるであろう。

熊弥を託す

熊楠には一男一女があった。長男は熊弥《くまや》で一九〇七（明治四十）年生まれ、長女文枝は一九一一年生まれ。この二人の命名に当たっては、とくに何に頼むということはなかったようだ。推測すれば熊弥には自分の一字と、南方家の当主が名乗る弥兵衛の弥を採ったものだろう。文枝の名文字も一族を見渡して藤、熊、楠はすべて使っているので、枝だけを共通のものとして命名した（「トーテムと命名」）という。

一九二五年、熊弥は田辺中学を卒業し、高知高校受験のため四国に渡った。流行性感冒で卒業式にも出られずようやく枕を上げたばかりの身に、風浪にもまれての船旅はきっときつかったのだろう。発熱で受験場にも入れず、そのまま長い療養生活に入った。一九三七（昭和十二）年三月、京都の病院を出た熊弥は、日本画家青木梅岳らの世話で藤白に借宅、病を癒すことになった。熊楠はこの風光の清らかな、しかも楠神にほど近い場所での療養をこの上なく喜び、病気の快癒を信じていたという。数ある宮の中でも、藤白神社は熊楠にとって忘れがたい宮なのである。

藤白神社……和歌山県海南市藤白。ＪＲ紀勢本線海南駅から徒歩。

高野山（和歌山県伊都郡）

熊楠の足どり

熊楠が高野山に登った記録は、あわせて四回となる。一回目は一八八二（明治十五）年で、この時は弘法大師一千年忌に詣でる両親に連れられて、苅萱堂（千蔵院）に泊まった。父母と一緒の旅行はこれがはじめてで、思

高野山、三度目の採集旅行。左から小畔四郎、熊楠、坂口総一郎、宇野確雄（川島草堂か）

い出深いものとなったという。

次には一八八六年の夏で、予備門を中退してアメリカ行きを心に秘めていた時期である。同行は後の林学博士川瀬善太郎で、この時は常智院へ宿泊したとするが同名の宿坊はないので、同じ音の上池院だろう。

そして三十数年後の一九二〇～二一（大正九～十）年の相次ぐ採集旅行である。三度目の時は同行者も田辺から画家の川島草堂《かわしまそうどう》、東京から門弟小畔四郎、それに飛び入り志願の地元海草中学校教諭坂口総一郎、宇野確雄の四人だった。熊楠らは田辺から船で和歌山港へ、三人と合流して和歌山市駅から汽車で高野口駅下車、駅前の葛城館《かつらぎ》で昼食後、人力車を雇って椎出《しいで》へ。駅前の四方館《しほうかん》で休憩後、歩いて登っている。

四度目は画家の楠本龍仙を助手に「コースはだいたい同じだが帰途粉河駅で乗車」とあるので、道を替えて下山したものであろう。大正期は二度とも一乗院に泊まった。ただ、一乗院はその後、一九三一年五月に出火全焼したので、熊楠が滞在した頃のたたずまいとは変わっている。

大願成就の調査行

在英時代から帰国後の那智滞在時期にも文通の多かった土宜法龍が一九二〇年一月、高野山管長に就任した。熊楠の登山が八月の下旬だったため、土宜法龍の招きで高野山に登ったとよくいわれるが、実際に土宜が招いたのはその前の晋山式《しんざんしき》の案内で、僧侶の晋山式など興味はないと断っている。

八月の採集行は気を利かせた小畔四郎がもちかけたもので費用の一切は小畔が出し、宿舎の手配や高野山関係者への先触れはすべて毛利清雅《もうりせいが》が折衝した。土宜法龍へも毛利が告げ、土宜から毛利へ熊楠の登山を歓迎する旨の葉書があったが、熊楠と土宜とはこのことで文通はなかった。

ではなぜ熊楠は高野山へ登ったのか。これには当時の山内の動きと大いに関係がある。周知のように高野山登山の客を運ぶ鉄道が大阪の難波から橋本まで開通したのは一九一五年で、これによって登山客が急増する。駅頭には三百台の人力車が待機し、一九一九年の登山客六十二万人と記録されている。そのため山上までのケーブル

高野山宿坊一乗院に残る熊楠の肖像画。
楠本龍仙画（一乗院蔵）

の設置が計画され、山内でも新道路開通と商店街の整備、国有林の払い下げ運動などで大きく様変わりしようとしていた。いま調査しなければ貴重な動植物、ことにキノコや粘菌は見られなくなってしまう。そういう危機感と、熊楠の長年の夢だったキノコの標本がこの年六〇〇〇点に達し、青年期に成し遂げようと志した七〇〇〇点まであと一〇〇〇点で大願成就というところまできていたのである。だから高野山での熊楠は一ヵ月近い滞在で外出は三度だけ、あとは宿坊にこもって随行者や寺の僧たちの採集してくるキノコの記録に没頭したのである。

高野山から小畔に出した絵葉書が一枚残っている。それには、膳の上に採集品のキノコを盛り上げて右手に銚子、左手に筆を持った自画像を描き、「くさびらは幾劫へたる宿対ぞ　熊楠」の句を認めている。くさびら（＝キノコ）とのあくなき宿縁の不思議が、弘法大師の山にきて、ふっと口をついて出たのであろう。

高野山……和歌山県伊都郡高野町高野山。南海電鉄高野線高野山駅下車、バスまたはタクシーで山内各所へ。

父祖の地　入野（和歌山県日高郡）

大山神社

ＪＲ紀勢本線の和佐駅から道成寺方面を眺めると秀麗な山が目に入る。紀州富士と呼ばれる大山《おおやま》である。大山の中腹に大山《おおやま》神社が祀られていた。矢田村入野《にゅうの》の鎮守である。熊楠の父は、この入野に生まれた。代々庄屋をつとめたそうだが父はここに埋もれるのを嫌って商家で働き、和歌山に出て雑賀屋《さいかや》に迎えられた。商売で成功してからは郷里のために寄付することも多く、大山神社の修復についても、いとこで大阪に出て財をなした宮所とともに多額の寄付をし、他に劣らない造りにした。一村一社の神社の整理でも大山神社の存置《そんち》がほぼ約束されていた。

ところが、実際に整理統合が進むなかで、存置は役場に近い土生《はぶ》八幡神社が選ばれ、大山神社は廃社の方針が出た。熊楠は、藩主の崇敬が深く、八代将軍吉宗の疱瘡《ほうそう》を癒した故事などを説き、父祖の産土神《うぶすながみ》の保存に奔走した。有名な田辺中学校での紀伊教育会閉会式乱入も、保存の約束を反故にした県吏に問いただしたい一心からで

大山神社跡のミカン畑

あった。

合祀は一九一三（大正二）年十月、暮夜ひそかに行なわれたという。熊楠は、「官権の力を誇示するため、小生に侮辱を加えるため」の合祀だったと受けとめているが、これを最後に熊楠の合祀反対運動は終わった。

神社のあったところはすべてミカン畑となり古い参詣道が石垣の中に残り、井戸の跡がミカン畑の中に石組みのまま残されている。

生蓮寺の化石

生蓮寺《しょうれんじ》は川辺町和佐にある。熊楠の父の生家、入野の向畑家とは日高川を隔てただけの近い距離で、ここは化石寺として近在に知られていた。天明の頃の住職察応和尚が全国を行脚して、行く先々で化石やめずらしい石を収集し、国許へ送ったという。化石好きの熊楠はさっそく生蓮寺をたずねた。一八八六（明治十九）年四月八日の日記には、「和佐村生蓮寺に之《ゆ》き、所蔵の石類を見る。大小三十箱斗《ばか》りあり。天狗《てんぐ》の飯匙《めしがい》、石剣頭、石砮十余個、石刄、雷環等其奇なるものなり。丹州桜石亦奇なり」（『日記』一巻、六八頁）と所見を記している。

この日、熊楠は向畑家の前から真っ直ぐ日高川を渡ったそうだ。皮靴が濡れて戻ってきたので同家の主婦がわけをたずねたところ「脱いで持つのが面倒だったから」と答えたという。四月十七日にも再び訪れているところをみると、よほどめずらしいものがあったにちがいない。

生蓮寺の化石はいまはどうなっているのか、お寺に寄って見せてもらった。昭和二八年の水害は県下全体に大被害をもたらしたが、ここも日高川の氾濫で床上五尺（約一・六メートル）まで水に浸かり、化石は箱ごと流されてしまったそうだ。しかし、水が引いてからよく見ると境内に泥をかぶって流されず残った化石もかなりあったため、ていねいに洗って保管している。

熊楠のため息が聞こえてきそうな化石である。

入野……和歌山県日高郡川辺町入野。
和佐……和歌山県日高郡川辺町和佐。

南方熊楠旧邸（田辺市中屋敷町）

邸内の建物

一九一六（大正五）年、熊楠は田辺の借家のすぐ前の家が売りに出されたことを小耳にはさんだ。よく聞いてみると、持ち主は旧知の渡辺和雄（旧陸軍中佐、当時海草郡黒江町長）で、「自分の大事な家が、見知らぬ人の手に渡るよりは南方先生に買うてもらいたい」と言っていると聞いた。価格四五〇〇円。そこで和歌山市に住む弟常楠に話して、代金を立て替えてもらい、この家に移ることにした。五月二六日の日記に、「予始て新宅の風呂に入る」とあるから、引っ越しが終わったのがこの頃だろう。借りて住んでいた藤木家の借家に、自分設計の「博物標品室」を建てていたが、使い勝手がよいので大工をやとって解体移築した。これが現在「書斎」と呼ばれている別棟の離れである。

四〇〇坪にあまるこの家のたたずまいが、すっかり気にいって「ずいぶん広い風景絶佳な家に住し、昨今四顧橙橘の花をもって庭園を満たし、香気鼻を撲《う》ち」と自慢した一文もある。もともとは「当地第一の富裕な士族の宅地」で全部で一〇〇〇坪の宅地だったのが、没落して売りに出し、いまの熊楠宅が真ん中で南側、北側と三筆に分けられたものだと、その来歴まで調べている。母屋は幕末の頃建てら

熊楠邸内（橋本邦子氏の協力により、岩崎仁が作成）

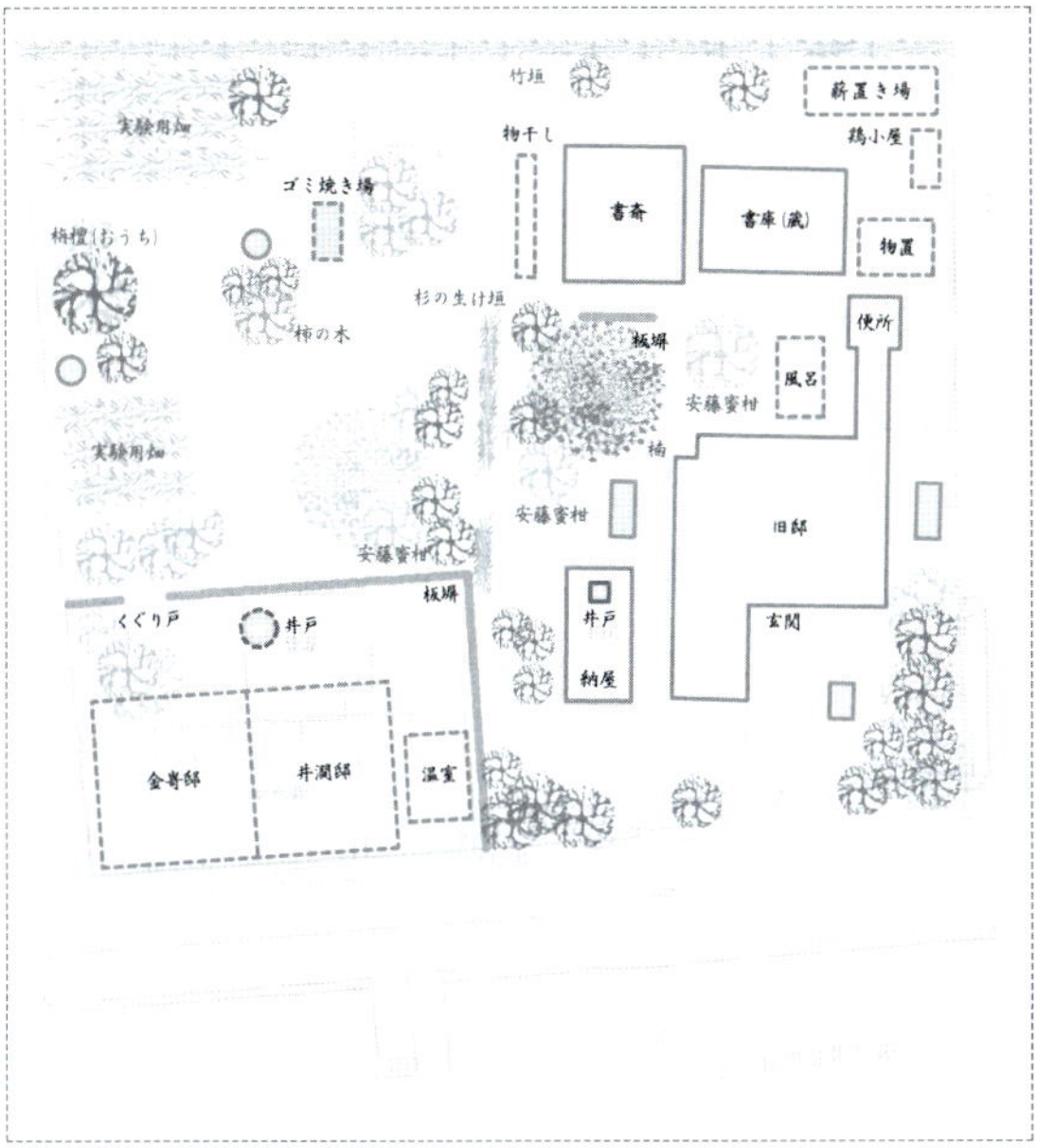

熊楠邸、当時の玄関

旧邸内の楠の木

れたものかと見られている。

土蔵（後の書庫）もついていた。持ち主の渡辺氏が「立派な土蔵だろう」と自慢していたが、いざ入って調べるとひどい雨漏りがしていて、屋根屋を呼んで四〇〇枚ほど瓦を葺きたした、という。蔵の二階に上る梯子が急だったので妻・松枝も登れず、雨漏りの発見が遅れた。そこで、母屋の段梯子をはずして蔵の梯子と代えた。

邸内に借家もあった。借家人との交遊は有名で、とくに洋服屋の金崎氏親子は自分の仕事を投げうって尽くしている。

邸内の樹木

邸内で目立って大きい木は楠、柿、蜜柑、梅だった。楠や柿は現在でもあるが、以前はもっと勢いもよく、枝もよく張っていたようで、少しの雨なら母屋と書斎の間は傘もささずに往復できたそうだ。そんなことから、自分の名の一字でもあるため、この楠にはことのほか愛情をそそいでいる。

柿は、ミナカタテラ・ロンギフィラという珍種の粘菌を発見以来とみに有名であるが、この発見は入居早々の一九一六年七月九日のことで、翌年の八月にもまた同じ場所で見つけている。リスター女史が命名したのはこの二回のうちの後のほうらしい。世界的発見も、その気になれば自分の足許で見つけられる、という熊楠の主張を実証してみせた柿の木である。

熊楠邸の大半は夏蜜柑の畑で占められていた。「離れ」を移築するのに数本伐り、畑を作るのに何本か伐り、というように少なくなっていったようだ。その中でとくに目をかけられたのが安藤《あんどう》蜜柑《みかん》と呼ばれる絹皮の蜜柑である。田辺市内には熊楠邸のほかに何軒かの安藤蜜柑があったようで、熊楠はそれらの蜜柑と食べ比べして、甘みの強い家のものがなぜそうなったか、これを改良すれば付近の農家に栽培させて収益が上げられないか、など意欲的に取り組んでいた。庭園には当時安藤蜜柑は三本あったが、熊楠没後相次いで枯れ、現在あるのはその孫木である。

邸内の顕花植物

日記を読めば、邸内には幾百種とも知れぬ顕花植物があったことが出ている。枚挙にいとまがないので、最晩年の一九四〇（昭和十五）年十月の一ヵ月を例に取り出してみる。

二日　金木犀、今年花なし。中山氏方木犀白花咲きあり。石蒜は大方花すでにしおれあり。

三日　ベンケイソウ満開しあり。例年数本生ぜしヨルガホ今年一本しか生えず。

一一日　トリカブト咲き初む。

二〇日　玄関前北側のありしクワリン、今夏の旱天に枯れたるに付き、代わりに南方にありし一本を植える。

二二日　ミセバヤ一昨日よりさく。まだ皆までは咲かず。玄関前のキンモクセイ、今夏の旱りに弱りしが、本日少しばかりさく。金崎氏方にはおびただしく満開す。

二六日　畑のクサボケ、数花開きあり。

花の多い五月、六月には、もっとたくさん毎日新しく咲いた花が記されている。

カメの記録

邸内で飼育していた動物に、ミミズク、ニワトリ、イヌ、サソリ、カジカなど、これも種類が多かった。中でも日記によく出るのはカメである。「最大の亀、明治三九（一九〇六）年頃、小川幸七より買ひしもの」（一九三二年五月三一日付日記）とあり、その当時は「亀、すべて16疋あり」（同年六月一日付日記）と述べるように、カメを見かけるとよく買ったりもらったりしている。一九二九年には、カメの甲羅に研究用の藻の種子を植えつけて「蓑亀《みのがめ》」を作り、多い時には八匹にもなったようで、庭の泉水に放して来客にはそれを観賞させた。「先生は、庭にあった小さいかめのなかに亀の子が三、四匹いるのを指して、これが吾輩がつくった蓑亀だと子供のように無邪気な顔をして笑った。かめのなかの小さい亀は、どれもこれも絵に描いた浦島の亀のように、緑色の美しい蓑を長くひいていた」（「南方先生」大阪毎日新聞、一九三一年八月二九日）。この記事から蓑亀の作り方を聞きにくる人もふえた。庭内に水がめを置いたり、泉水があるの

旧邸内のカメ

旧邸内の柿の木

は藻を調べたり、こうしたカメヤカジカを飼っていた名残である。

庭は植物研究

一九二一（大正十）年、南隣の野中氏が境界いっぱいに二階建てに改築、その工事のため研究畑が踏み荒らされたことに端を発した争いは、当時県知事が仲裁に乗り出すような騒動となった。この時、隣家の言い分は「先方（南方）の日陰になるという箇所は、どんな植物を植えているのか知らないが、私の目から見るとただの豆だけであり、今回のことは学者の気侭《きまま》で、子どもが駄々をこねているようなもの、絶対に聞くことはできません」と取り合わなかった。熊楠のほうは「小生は藻を土にうえて例の窒素固定をなすべく20年近く研究しいる。今に功は成らぬが、その藻に力あることと、その藻を土にうえることとは成功せり」というぐあいに、植物興産に夢を賭けてひたむきに研究に打ち込んでいる。素人目には、つまらぬものと映っても、研究者にとってはゆるがせにできぬものがある。研究を理解してもらうためには「植物研究所」の看板をあげるのがいちばん、ということで「南方植物研究所」の設立が発議され、募金が行なわれた。庭内は大事な実験園だったのである。

エピソード三話

【その一　机の足を切る】

書斎には座り机と高足の机という二つの机がある。高足の机は、手前が低く傾斜している。あまり見かけない姿なので、外国製だろうとか、顕微鏡が見やすいように、あんなに作らせたのだろうとか、いろいろいわれてきた。しかし、最近日記を調べていくうちに、どれも的はずれで理由はごく簡単、「デスクの足端二本切るなり。机高すぎて、年来読書に不便なりしなり」（一九二二年三月十八日付日記）とある。ちなみにこれを作ったのはそれより七年前の一九一五年四月十九日で、岡野さんという町内の指物屋に頼んでできたことがわかった。

【その二　郵便局は歓迎】

田辺郵便局は一八七二年、栄町に開かれ、一九二四年、現在の中屋敷町に移転した。こうした場合、よく「移転反対」を口にする熊楠であるが、郵便局の場合そうした発言はなく、むしろ歓迎するかのように日記に次のように認めている。「四月一日、田辺郵便局、中屋敷町小幡狷氏向ひに移転、祝賀式あり」。夜中にでも郵便を出しに行く熊楠にとって、局が近くになることは歓迎すべきことだったのだろう。

手前の足が短い熊楠愛用の机

【その三　土を掃くな】

南方邸のお手伝いさんの悩みは庭の掃除だった。邸内には落ち葉が多い。きれいに掃除すると、その葉についた粘菌を観察中だからもう一度同じように庭に戻しておくように、と指図がある。ゴミと研究材料の見わけがむずかしいのである。また、強く掃くのもご法度。「庭土をはくなと下女にいふ。土減ずる故なり」（一九二九年一月十三日付日記）、山の高みにある神社では、履きものに落ち葉をつけて下りるのも戒めた熊楠である。

顕彰と保存

著名人の住居で、熊楠旧邸のようにほとんど完全な姿で今に伝えられているのは珍しいケースだといわれる。これは門弟、知人、縁者の顕彰と保存への熱い思い入れがあったからである。何しろ没後間もなく、太平洋戦争のさ中にもかかわらず「偉業を集大成、遺稿を編纂」（一九四二年九月三日「大阪毎日新聞」）と作業が進行し、邸については、「財団法人を設立して、土地建物をそのまま南方植物研究所として永久に翁を記念することとなった」（同）という迅速な対応に負うところが大きい。顕彰の日まで反故一枚といえどもなくすまい、そういう姿勢で今日まで伝えられたものである。それを思うと一木一草もおろそかにできないと思う。

南方熊楠旧邸……和歌山県田辺市中屋敷町三六。ＪＲ紀勢本線田辺駅より、徒歩１５分。

当時の書庫の入口

※本章「南方熊楠ゆかりの地」は「熊楠ワークス」（南方熊楠邸保存顕彰会）初出の「熊楠ゆかりの地を訪ねる」を元に、あらたに加筆訂正しました。

旧邸に隣接する南方熊楠顕彰館内部
（2006年春に開館予定）

熊楠旧邸の書庫（右手）と書斎（左手）
の様子。上が熊楠当時、下は現在

旧邸の庭で現在も実をつける安藤蜜柑。
熊楠は絞ってジュースにして飲むのを
好んだという

第2部 南方熊楠の生態調査

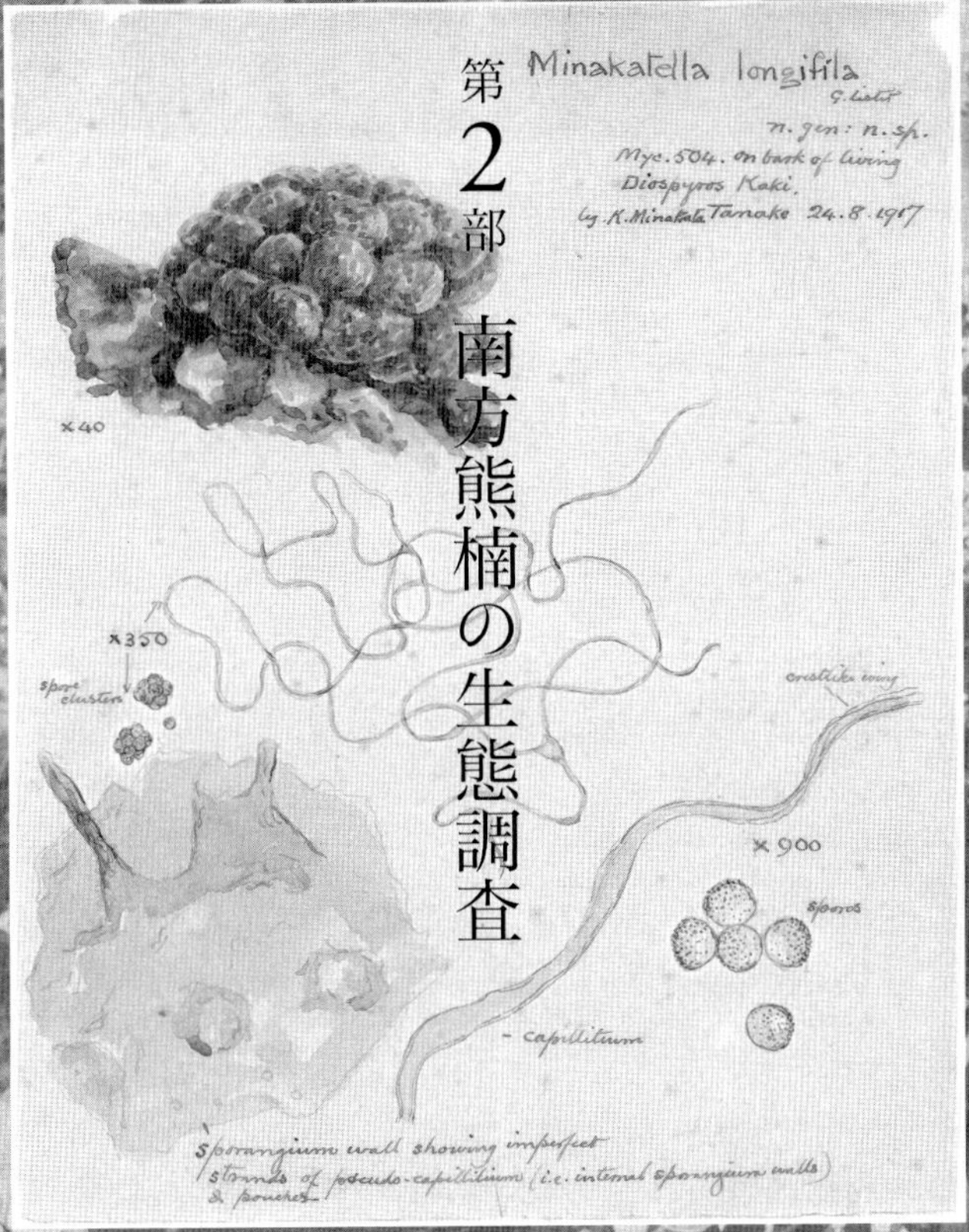

リスターによるミナカテルラ・ロンギフィラ図

南方熊楠とキノコ

萩原博光

カルキンスとの交流から

幼少時から博物に深い関心を示した南方熊楠が、渡米前にキノコにも興味をもって観察したり採集したりしたことはあり得ることだが、本格的にキノコを調べはじめたのはおそらく在米時代にシカゴ在住の菌学者カルキンスとの交流が引き金になったと思われる。そう思う根拠は、カルキンスから送られた地衣類《ちいるい》と菌類《きんるい》の標本帳に熊楠が書きこんだ記録の仕方が熊楠のキノコ彩色図譜の原型と見られ、それ以前の資料で同様のものが残っていることを私は知らないからである。

カルキンス（W. W. Calkins, 1842-1914）は、弁護士が本業のアマチュア研究者で、一八八五年頃から菌類の研究を始め、のちに地衣類を研究した。地衣類の標本をフランスの著名な地衣学者ニランデル（W. Nylander, 1822-1899）へ送り、鑑定依頼をしている。当時の発展途上国アメリカは本格的な専門学者が育ちつつある時代にあり、アマチュア菌学者のカーチス（M. A. Curtis, 1808-1872）が先進国イギリスのキノコ学者バークレー（M. J. Berkeley, 1803-1889）へ標本を送り、その数が六千点を越えたことを聞いた十七歳の熊楠がそれ以上の数の菌類を集めようと発憤したことは有名な話である。

カルキンスは熊楠にフロリダが菌類の宝庫であることを告げたようである。そのすすめにより、熊楠はミシガン州アンナーバーからフロリダ州ジャクソンビルへ居を移し、フロリダおよびキューバを調査して歩いた。その成果は、北米産地衣類標本帳二冊と同菌類標本帳三冊として残されている。そのキューバ産地衣類がカルキンスを介してフランスのニランデルに送られ、新種として発表されたことは、東洋人がアメリカの地でなした一大業績として熊楠の自慢のひとつとなった。カルキンスとの交流については詳しいことがわからず、これまでにわかっている範囲では、直接会った証拠は得られていない。

観察重視の態度を貫いて植物誌・動物誌を著し、古典学にも通じたスイスのゲスナー（Conrad von Gesner, 1516-1565）のような博物学者を目指していた熊楠は、フロリダ調査を終えると、直ちに学問の中心地であったイギリスのロンドンへ渡った。しかし、父親の死など家庭の事情で仕送りが途絶えがちになって貧乏生活を送ることとなり、北米産標本を整理するのがやっとで、研究を発展させる余裕がなかったようである。当時のイギリスでは最晩年のバークレーがまだ生きており、クック（M. C. Cooke, 1825-1914）やマッシー（G. E. Massee, 1850-1917）らの菌学者が活躍していた。彼らと交流すれば多大な成果が得られたはずであった。とは言うものの、この貧乏生活のおかげで大英博物館に収蔵されていた古今東西の博物書を耽読して抜き書きすることができたのかもしれない。

那智のフィールド

一九〇〇年に失意のうちに帰国した熊楠は、鬱々とした一年間を和歌山市で過ごした後、フロリダで培った生物調査の勘とロンドンで集積した古今東西の知識をもとに那智《なち》で水を得た魚のごとくに活動を始めた。熊楠三十四歳

マツオウジ
(F. 3898　August　8, 1929. 国立科学博物館蔵)

ハラタケ属の一種
(F. 3529　Sep.　8, 1927. 国立科学博物館蔵)

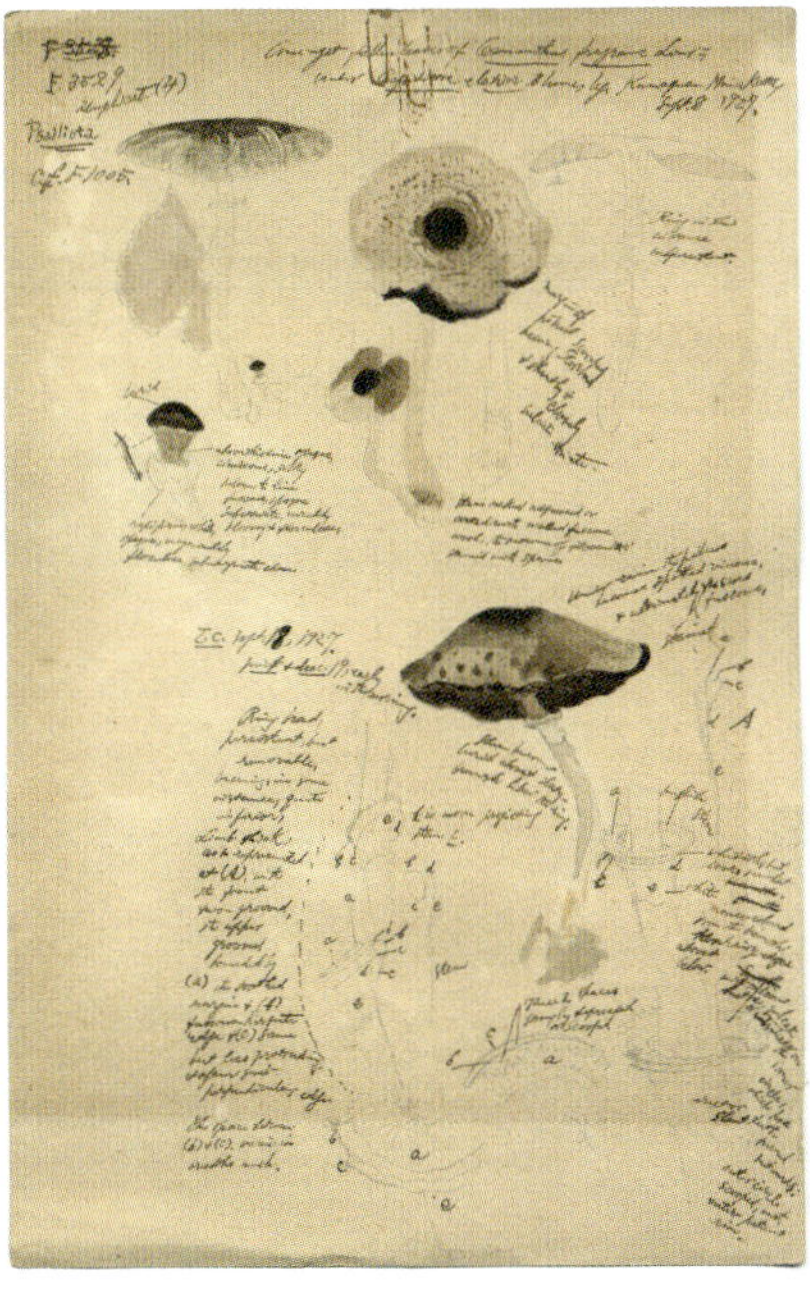

Distribution of Calostoma.

In December, 1891, I found in a pit near Port Katsura, a few miles off this place, a species of Calostoma in abundance, and this year I see the same fungus now and then occurring here. I send you some specimens of it herewith, in the hope that some mycologist of your acquaintance may determine it in my behalf. Of all the species given in Mr. Massee's monograph of the genus in the *Annals of Botany*, vol. ii. 1888, it seems most near *C. Ravenelii*, Mass.

If my memory deceives me not, Mr. Massee, in the same paper, divided the genus Calostoma into two groups, the so-called eastern group, growing in Asia and the adjacent islands, with globose spores, and the western group, the habitats of which are America and Australia, with elliptical spores. Now the Japanese species in question has its spores oblong-elliptical, which fact would seem to necessitate such a naming of the groups as eastern and western to be modified more or less. KUMAGUSU MINAKATA.

Mount Nachi, Kii, Japan, June 5.

THE specimens of fungi from Japan belong to *Calostoma Ravenelii*, Mass., agreeing in every essential point with the type of that species preserved in the herbarium at Kew.

In the monograph referred to in the letter accompanying the specimens, the form of the spores was not made a basis of classification, but the fact was simply pointed out that eastern species possessed globose spores, whereas in all known western species the spores were elliptical.

The fact of a North American species occurring in Japan, while very interesting, will not cause surprise to botanists, considering the intimate relationship between the phanerogamic flora of the two countries. GEO. MASSEE.

1903年にイギリスの科学雑誌「Nature」（旧邸蔵）に掲載された熊楠の論文とマッシーのコメント

の時である。生物調査の対象は、動物から植物まで幅広いものの、中心は隠花植物と呼ばれたコケ類、地衣類、藻《そう》類《るい》、菌類などで、とくにキノコと微小な淡水藻を熱心に集めた。キノコ標本を作るにあたり、押し葉標本のように実物を乾燥して紙に貼り付け、図を描いて彩色し、生態や形態を観察して記録した。那智時代の日記にはしばしばキノコのグループごとに何点収集したと点数が記されており、熊楠の意気込みが感じられる。

熊楠が国内でキノコを調査しはじめた頃の日本では、熊楠が渡米した頃のアメリカと同様に、隠花植物を研究しようとする学者の多くは先進国の専門家へ標本を送って鑑定を依頼していた。日記から、熊楠がアメリカの菌学者ロイド（C. G. Lloyd, 1859-1926）へ手紙を出したことが知られている。ロイドは、海外の研究者や採集家から送られてきた標本を研究し、その成果を精力的に自費出版していた。日本の多くの菌学者も鑑定依頼をしている。おそらく熊楠の手紙も依頼状であったに違いない。しかし、ロイドとの交流は始まらなかった。原因は不明である。

結局、熊楠のキノコ研究は、まったくの独学で進んだ。残された蔵書から、イギリスのクックとマッシーの図鑑を参考書として使っていたことがわかっている（『南方熊楠邸蔵書目録』田辺市南方熊楠邸保存顕彰会、五二六頁）。それ以外の参考文献は、現存しているキノコ彩色図約三五〇〇点の記載文の中に見られる文献引用の記述から類推できるが、これは今後の課題として残されている。

粘菌研究で名声を得る

一方、熊楠の粘菌研究は、イギリスの粘菌学者アーサー・リスター（A. Lister, 1830-1908）の指導によって進み、一九二七年には日本産の目録を完成させ、粘菌を介在とした昭和天皇との交流が一九二九年の田辺湾での進講に結実した。この進講は新聞に大きく報道され、奇人的に見られていた熊楠は地元の名士の一人となった。以後、粘菌三羽烏（小畔四郎・上松蓊・平沼大三郎）やキノコ四天王（北島脩一郎・樫山嘉一・平田寿男・田上茂八）の活躍もあって採集協力者が増え、標本がどんどん集まってくるようになる。しかし、ときに熊楠六十二歳、すでに晩年期に入っていた。

田辺湾で進講のあった一九二九年の十一月、熊楠は一通の手紙を受け取った。北海道帝国大学農学部の今井三子（一九〇〇―一九七六）からのキノコ標本借用依頼だった。少壮のキノコ学者からの手紙に晩年期の熊楠は何を感じたのだろうか。自分は担子菌のキノコの研究をまとめるから、あなたは子嚢菌のキノコを研究してみないかと持ちかけた。その後、頻繁な文通が続き、二年後の一九三一年十一月に今井は田辺の熊楠邸を訪問した。二、三日の滞在予定が熊楠に引き留められて八日に延びたという。のちに、熊楠は今井を自分のキノコ学の第一の弟子だと述べ、今井は日本産キノコ類研究の第一人者に成長した。

研究成果の発掘

じつは、熊楠がキノコ研究をしていたことはよく知られていることだが、その内容についてはほとんどが未知である。イギリスの科学雑誌『ネイチャー』にキヌガサタケに関する最古の記述が中国の書に見られることを紹介した「The earliest mention of *Dictyophora*」（一八八四年）と、那智産クチベニタケの観察に基づいてマッシーの見解に異見を述べた「Distribution of *Calostoma*」（一九〇三年）の二編しか発表した論文はない。熊楠のキノコ研究は、生前に発表することができなかったキノコ彩色図約三五〇〇点、弟子たちへのおびただしい数量の手紙、終生書き続けた日記などによってうかがい知るしかないといっても過言ではないのである。

熊楠のキノコ彩色図は、画像と文字の情報としてデジタル化され、それらの統合データベースの完成が間近い（岩崎他「研究者指向の南方熊楠菌類データベース」熊楠研究第六号、三八〇―三九二頁：萩原他「南方熊楠のキノコ彩色図」国立科学博物館ニュース〈第４２５号〉、四―一三頁）。また、手紙や日記の翻刻作業が進行中である。とくに今井三子との往復書簡集は、熊楠のキノコ研究を知るうえで一級の資料となるだろう。これらの関連資料が公表されれば、熊楠に関心をもつ人が増え、その中から熊楠のキノコ研究を解明したいという研究者が現れるに違いない。それによって、茫漠と広がった未開拓の「熊楠の森」の一部が、それも重要な一部が少しでも明らかになるものと信じている。

熊楠によるキノコ彩色図いろいろ

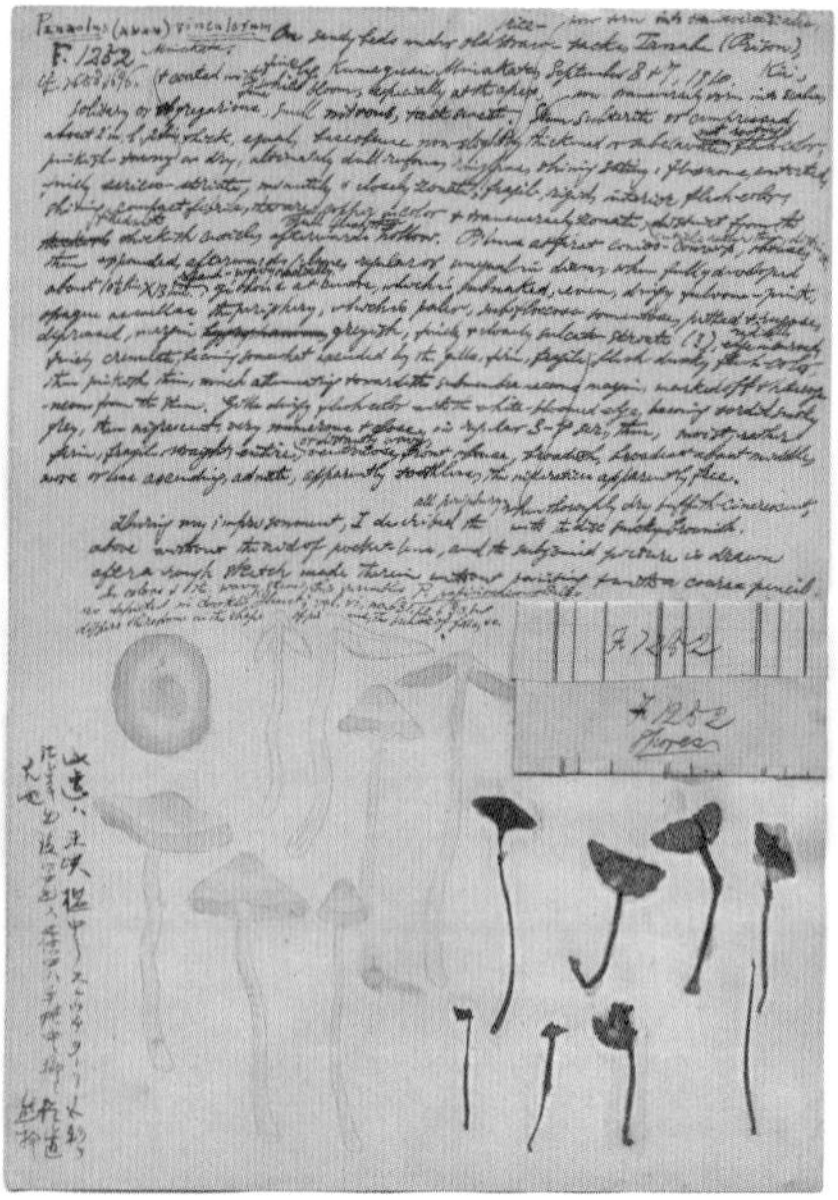

田辺時代。神社合祀反対運動で収監中にスケッチ・彩色したと和文で注記されている
(F. 1252 September 3 & 7, 1910)

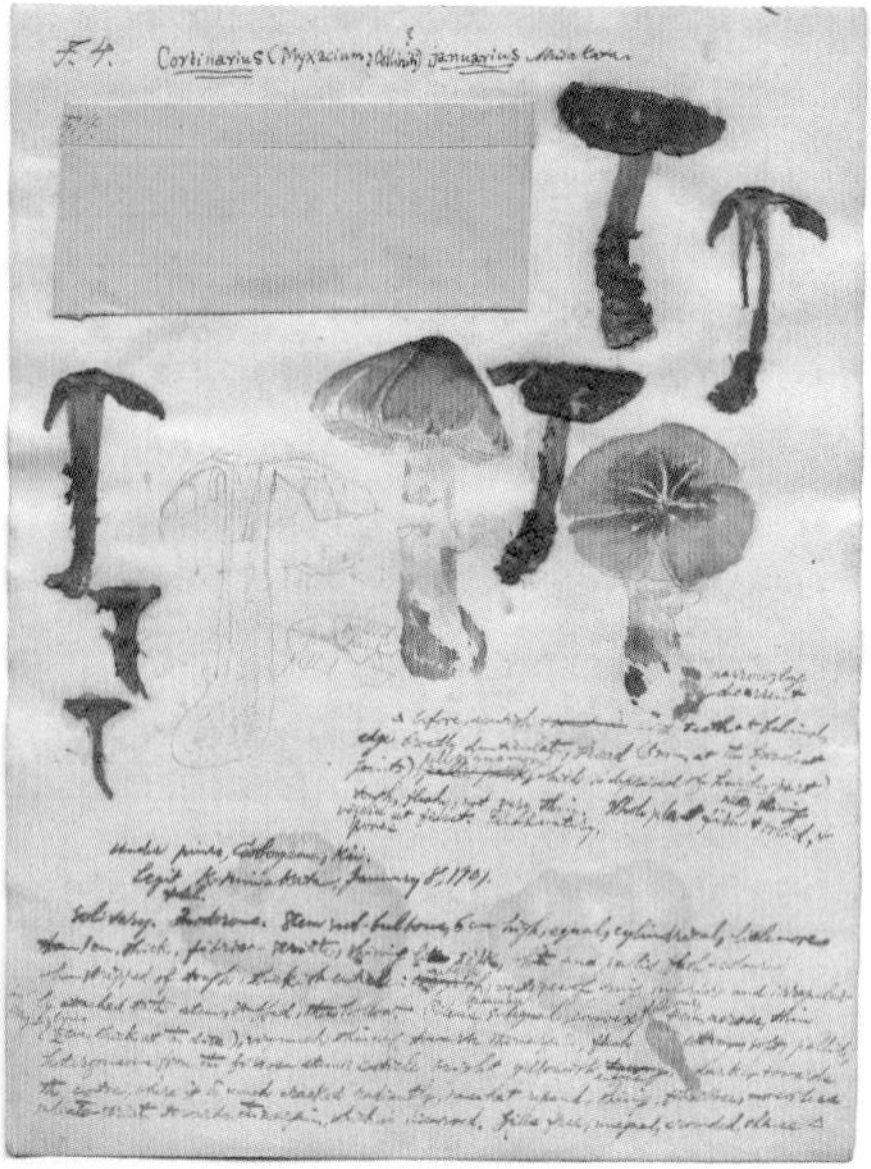

和歌山時代。採集地は御坊山（現、和歌山市内秋葉山）とある（F. 4 January 8, 1901)

田辺時代。本種の瓶入り標本が南方熊楠記念館に残されている（F. 2267A May 30, 1920)

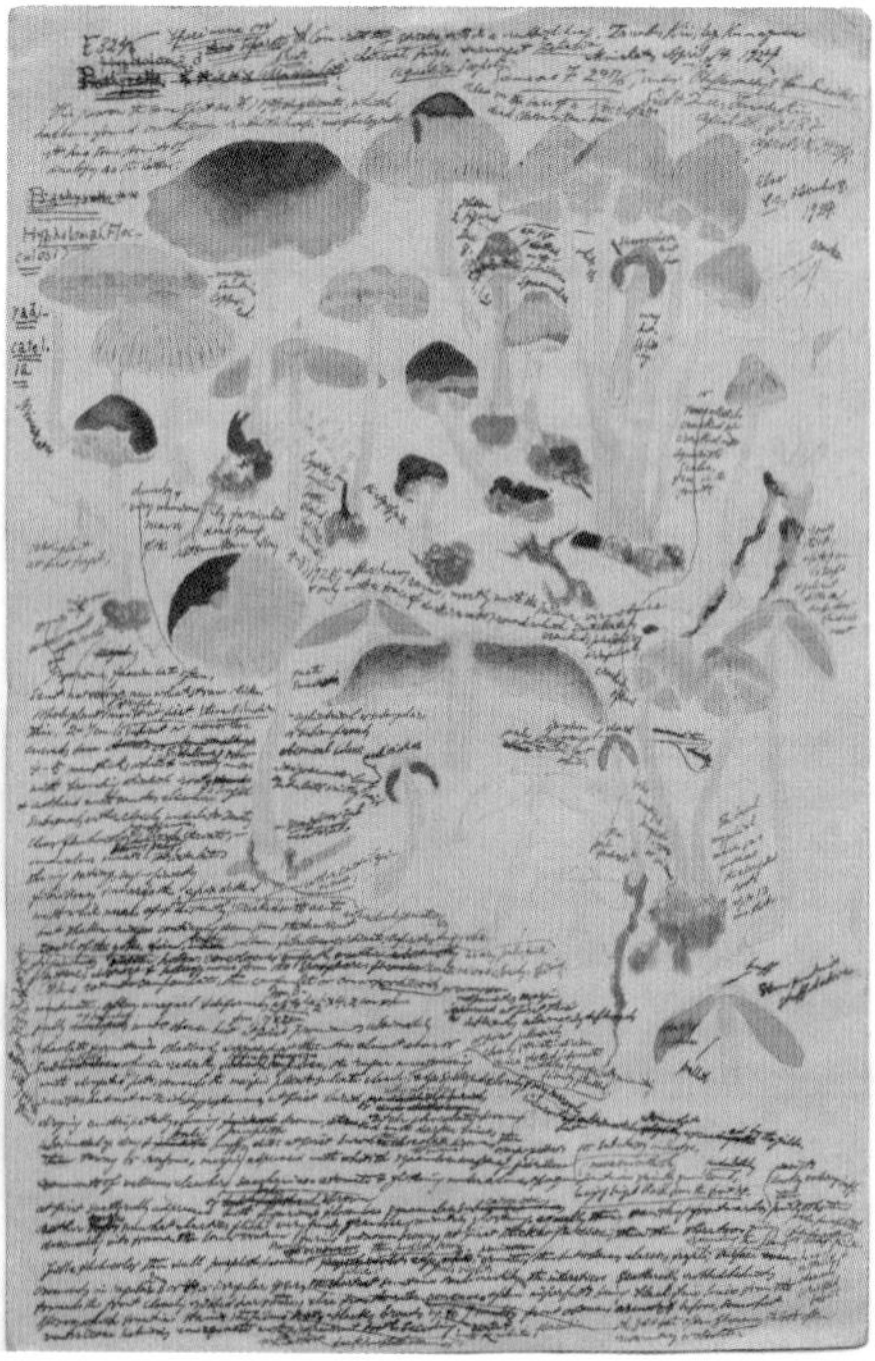

田辺時代。おびただしい英文の記載が見られる
(F. 3246 April 14, 1924)

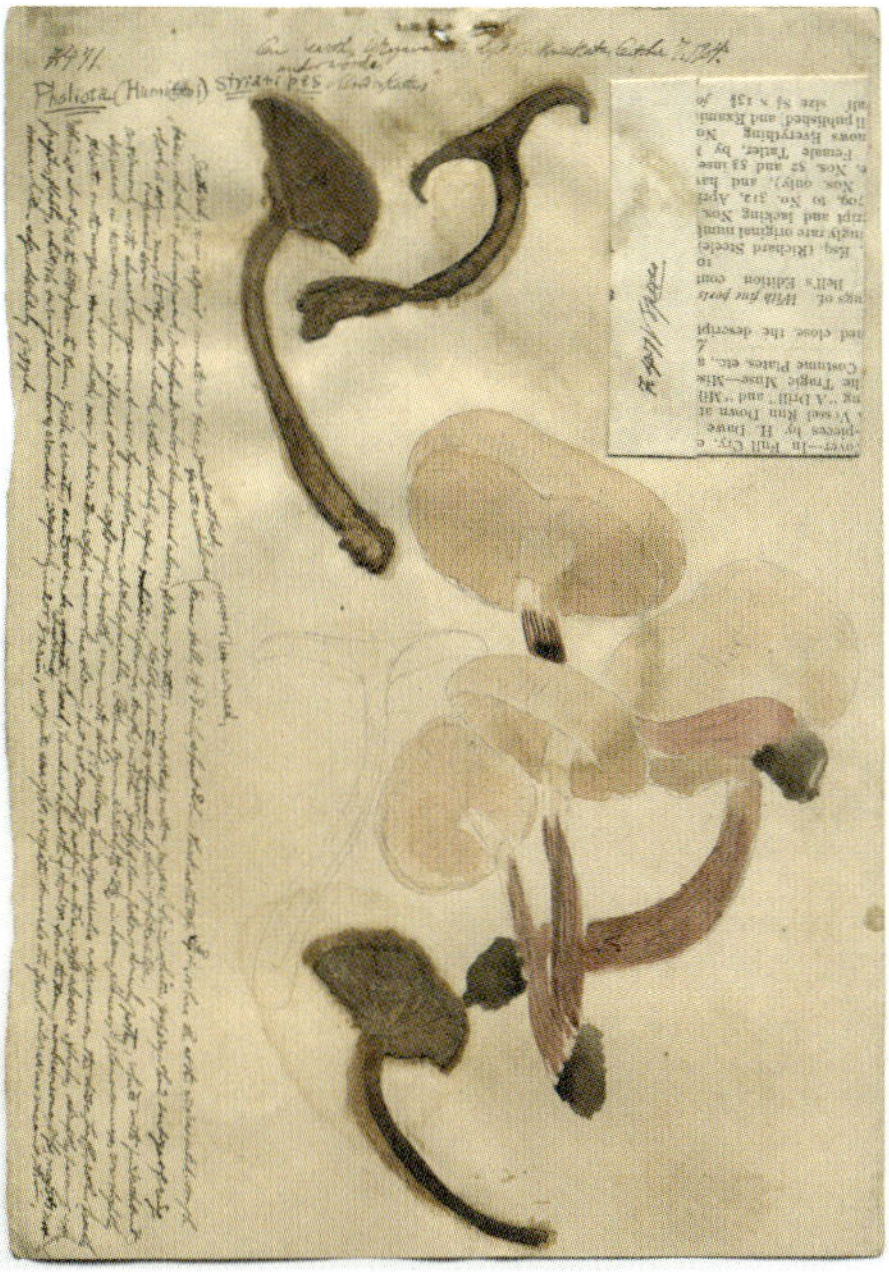

那智から田辺に向かう途中、請川で採集されたもの
（F. 471 October 7, 1904）

那智時代。大阪屋の老女によって採集されたとの記載がある（F. 402 June 1, 1904）

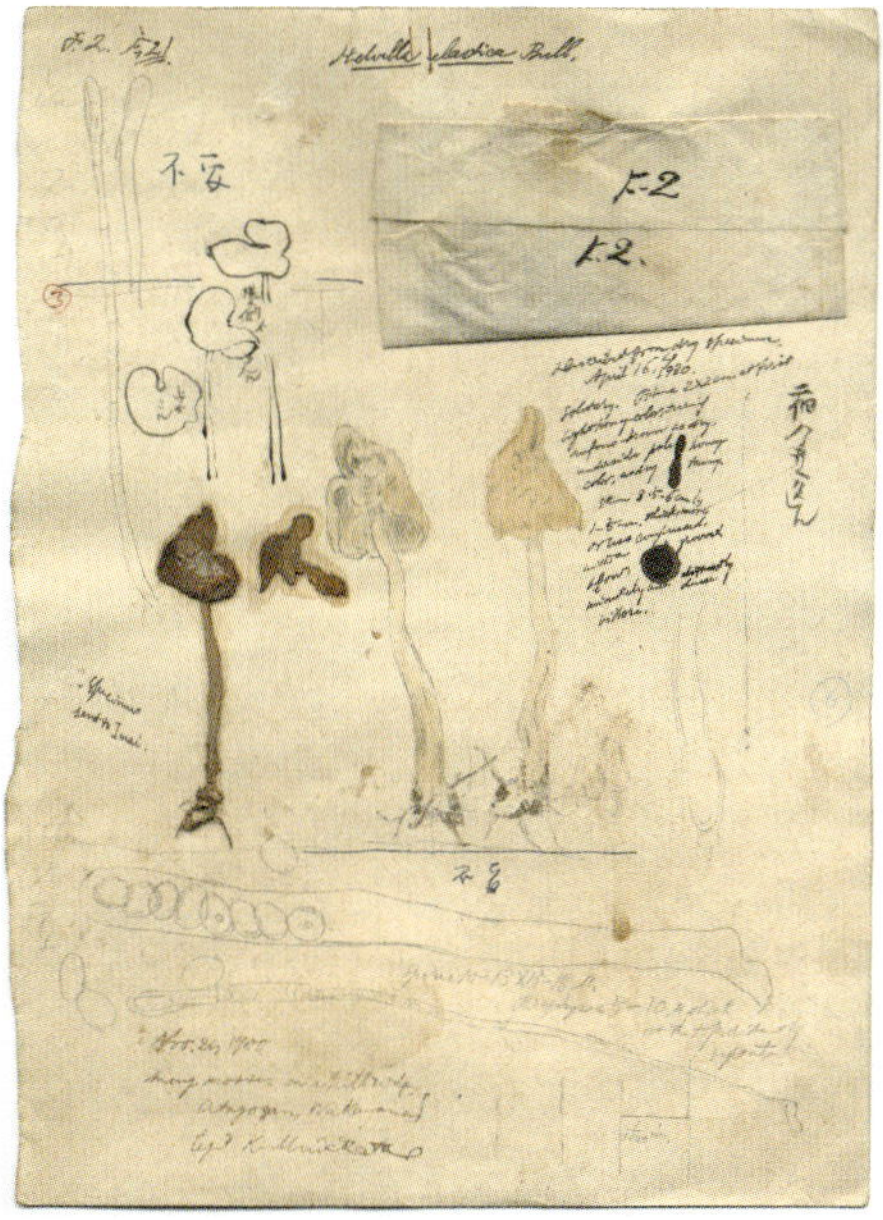

和歌山時代。最初期の採集と思われる
（F. 2 Nov. 21, 1900）

田辺時代。高野山調査旅行中に奥の院にて採集されたもの（F. 2920 November 23, 1921）

78–79頁に掲載のキノコ彩色図はすべて国立科学博物館蔵

変形菌研究と南方熊楠

山本幸憲

変形菌とは

変形菌研究と南方熊楠の話題に入る前に、変形菌とはどのようなものか簡単に説明しよう。

図1はミナカタホコリ（Minakatella longifila）の子実体《しじつたい》である。胞子を中に詰めている状態で、この子実体の中にある糸状の構造は細毛体《さいもうたい》と呼ばれ、胞子を弾き飛ばす役割をする。ミナカタホコリの胞子は数個が癒着して着合胞子を形成する。この種は南方熊楠が自宅の柿の木で発見したといわれている。しかし、最近はミナカタホコリ属（Minakatella）を認めず、この種をヒモホコリ属（Perichaena）に移す学者もいる。変形菌は胞子が発芽すると粘菌アメーバや遊走子《ゆうそうし》などになるが、それらが接合した後に、成長して変形体《へんけいたい》という粘りのある動く状態のものになる。変形体はある時期になると子実体を形成する。だから、動く段階があるので動物的であり、胞子を形成するので植物的である。つまり、動物と植物の中間であると昔からいわれている。子実体の色がいろいろあって美しく、研究者は学者からアマチュアまで幅広い。

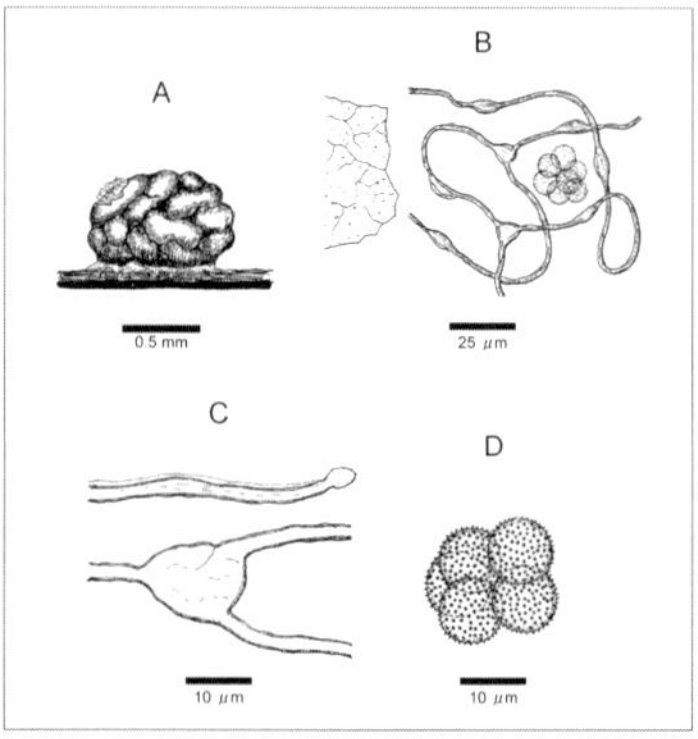

図1　ミナカタホコリの子実体
A：子実体　B：子嚢壁・細毛体・胞子
C：細毛体　D：着合胞子

熊楠は和歌山に生まれ、アメリカへ渡り、アメリカからイギリスへ行ってそれから日本に帰ってきた。変形菌は海外でも若干は集めていたようだが、集中して採集を始めたのは、日本に帰ってきてからになる。帰国後は、世界的権威であったイギリスのアーサー・リスター（A. Lister, 1830-1908）とその娘のグリエルマ・リスター（G. Lister, 1860-1949）に同定を依頼した。採集を続けるうちに日本産の多くの種類があることがわかってきて、リストを

「植物学雑誌」に発表することになる。昭和天皇からお召しがかかり、軍艦長門の上で拝謁することにもなった。

　熊楠は変形体の色などについても論文を出しているが、本稿では変形菌の生態学について述べることとする。

表1　熊楠が発見した新分類群

現在認められている分類群

1. *Arcyria glauca* A. Lister　アオウツボホコリ
2. *Badhamia capsulifera* var. *repens* G. Lister　ハイフウセンホコリ
3. *Craterium rubronodum* G. Lister　アカフシサカズキホコリ
4. *Hemitricha minor* G. Lister　コヌカホコリ
5. *Hemitrichia minor* var. *perdina* Minakata ex G. Lister　イボヌカホコリ
6. *Minatakella longifila* G. Lister　ミナカタホコリ
7. *Physarum psittacinum* var. *fulvum* A. & G. Lister　キモジホコリ
8. *Physarum rigidum* (G. Lister) G. Lister　イタモジホコリ

現在認められていない分類群

1. *Comatricha longa* var. *flaccida* Minakata ex G. Lister
2. *Craterium leucocephalum* var. *rufum* G. Lister

熊楠の研究活動

和歌山に生まれた熊楠は、照葉樹林帯に生活していたわけであるが、照葉樹林帯は、世界的には少ない樹林帯といえる。熊楠は調査によっていくつか新種を発見した。表1は熊楠が見つけた種名のリストである。ただし、学名を見てもわかるように、自分で命名したものはない。命名者はすべてリスター父娘となっている。リスター父娘が熊楠の代わりに新種として記載したということである（学名中のexは、その人が合法的に記載したとの意）。

　次に熊楠とアーサーの文通を少し見てみよう。図2はアーサーからの一九〇六年七月三十日付の熊楠宛葉書で、標本の到着を通知している。図3は一九〇六年八月にアーサーに宛てた熊楠の書簡の一部で、屋根の上にある物干し台のような高い場所に変形菌が発生したことを報告している。このような手紙を送って、その当時の世界的権威であったアーサーに変形菌を同定してもらっている。アーサーが亡くなった後は、娘のグリエルマが父親の研究を受け継ぎ、一生独身を通して世界的権威になった。

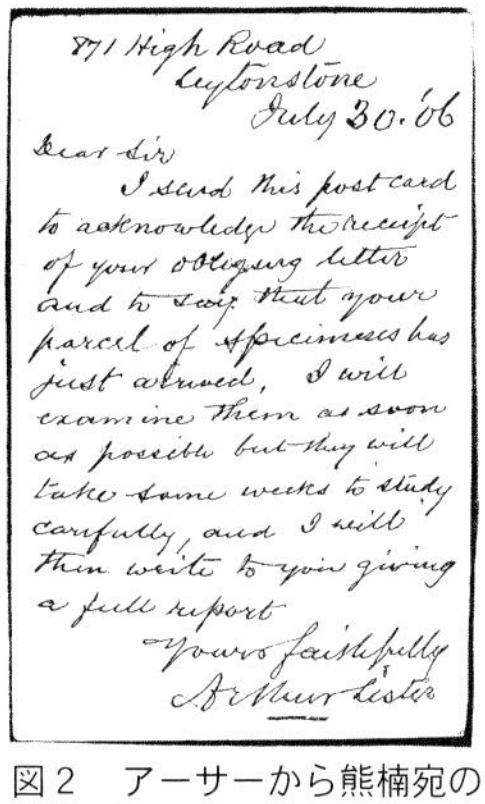
871 High Road
Leytonstone
July 30.06

Dear Sir
I send this post card to acknowledge the receipt of your obliging letter and to say that your parcel of specimens has just arrived, I will examine them as soon as possible but they will take some weeks to study carefully, and I will then write to you giving a full report

Yours faithfully
Arthur Lister

図2　アーサーから熊楠宛の葉書（1906年7月30日付、英国自然史博物館蔵）

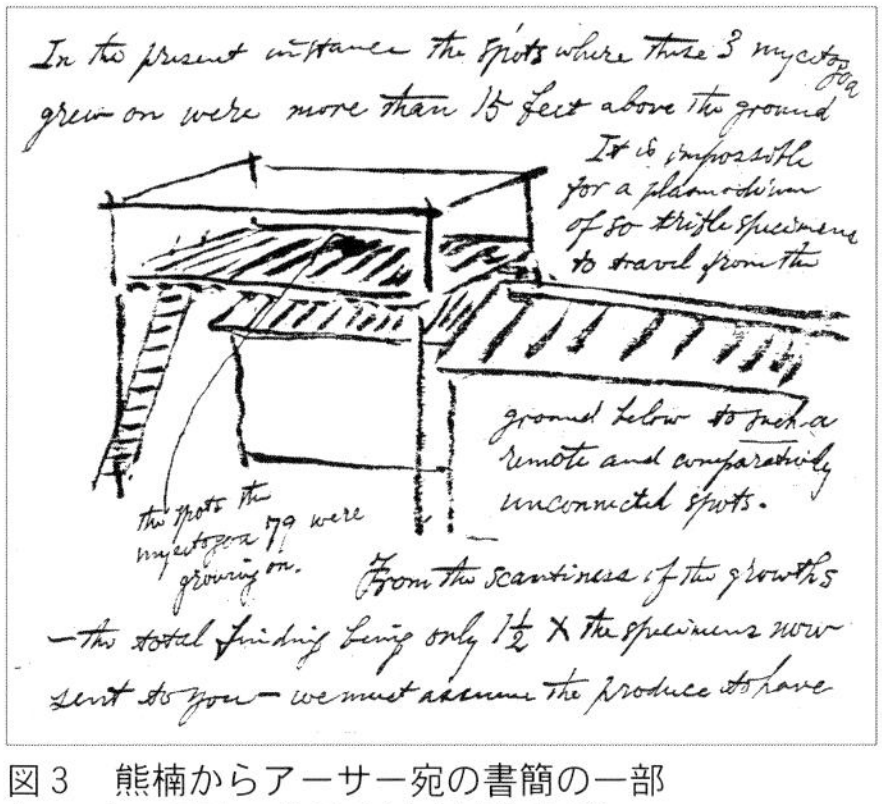
In the present instance the spots where these 3 mycetozoa grew on were more than 15 feet above the ground. It is impossible for a plasmodium of so trifle specimens to travel from the ground below to such a remote and comparatively unconnected spots.

the spots the mycetozoa were growing on.

From the scantiness of the growths — the total finding being only 1½ × the specimens now sent to you — we must assume the produce to have

図3　熊楠からアーサー宛の書簡の一部（1906年8月付、英国自然史博物館蔵）

変形菌はふつう、落ち葉や腐った木などに発生するが、図4に示した一九〇七年十月二二日付、熊楠からアーサーに宛てた手紙では、生木の幹の上に変形菌が発生したことを報告している。その後しばしば自宅にある柿の木などの幹を観察して、ミナカタホコリなどの発見に至る。ミナカタホコリという種類は、まれには腐った木にも見られるが、ふつうは生木に発生する。現在では、生きている樹木に発生する変形菌を生木《せいぼく》変形菌といい、その研究の先駆者になったわけである。この研究は変形菌の生態学的分野のひとつでもあり、世界的にも評価されている。図5はグリエルマが出した最後の熊楠宛書簡の一部で、江本義数についても書かれている。

　次に、ミナカタホコリのほかに熊楠が日本で発見した変形菌の一例を挙げよう。図6は和歌山県の海岸沿いに多い照葉樹のタブの腐木上で発見したアオウツボホコリ（Arcyria glauca）である。これは青みがかった緑色の変形菌で、この種は照葉樹林帯のヒマラヤの麓あたりまで分布している。つまり照葉樹林帯で新種が発見された一例であ

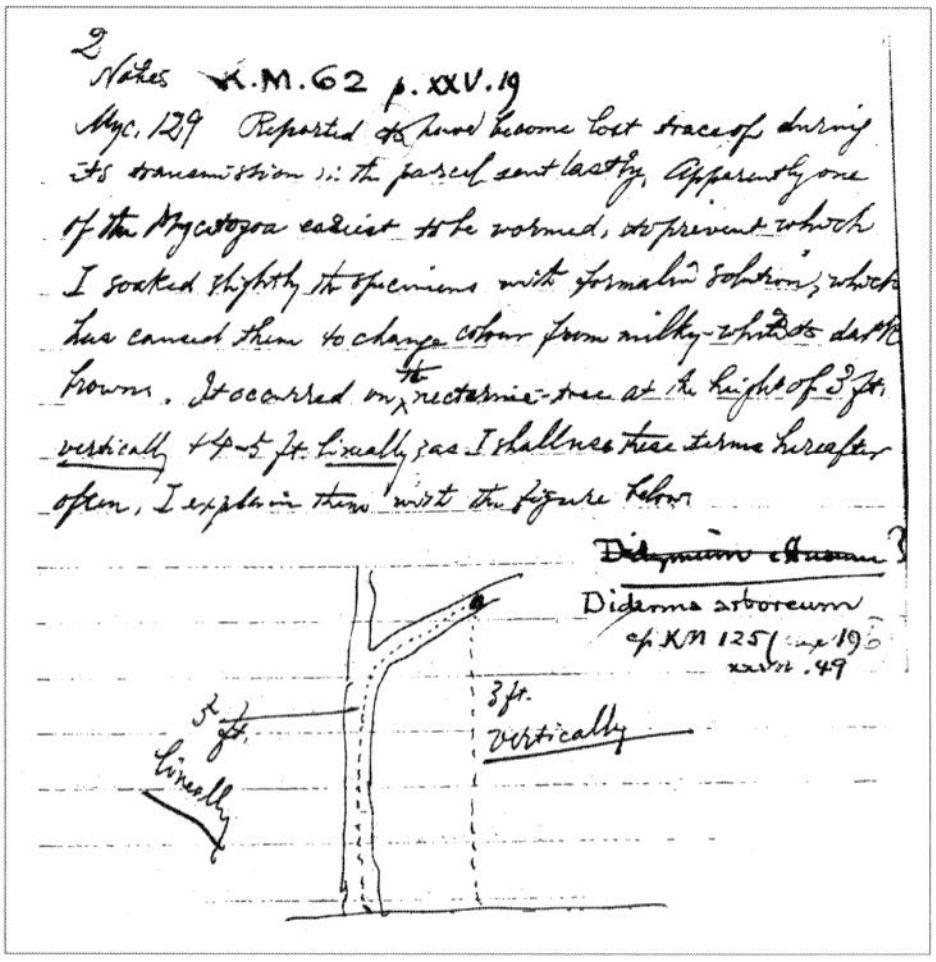
2
Notes K.M.62 p.XXV.19
Myc. 129 Reported to have become lost trace of during its transmission in the parcel sent lastly. Apparently one of the Mycetozoa easiest to be wormed, to prevent which I soaked slightly the specimens with formalin solution, which has caused them to change colour from milky-white to dark brown. It occurred on the nectarine-tree at the height of 3 ft. vertically & 4–5 ft. lineally, as I shall use these terms hereafter often, I explain them with the figure below.
Diderma arboreum

図4　熊楠からアーサー宛の書簡の一部
（1907年10月22日、英国自然史博物館蔵）

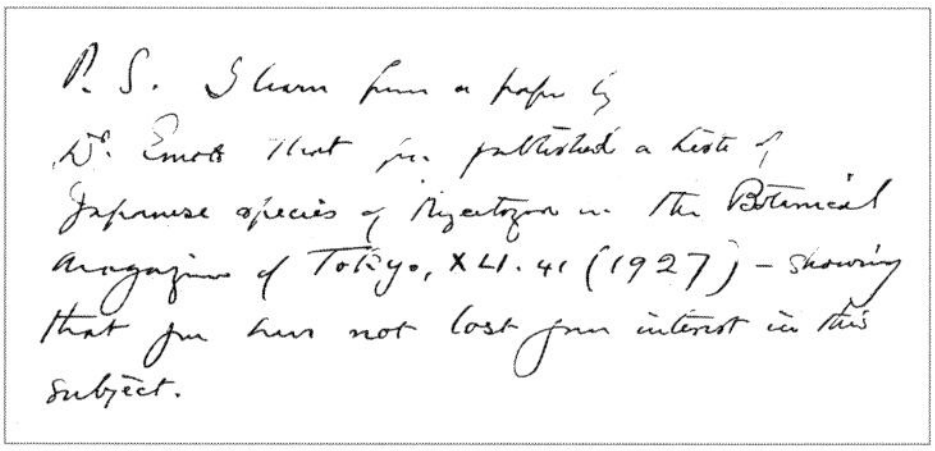
P.S. I learn from a paper by
Dr. Emoto that you published a list of
Japanese species of Mycetozoa in the Botanical
Magazine of Tokyo, XLI. 41 (1927) – showing
that you have not lost your interest in this
subject.

図5　グリエルマからの最後の熊楠宛書簡の一部
（1931年1月21日、旧邸蔵）

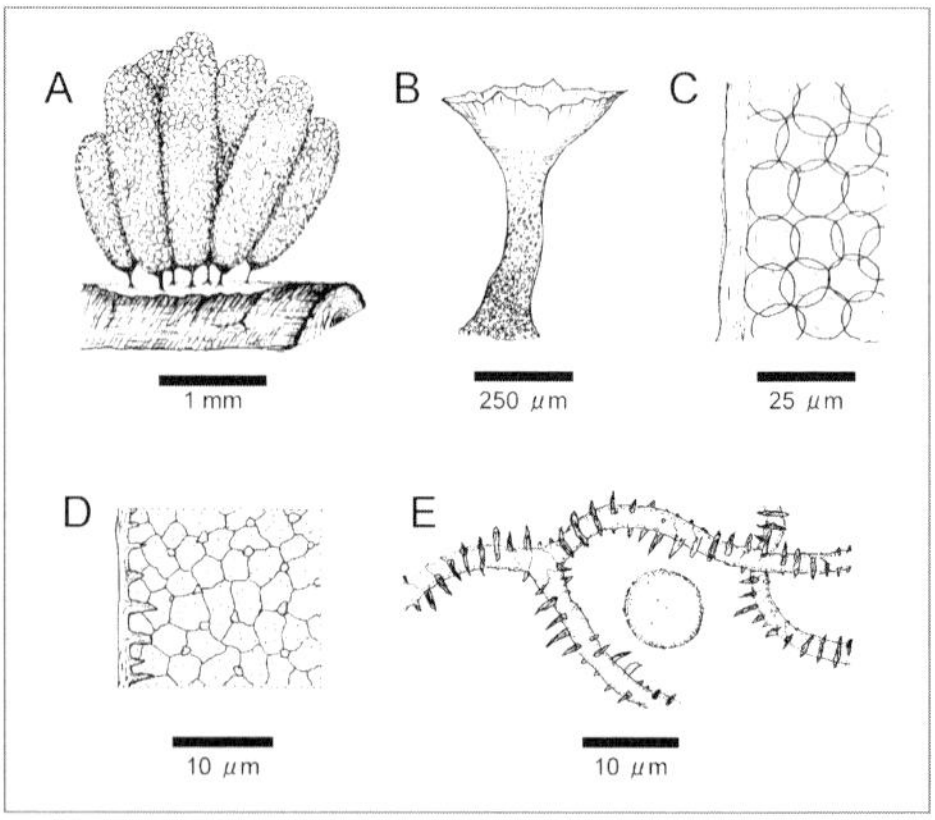

図6　アオウツボホコリの子実体
A：子実体　B：柄と杯状体
C：柄の中の胞子状細胞
D：杯状体の一部　E：細毛体と胞子

るが、熊楠はずっと変形菌を研究したわけではないので、照葉樹林帯の変形菌の研究は完全ではなかったことになる。

熊楠は何ヵ国語もこなしたため、変形菌に関する中国の古典についても言及している。中国の古典にある「鬼矢」や「碧血」が、変形菌の変形体段階ではないかと熊楠は推測している。グリエルマも熊楠の見解を論文で紹介している。現在でもその推測が変形菌に関する文献に引用されたりもする。ただし、この見解は推測であって、断定はできない。

戦前の研究動向

次に日本における戦前の変形菌研究者についてふれよう。

図7に、戦前の変形菌採集者と同定者の概要をまとめた。日本産変形菌の最初の採集者は米国のライト（C. Wright）とされている。ライトは小笠原島で数種を採集し、その標本をバークレーら（M.J. Berkeley & M.A. Curtis）が同定している。日本人で最初に変形菌を採集して論文を発表したのは田中延次郎（別名、市川）である。田中は「植物学雑誌」の表題を毛筆で書くほどの書道の達人でもあった。彼が発表した種は米国のファーロー（W.G. Farlow）の同定を受けた。当時、米国に留学していた宮部金吾がファーローの同定した種名を田中に教え、田中が発表したわけである。その次の草野俊助は初代菌学会会長である。彼はイギリスのマッシーとアーサー・リスターの同定を受けて論文を書いた。熊楠は日本人としては三番目に位置する。

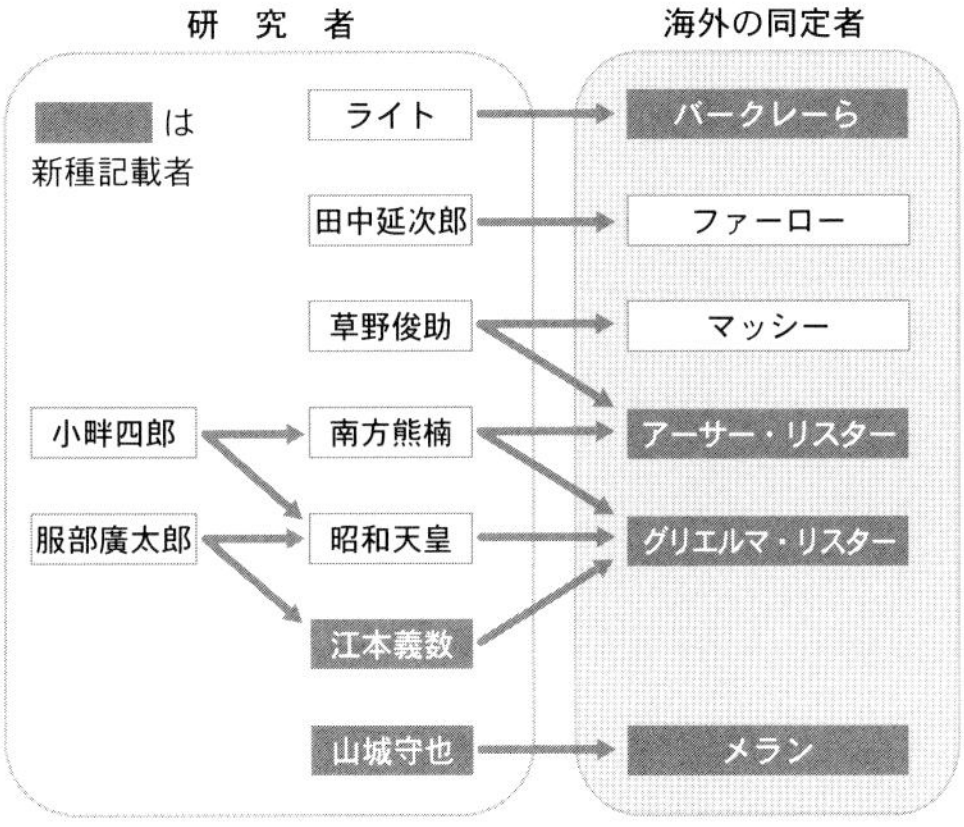

図７　戦前の変形菌研究者と海外の同定者

図8に日本の変形菌研究者の系譜をまとめた。矢印は教えを受けたことを示している。熊楠は一般的には変形菌分野の第一人者といわれているが、そうではない。日本の戦前の変形菌研究は、江本義数など東京帝大系出身者の研究が主流であるといえる。熊楠は学者というよりは、今でいうアマチュアのトップである。しかし、最初にまとまった日本産変形菌のリストをつくったのは熊楠であるため、その点は、大

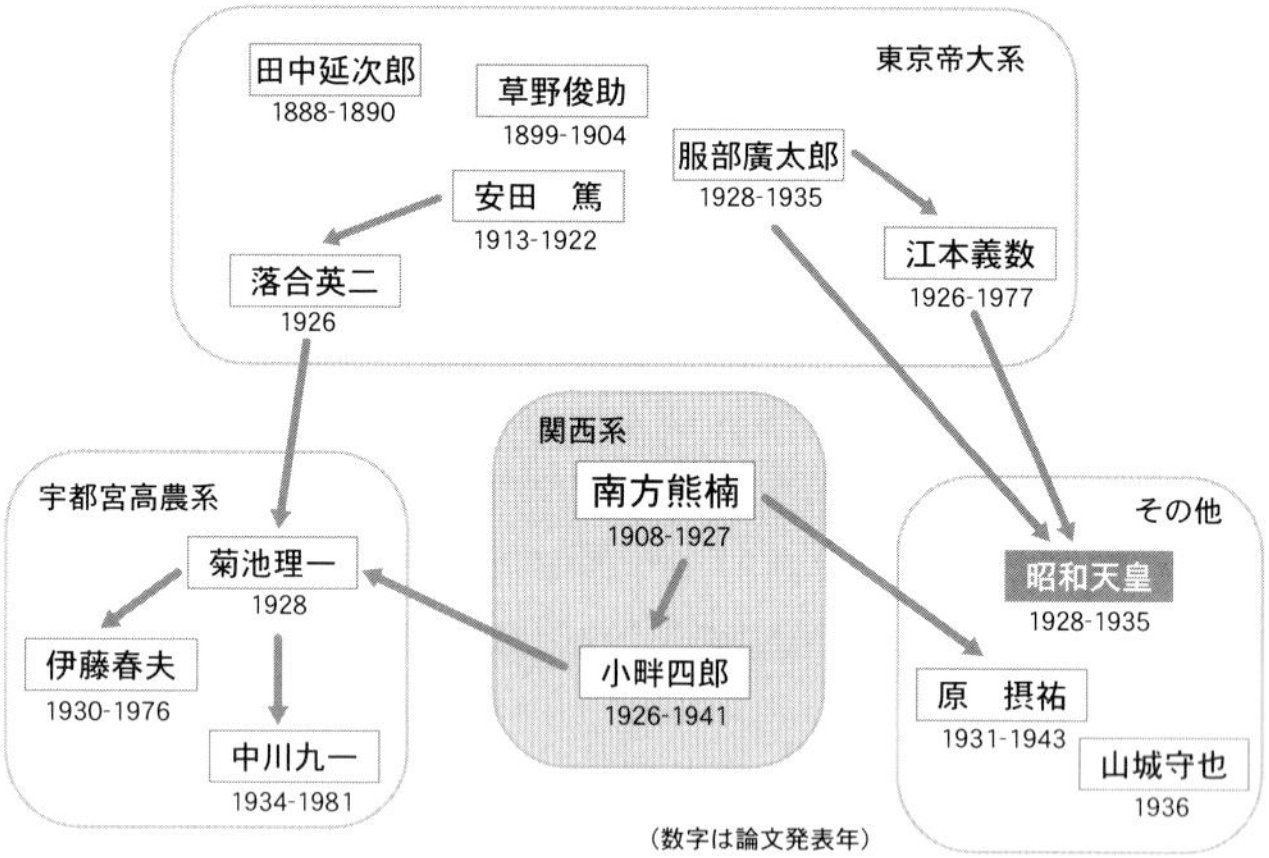

図８　変形菌研究者の系譜

事な一歩だったというわけである。また、この表に掲載したのは論文を書いた人だけで、論文を書かずに変形菌を研究した人は他にも多くいる。たとえば、六鵜保・上松蓊・平沼大三郎・宮武省三などもいるが、論文を書いていないため評価のしようがない。そのため、この表にはあえて載せていない。

例外は昭和天皇である。昭和天皇は戦前には自分で論文を発表することはできなかったといわれている。そこで、昭和天皇に生物学を教授していた御用係の服部廣太郎が、「那須産変形菌類図説」を昭和天皇に代わって書いたといわれている。熊楠は昭和天皇に御進講したことで有名であるが、昭和天皇は服部廣太郎だけではなく、江本義数などにも変形菌について師事していたので、熊楠だけが突出していたわけではない。リスター父娘がその当時の世界的権威で、熊楠はリスター父娘に多くの標本を送って同定してもらっているので、その標本のことがリスター父娘の書いた本や論文の中に出てくる。それで昭和天皇も熊楠にとくに注目したわけである。

小畔四郎についても言及しよう。熊楠は彼とたまたま那智の滝付近で出会い、その後いろいろ変形菌について教えたという。彼はその後研究を続けて東洋一の変形菌の採集者になった。日本では鹿児島県、広島県、福井県の大掛かりな変形菌調査の統括者として活躍した。ご生存ならば私がもっとも会いたかった人である。当時、アマチュアの採集した変形菌の標本は小畔に送られ、彼が判定できない種類は熊楠に問い合わせるという方法で、小畔が中心になって研究を進めていったようである。図９は小畔の菊池理一宛葉書である。

図９　小畔四郎の菊池理一宛葉書（1930年4月14日）

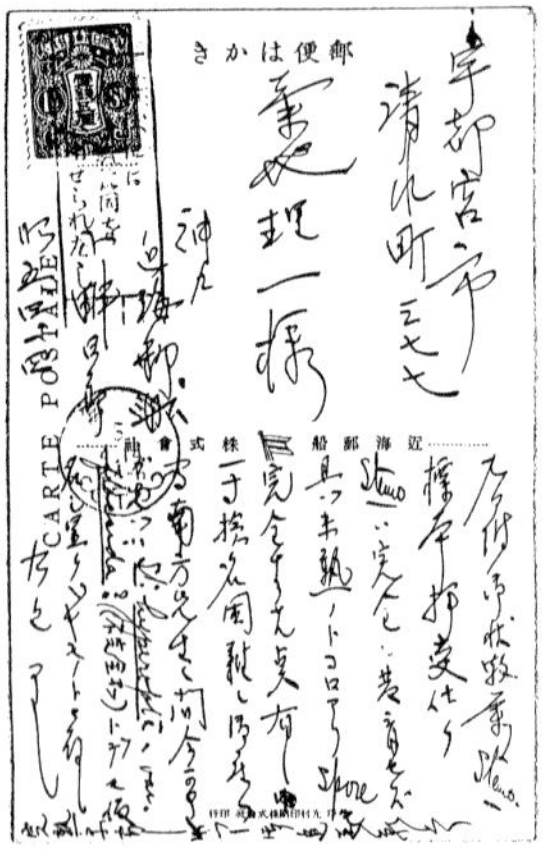

あるが、この葉書には標本が到着したと書かれている。

江本義数は戦前の日本における変形菌分類学研究の主流を占めた人物である。グリエルマ・リスターの同定を受けるなどして研究を深めた。作成した論文数・新分類群発表数とも、日本人としては最高となる。

山城守也は広島大学で研究した。彼は自分の標本をスイスのメラン（C. Meylan）に送り、メランが新種などを記載した。その後、自分で一九三六年にただひとつだけ論文を書いている。この論文には重要な種類が含まれていて、現在でも使われる学名が多くある。彼はまったく独自の道を歩んだ人といえる。

熊楠関係では直系が小畔四郎。小畔四郎の教えを受けて研究を深めたのは菊池理一。菊池はその生徒であった伊藤春夫、中川九一らの変形菌研究者を育てた。中川は小畔の標本を保存した。その標本がのちに中川から国立科学博物館に移され、現在の研究に繫がっている。また、小畔が中心になって昭和天皇に献上された変形菌標本も現在では国立科学博物館に保存されている。だから小畔はわれわれ変形菌研究者の大恩人にあたる。結局は熊楠が、その当時の日本全国の変形菌研究者を統括したということではなかったといえる。しかし、たいへん重要な役割を占めた人物であることには違いがない。

表2に故人の変形菌に関する成書や論文の数を研究者別にまとめた。論文などの数では江本義数が断然群を抜いている。また、戦前に日本で採集された新分類群の数を採集者別にまとめると、表3のようになる。ただし、現在認められている分類群のみ算定している。新分類群の採集については熊楠が昭和天皇と同数で、日本のトップに位

表2　日本産変形菌に関する成書と論文数

人　名	成書	論文	合計
江本義数	4	86	90
服部廣太郎	1	10	11
原　摂祐	2	7	9
G. リスター	0	7	7
南方熊楠	0	6	6
リスター父娘	0	2	2
山城守也	0	1	1
合　計	7	119	126

表3　戦前日本で採集された変形菌の新分類群数（採集者別）

採集者	種	変種	合計
南方熊楠	5	3	8
昭和天皇	5	3	8
山城守也	6	1	7
江本義数	3	1	4
草野俊助	1	0	1
ライト	1	0	1
合　計	21	8	29

表4　戦前日本で採集された変形菌の新分類群数（発表者別）

発表者	種	変種	合計
G. リスター	7	4	11
江本義数	5	2	7
山城守也	4	0	4
メラン	2	1	3
A. リスター	2	0	2
バークレーら	1	0	1
リスター父娘	0	1	1
合　計	21	8	29

置する。その新分類群について記載論文を発表した研究者別にまとめたのが表4である。グリエルマ・リスターに次いで江本が日本のトップに位置する。以上が戦前における変形菌研究の概要である。

熊楠の限界と功績

熊楠の変形菌研究の評価を私なりに以上のようにまとめたが、同時に、欠点も見受けられる。私は現在、牧野富太郎の生まれ故郷である高知県高岡郡佐川町にある佐川高校に勤めている。熊楠はわれわれ変形菌研究者の大先輩で、牧野富太郎は郷土の先輩である。しかし、牧野は熊楠をあまり評価せず、けなしたようなことを書いた。それはたしかに欠点が見えたからだと思う。

私が思うに、まず最大の欠点に、自分で多くの新種名をつけておきながら、裸名で残したことが挙げられる。これは無責任である。もし熊楠がこの裸名の分類群を合法的に正式に記載していたら、彼は間違いなく日本の変形菌研究のトップに位置したはずである。

第二に、論文は書いたがリストのみであり、その種についての形質や分布などについてはほとんど書いていない。

第三に、当時の人は変形菌のことはほとんど知らなかったはずであるが、変形菌に関する知識を広めるための本や論文を発表していない。つまり、牧野も指摘したとおり成書がない。

第四に、調査範囲が非常に狭く、自分でもあまり採集に行っていない。これも牧野が指摘している。

第五に、他の研究者と対等に交流しなかった。つまり、自分の部下のような人物としか交流していない。

第六に、他の研究者が論文を発表することを制限したりしている。これは変形菌研究の妨げになる。そういう点が、私が評価しないところである。

以上のように、熊楠には高く評価できる点も、欠点もある。しかし、現在変形菌を研究している者にとっては大事な人である。私があえていうならば、キノコやコケや藻類などの他の分野に目を向けず、もう少し変形菌を長い間研究してもらいたかった。変形菌の種類はそれほど多くないが、分類学的研究の他にも、生態学的研究（生物季節学的研究や他の生物との種間関係等）、生理学的研究（成分分析や走性等）、など無数に課題がある。しかし、熊楠の未研究な部分が、われわれをまだまだ変形菌研究にいそしませているのかもしれない。

変形菌（粘菌）の子実体　ジクホコリ（上）とヒメカタホコリ（下）

南方熊楠と蘚苔類

土永浩史

南方コレクション

　南方熊楠はいろんな分野に研究の手を広げたが、そのうちのひとつが蘚苔《せんたい》類《るい》である。「蘚苔類」という言葉は、あまり馴染みがないと思うが、簡単にいうと「コケ植物」「コケ類」ということになる。ここで対象とするのは、熊楠自身が採集したコケの標本と、彼のもとに集まってきたコケの標本である。

　茨城県つくば市の国立科学博物館植物研究部には菌類や変形菌《へんけいきん》・藻類《そうるい》などの標本が「南方コレクション」として保管されているが、その中には蘚苔類標本も含まれている。熊楠採集の蘚苔類標本や地衣類《ちいるい》標本は、一九八九年に科学博物館へ故南方文枝《ふみえ》さん（熊楠の長女）から寄贈され、保管されている。私は、二〇〇〇年から何回かそれらを調べる機会を得た。現在、その内容は分析中であり、すべてを記述できるまでに至っていないので、本稿ではどういう状態で熊楠のコケのコレクションが保存されているかの紹介をする。

　一方、和歌山県田辺市の熊楠旧邸には高等植物の腊葉《さくよう》標本、つまり押し葉標本がたくさん保管されており、その中にコケの標本がいくつか出てきたため、私もその調査に参加するということとなった。それが一九九六年からであるから、以後、ずいぶんと旧邸に足を運んでいることになる。これらの旧邸に保存されている蘚苔類標本についてもふれたいと思う。また、熊楠が熊楠らしい発見というか、熊楠だったからこそ見つけられたコケをいくつか紹介したい。

図１　那智にわずかに残る原生林

那智での研究対象

和歌山の那智山は二〇〇四年に世界遺産に登録された地域のひとつである。有名な那智の滝などを有するこの山（図1）にはまだまだ自然が残っているという印象を多くの方はもつかと思う。しかし、じつは図1の山の向こう側は植林されており、那智の滝の水量は激減している。もっとたくさんの樹木を植えて水を溜めるようにしなければならないという運動も起こっている。本来ここは、いわゆる照葉樹林というシイやカシの木が中心の林で、その中に、とがって見えるツガやモミの針葉樹が混生している。図1に見える原生林の面積は一〇〇ヘクタールくらいと聞いているが、那智山全体からすればほんのわずかである。

熊楠は一九〇〇年に外国から帰ってきて、翌年からこのあたりに三年ほどいた。そしてこの那智地域を中心として、変形菌（粘菌《ねんきん》）も含め非常に雑多というか、多岐にわたる分類群の生き物を収集した。

収集したものの多くは隠《いん》花植物《かしょくぶつ》である。メインは「もっと研究すればよかった」といわれる変形菌。藻類はおもに緑藻《りょくそう》、そして海水ではなくて真水に生活する淡水藻《たんすいそう》で、熊楠は約四〇〇〇枚ものプレパラート標本を残している。しかし、現在はプレパラートに空気が入り乾燥していて、それぞれを同定するのはかなり難しいと考えられる。そして菌類《きんるい》、キノコ、地衣類、蘚苔類である。

一般の人にとっては地衣類と蘚苔類は見た目の区別がつきにくいと思われる。地衣類（図2）は地衣体というも

図2　地衣類

図3　蘚類

図4　苔類

図5　ツノゴケ類

のを形成し、藻類と菌類が共生している。その藻類が、緑藻であるのか藍藻であるのかで二タイプに分けられる。緑藻が共生している地衣にウメノキゴケがある。これがもっとも知られていると思われる。

一方の蘚苔類に含まれるのは、蘚類（図3）、苔類（図4）、ツノゴケ類（図5）である。ツノゴケ類は種数が少ない。蘚苔類は蘚苔類植物、コケ植物、コケ類とも呼ばれる。

蘚苔類は一般に植物体は小さく、緑色をしており、光合成を行ない、自分で生活し、胞子で殖える。また、胚をもっているが維管束《いかんそく》をもたない。維管束は栄養分や水分を運ぶ通導組織である。シダ植物は維管束をもっている。すなわち、蘚苔類の体は非常に単純な構造をしていると考えてよい。だから水分が少なくなるとすぐに乾燥して縮こまってしまうが、逆に霧吹きをしたり水をかけてやるとすぐ復元する。日本はコケの種類が多い国で、蘚類、苔類とツノゴケ類も含めてその数は約一七〇〇種類。世界には約二〇〇〇〇種以上があるといわれているので、日本は国土面積のわりに非常に種類が多いということになる。

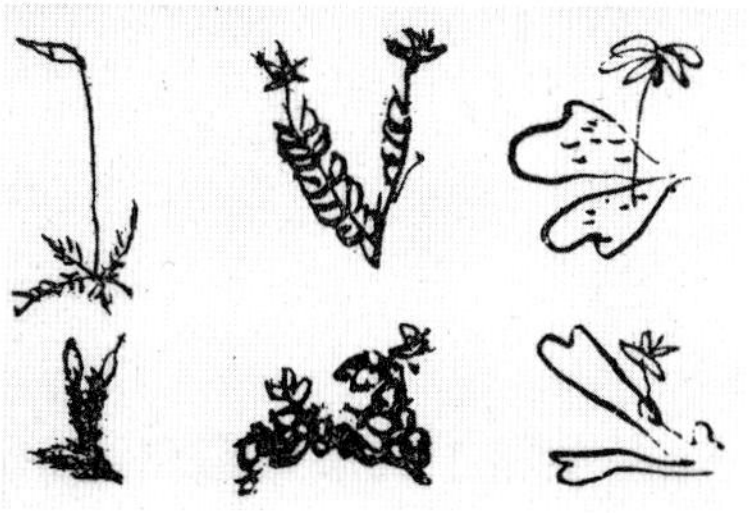

図6　羽山番次宛書簡にあるコケの説明図（『全集』７巻）

図6は、羽山番次郎宛ての書簡の中に見られる熊楠が書いたコケの説明図である。左側にあるのが蘚類、まん中が苔類のグループはこんなものだ、とイラストで説明している。蘚類は胞子体が丈夫で、それをつけている期間が長い。胞子体の先端では、朔と呼ばれる胞子を入れる袋を発達させる。この朔には、蓋があり、多くの場合その蓋にはカメラのしぼりのようなものがあり、雨が降ると胞子が飛ばないように閉じたり、また帽子をかぶって直接ぬれないようにしたりする高等なしくみを備えている。苔類は胞子体が柔らかで、それをつけている期間が短く、形態的に分化した部分が少ないグループである。そしてツノゴケ類という仲間は、頭に生えた角《つの》をイメージさせる棒状の胞子体を形成し、先端が二つに分かれていく裂開の仕方をして胞子を散布する。

またこれ以外に、地衣類や緑藻類もコケと呼ばれることがある。シダ植物の中にも、クラマゴケやウチワゴケなど、非常に小さいシダにもコケの名がついている。花の咲く高等植物でも、食虫植物のモウセンゴケやムラサキサギゴケなど山道や田んぼでよく見かける植物はコケというように呼ばれることがある。しかしこれらは本当はコケではなく、どうやら非常に小さいものを総称して「コケ」と呼んでいるようだ。「コケ」という言葉は、木に生えた毛、木の毛と書いて木毛《コケ》。はじめはモッケ、それからコケに転じたというのが由来らしい。前述のようにコケは三つのグループに分けられる、つまり蘚類と苔類とツノゴケ類である。

熊楠の標本

さて、つくば市の国立科学博物館植物研究部に保存されている熊楠が採集した蘚苔類標本はおよそ一四五〇点ほど、地衣類標本は六〇〇点ほどあり、合計二〇〇〇点を越える数となる。ところがこの数字は、コケを採集する者からすればさほど大きな数字ではない。したがって今後の分析でわかってくると思うが、熊楠が一時的に興味をもち集中して集めたというのが、この概数の意味するところではないかと思う。

科学博物館では五階の収蔵庫に「南方コレクション」のひとつとしてダン

図7　簡単に産地や名前が記されている蘚苔類標本（国立科学博物館蔵）

図8　「植物学標本」「蘚類」とある蘚苔類標本（国立科学博物館蔵）

図9　小袋を台紙に貼ってまとめてある蘚苔類標本（国立科学博物館蔵）

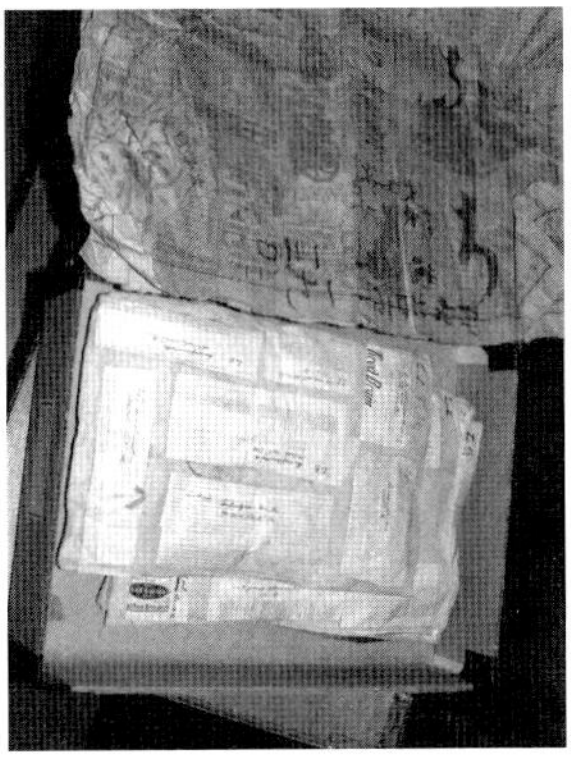

図10　「なち」と新聞紙に墨書きされた蘚苔類標本（国立科学博物館蔵）

ボール箱に標本が入れられて整理されている。整理された状態には、二つのタイプがある。

ひとつは新聞紙の包みの中に非常に簡単に産地、あるいは産地と名前が書かれているもの（図7）。

もうひとつは包み紙の中央に「植物学標本」とあり、右側に「蘚類」と書かれ束になっている（図8）、あるいは小袋を台紙に貼りそれをまとめて縛られている（図9）というもので、これらがかなりたくさんある。たとえば図10は「なち」と書いて、記号や熊楠独自の番号、その略語が書いてある。これらがどういう意味をもつのかということも確認すべきなのだが、今のところはこのような状態のままで保管されている。中身のコケ類は比較的良い状態で残っている。名前があるものもないものもあるが、高等植物の腊葉標本に比べると、データは残っていると思われる。袋に入れて直接毛筆で書いてあるので、いわゆる植物標本のラベルを作るということはしていない。直接書き込んでいるので、袋があれば記録されていることが多いということになる。海外で買ったと思われる標本もある。図11は、熊楠がアメリカで採集した蘚類の標本である。たくさんの書き込みが見られる。また、何の図鑑のどこどこに書いてあるのかを記入し、思いついたものも忘れないように書き加え、自分なりの図鑑を作っていたのではないかと考えられる。

次に地衣類であるが、地衣類の標本は岩石の上に直接ついている固着地衣も含まれている。サンプルとして採るのは非常に難しく、通常、地衣類の採集者はタガネを用いてガンガンとたたきながらも、飛んでいかないように囲い、上部を取って採集するのであるが、熊楠は非常に大胆で石ころのままを採集している。つまり、彼の標本はたいへん重たいということである。岩石を持ち運びできる程度に少し割った地衣の標本は蘚苔類と同様に小袋に入れて台紙に貼ってあるが、重いものはそのまま新聞紙に包み、木箱等に入れて保存していたのである。

蘚類の標本には例えば図12はM–335と書いてあり、これは蘚類（Musci）からつけたもので蘚類の三三五番ということであろう。苔類の標本には、例えばHの13とあり、苔類（Hepaticae）の13番というようにMとHを記入して区別している。同様に、地衣類（Lichen）の場合はLがつく番号を台紙に書き、その上に標本を並べて貼付している。熊楠がこのように台紙に貼っているのは、ヨーロッパではこういう方法を行なっているので、おそらく外国に滞在したときに学んできた方法ではないかと思う。

図13　蘚苔類標本（熊楠旧邸蔵）。多種類が1つの包みに入っている

図11　アナーバーで採集したナガミチョウチンコケの標本。たくさんの書き込みがある（国立科学博物館蔵）

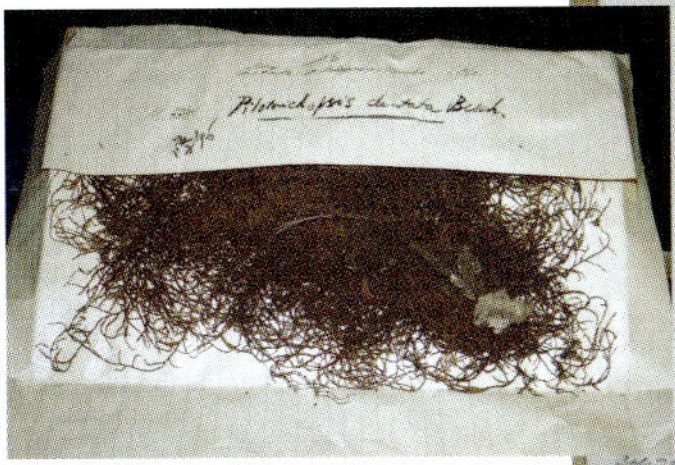

図12　M-335と書かれた蘚類標本（国立科学博物館蔵）

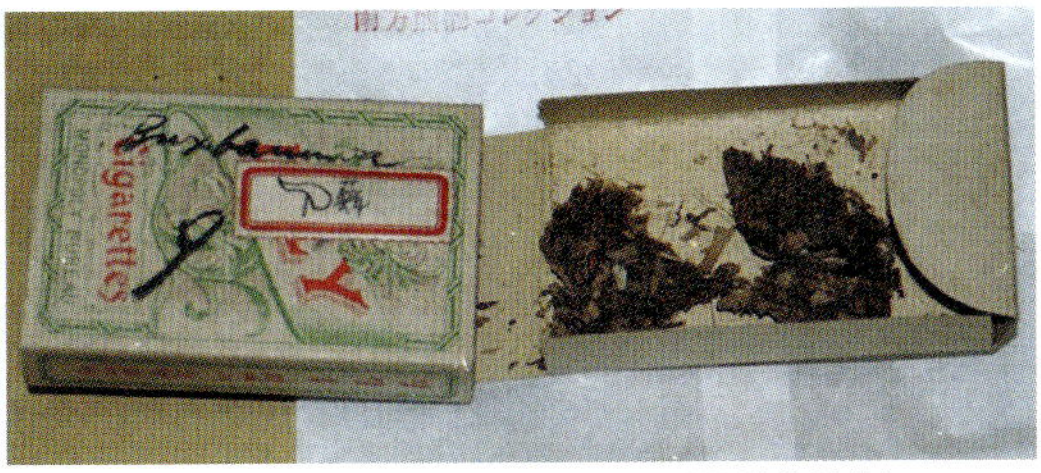

図15　たばこ箱に入っている標本（国立科学博物館蔵）

図14　クマノチョウジゴケ（上：熊楠が採集したもの、下：大台ヶ原産）

図16　カワゴケの標本
（左：熊楠が採集したもの、右：大台ヶ原産）

図18　熊楠が採集した微小なホウオウゴケ

図17　キノボリツノゴケ（田辺市中辺路町産）

さて、和歌山県田辺市の熊楠旧邸の書庫は二階建てで、その二階にブリキ製の衣裳函が二十七個あり、その中に高等植物の押し葉標本が収まっていた。そしてその押し葉標本の中からコケの標本が出てきたのである。しかし旧邸に保存されていた標本は台紙に貼付するという方法をとらず、四分の一の大きさの新聞紙いっぱいに、採ったサンプルを並べている。それまで熊楠は、台紙に貼るという作り方をしていたのに、あるいはその方法を知っていたはずなのに、田辺に来てからはまったくしていない。一例が図13である。新聞紙を開けるとたくさんの種類がでてくる。たぶん同じ場所で採ったものだと思われるが、とにかくこのように多種類のコケが大量に出てくる。将来的には、これらも小袋に分けて整理しないと混同してしまうだろう。

稀有種の発見

ここで、熊楠に関係する代表的なコケとして知られているクマノチョウジゴケを紹介する（図14）。このコケは、熊楠が採集して今もその名が残っている新種である。一見キノコのようにユニークな形態をしている。これは、「葉なき蘚について」として一九〇九年（明治四二年）に熊楠が「東洋学雑誌」に書いているが、採集地は和歌山県中辺路町、現在でも南限に近いところで採集したということになる。この文章からすると、*Buxbaumia* キセルゴケ属というのがあり英国にも産するが、*B. aphylla* というウチワチョウジゴケという同属の別種がある。それと非常に似ているが、記憶によれば異なるので新種ではないか、と考えたのである。そして岡村周諦によって調べてもらい新種として発表してもらった。最初は本人もキノコの仲間だと思って採集し、帰ってきて観たら違ったというコケである。胞子体の袋が植物体のほとんどで、葉がない、退化しているという意味でもユニークなコケである。このようなコケにすぐに目がいったというのは、熊楠がキノコあるいは変形菌というものに注意を払っていたので見つかったのではないかと思う。名前のクマノは熊野である。学名（種小名）に *B. minakatae* Okam. と彼の名前がついているが、つけたのは岡村周諦であるから、熊楠自身が調べて命名したのではない。

また熊楠はタバコが好きだったようで、タバコの箱に名前やイラストが描いてあり、中に標本が収まっているということがよくある（図15）。変形菌の採集も同じ仕方である。

次にイソベノオバナゴケは熊楠が白浜町の海岸の岩上で採取したものであ

る。現在はホウライオバナゴケという名前に変わっている。これは「塩生蘚」で「海岸」に生えるコケである。熊楠がいう「海岸」とは、たいへん波しぶきがかかるところを指している。つまり塩分が高いところにもコケが生えるということになる。普通ではそんなことは考えられないのであるが、欧米には *Grimmia* ギボウシゴケ属の仲間に塩生蘚として知られているものがある。熊楠はそれを情報源として、日本にもこんなものが存在する、そういう海岸には生えないとされているにもかかわらず実在し、驚くべき生態が見られるとして、これも岡村に送った。同じ和歌山出身ということもあり親しくしていたようだが、結局彼によって「植物学雑誌」に発表された。熊楠が採集した標本は宮崎県の服部植物研究所に残っている。量的に少なく十分に分解できなかったとしているが、植物体に含まれる塩分含有量を調べた結果、とても岡村周諦が述べているような塩分濃度ではなく、「塩分の含有量には疑問」とされている。[1)] 確かなことはわからないが、どうやら熊楠はちょっと注目を集めるために考えたことではないのかとも考えられる。

これ以外に熊楠のコレクションの中で貴重な蘚苔類ということでは、絶滅の恐れがある、いわゆる絶滅危惧種をあげることができる。例えば水中に生育するカワゴケの標本（図16）。栄養分が少なくて、温度の低い水の中の岩や流木に着生している。またキノボリツノゴケ（図17）も絶滅危惧種のひとつである。木の幹や枝に生えるツノゴケの仲間であるが、和歌山ではある限定された地域に現存している。これも彼のコレクションに含まれている。

最後に、微小な蘚類ホウオウゴケの仲間（図18）を加えておく。ホウオウとは鳳凰を指すがイメージとは異なり、一～二ミリ程度の非常に小さい蘚類である。この小さいホウオウゴケを採集する時は、石を拾いあげて明るいところに透かすと、胞子体が短い毛のように上を向いて生えているのを観察することができる。おそらく、熊楠が変形菌を採取する際の眼、あるいは変形菌を見つける技が微小なコケを発見させ、その結果、コレクションの中にこのような種類のものが含まれていたということになるのであろう。

もちろん普通の大きさの種類もたくさんあり、将来さらに詳しく調べれば、当時の紀伊半島におけるコケの分布がわかるのではないかと思う。

＊注＊

1　水谷正美「イソベノオバナゴケのタイプ標本について」『蘚苔地衣雑報』第七巻、第三号、一九七五年。

藻類調査の光と影

松居竜五

紀州産藻類の調査

英国からの帰国後、和歌山市を離れて紀伊勝浦に着いた頃の熊楠は、隠花植物の中でも、とくに藻類の調査にのめり込んでいる。一九〇一年十二月から翌年一月までの勝浦港での熊楠の行動を見ていると、藻類の調査ならびにそのプレパラートの作成といった記述がほぼ毎日のように見られる。到着から二ヵ月経った十二月三一日の日記に勝浦での収穫として記された表では、計二六〇種の隠花植物のうちの一四四種が藻で、二番目の菌類の六四種をも大きく引き離して、飛び抜けて多いことが目に付く（『日記』二巻、二三二頁）。

その後、一九〇二年一月に那智の大阪屋に移った熊楠は、三月には歯の治療のためにいったん和歌山市に戻ることになる。その時に書かれた土宜法《どぎほう》龍《りゅう》宛の書簡には「小生昨年十一月一日より只今に熊野にて山海の植物採集まかりあり」（新資料、本書一七一頁）という近況が記されているが、その中でもとりわけ藻類の研究に力を注いでいることが説明されている。

　藻《も》の学問など申すは中々の専門にて其専門さしたる急務に非る上は其専門の学者の任も亦等閑視すべきに非ること万々也小生は藻の学問などはほんのものずきにて素人のうわまえとりほどのことに候然るに過る三十年間に多大の学者かゝる目前不意の事に人民の血税をくひちらしながら海にすむ藻が淡水にすむやうになりしもの一族しか見出さず、漸く一昨冬又一族見出し候小生は此度単身何の準備もなく熊野にて右等二族の外に今三族を見出し申候

現在の勝浦港遠景

（新資料、本書一七二頁）

　また熊楠は、この年の五月十六日には、『ネイチャー』編集部に宛てて、前年に和歌山市で見つけていた二種類の藻類の標本を木箱に入れて送っている。熊楠はこれらが、一八九一年から九二年にかけて自身がフロリダ州ジャクソンビルで採集したアオミソウ属の一種、ピトフォラ・オエドゴニア（図1）の特徴と一致すると考えたのであった。『ネイチャー』では、ハウズ（Howes）教授に鑑定を依頼したところ、この熊楠の同定を支持する意見を得たとして、一九〇二年七月十七日号の同誌にこの件を紹介した。

　さらに、熊楠は一九〇三年四月二三日号の『ネイチャー』に、和歌山市から六十マイル離れた田辺の水田でもピトフォラ・オエドゴニアが群生しているのを発見したという追加報告を送っている。熊楠によれば、この緑藻は「従来熱帯の米大陸の外産せすと言い伝たるもの」（新資料、本書一七二頁）であった。それが、このような二ヵ所の遠隔地で見つかったことは、この種が日本にも原生するものであることを示すと熊楠はいうのである。

　熊楠のこうした藻類への関心は、実際の採集だけでなく、同時に科学史的な文献探索の方向にも向けられていく。『ネイチャー』一九〇四年八月二五日号には、熊楠は「アミミドロに関する最古の記述」として、九世紀に中国で書かれた『酉《ゆう》陽《よう》雑《ざっ》俎《そ》』の中に、漢代の昆明池に生えていた「水網藻」というアミミドロ（図2）と合致する植物の記録があることを指摘している。『酉陽雑俎』は十代の頃からの熊楠の愛読書であり、藻類を研究の中心にしていたこの頃の目で読み返して、こうした記述に気づいたのであろう。

　さらに、熊楠のユニークな視点として、魚の表面に生ずる藻類の研究がある。一九〇二年十月十一日付田辺滞在中の日記には、「川島メダカ（ダンバイといふ）の体に寄生せる緑色藻とりくれる。珍品也」（『日記』二巻、二八四頁）という記述が見られる。この川島とは画家の川島草堂（図3）のことで、のちに田辺での第一の飲み友達と

図1　ピトフォラ *Pithophora* の一種

図2　アミミドロ *Hydrodictyon sp.*

図3　田辺時代の熊楠の友人で画家の川島草堂（右）（旧邸蔵）

なる人物であるが、これはその交友の最初期の逸話である。こうした発見について、熊楠は一九〇八年十一月二六日号の『ネイチャー』宛てに「魚類に生える藻類」と題した小論を書いている。

藻類学者ジョージ・S・ウェストとの共同研究

さて、勝浦・那智時代のおもに前半に集中して行なわれた調査の結果、一九〇三年五月末までに、熊楠は六四〇種の藻類標本を得ている。内訳は、海水産のもの二九八種、淡水産のもの三四二種である。これらの標本を一括して専門家に鑑定してもらう必要を感じた熊楠は、前記『ネイチャー』のハウズの意見文の中にも登場する英国の藻類学者ウェストに連絡をとろうとする。そして、一九〇三年六月一日にディキンズ宛書簡に、ウェストへの手紙を同封して回送を依頼した。これを受けて、七月二一日付で次のような来簡があることが、南方熊楠旧邸の資料から確かめられる。

拝復

私は喜んで、あなたの日本産淡水藻標品についてご報告し、『ジャーナル・オブ・ボタニー』誌に発表したいと思っております。現在私は英国産淡水藻の教科書づくりできわめて忙しいのですが、これはほぼ完成しつつあります。あなたの日本産標品については来年（訳注：一九〇四年）の二月までは検分作業はできないと思います。それから検分を始めて、数週間後にはご報告できるものと考えます。ケイソウ（Diatom）とシャジクモ（Characeae）について、おそらく貴下のために名前をつけることができると思いますが、現時点では確約はいたしかねます。私はとくに日本産のツヅミモ（Desmid）の標品を検分することを楽しみにしています。[1)]

おそらく熊楠は、藻類学者として名の通っていたウィリアム・ウェスト（William West）に手紙を出したつもりであったろう。しかし、帰ってきた返事は、ウィリアムの息子、ジョージ・S・ウェスト（George S. West）からのものであった。このジョージ・ウェストは父ウィリアムとともに、スコットランドを中心とする英国、およびアイルランドの湖沼の淡水藻を研究した学者で、弱冠二十三歳でサイレンスター王立植物学校教授に就任、その後三十歳でバーミンガム大学教授となった人物である。熊楠から手紙を受け取った際にはまだ二十七歳の少壮学者であったわけだが、この丁寧な返信などからも篤実な人柄が窺われる。

この時、ウェストは、熊楠がそれまでに集めた藻類の数が膨大であることを伝えられたため、次の年の二月という時期を指定して、プレパラートを送ってもらって一気に同定にかかろうとしたと考えられる。この後、二人の間には十月にかけてさらに文通が一往復あり、さらに十二月二二日になって、熊楠は二種の藻類（*Chantransia*）の標本を封入した手紙を送っている。これに対して、ウェストは返信を翌年一月三一日付で送っているが、この中で、熊楠から送られた藻類の同定を試みていることを記すとともに、作業の全体に関して次のように説明している。

> 私はこれらの藻類は全体として活字で発表する価値があるものと思いますし、まずはすべてのプレパラートを検分してみたいところです。それから、私は網羅的かつ体系的な論文を作成し、順序よく配列して、『ジャーナル・オブ・ボタニー』か何かに発表するつもりです。[2)]

さらにウェストは、自らがもっとも関心をもつツヅミモ（*Desmidiae* 図4）が熊楠の標本の中にあるらしいことについて歓迎の意向を示し、こうした特定の藻を他の藻や土などと分離せずにフォルマリンに漬けてガラスの試験管や瓶などに入れて送るように指示している。

この後、熊楠とウェストの間には、直接の手紙のやりとりがあった形跡は認められない。しかし、ウェストは一九一六年に出版した自著『藻類』（図5）の中に、前述の熊楠の『ネイチャー』掲載論文「魚類に生える藻類」を次のようなかたちで引用しているから、かなり後になっても、熊楠の日本での調査に引き続き関心をもっていたことが推測される。

> スティゲオクロニウム属（糸状緑藻の一種）は春期型で小川や泉の泡立った水を好む。この関連で言うと、スティゲオクロニウム・テニュエがよどんだ水中の生きた魚の上に生えることがあり、ハーディ（一九〇七年）はメルボルンの釣り堀のゲンゴロウブナに、南方（一九〇八年）は日本の田辺の沼のメダカの幼魚に生えていることを報告している。これは、藻類がよどんだ水の中でさえ、動く土台の上に生息地を確保し、本来生育している環境と近いものを得ることができるという意味で、たいへん興味深いものである。[3)]

一方、熊楠のほうは一九〇四年以降の田辺への定住、結婚ののちも精力的に淡水藻の採集やプレパラート作りを

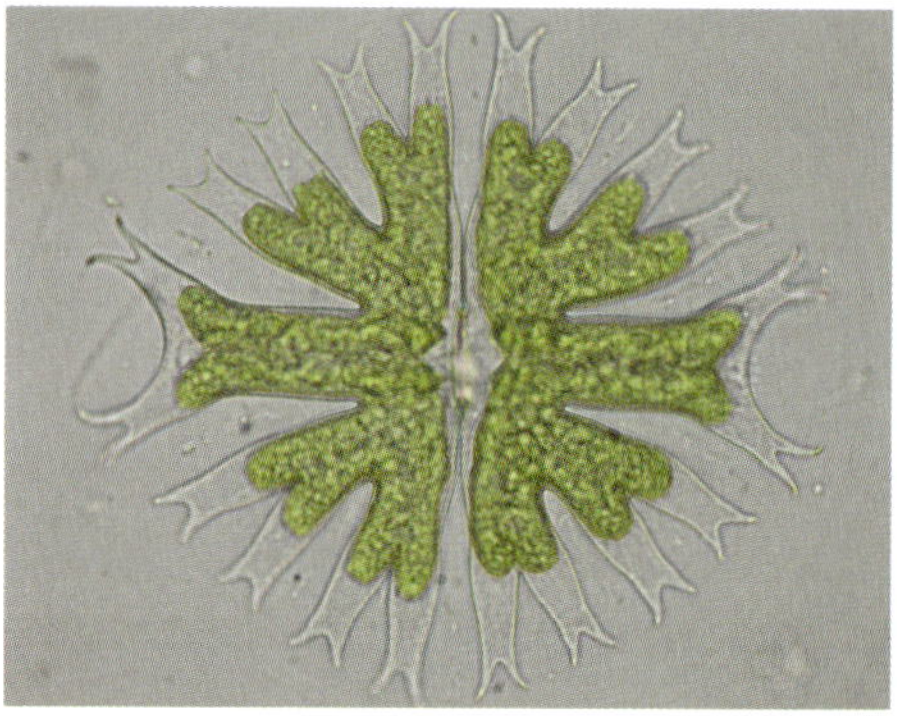

図4　ツヅミモ（接合藻）*Desmidiae* の一種

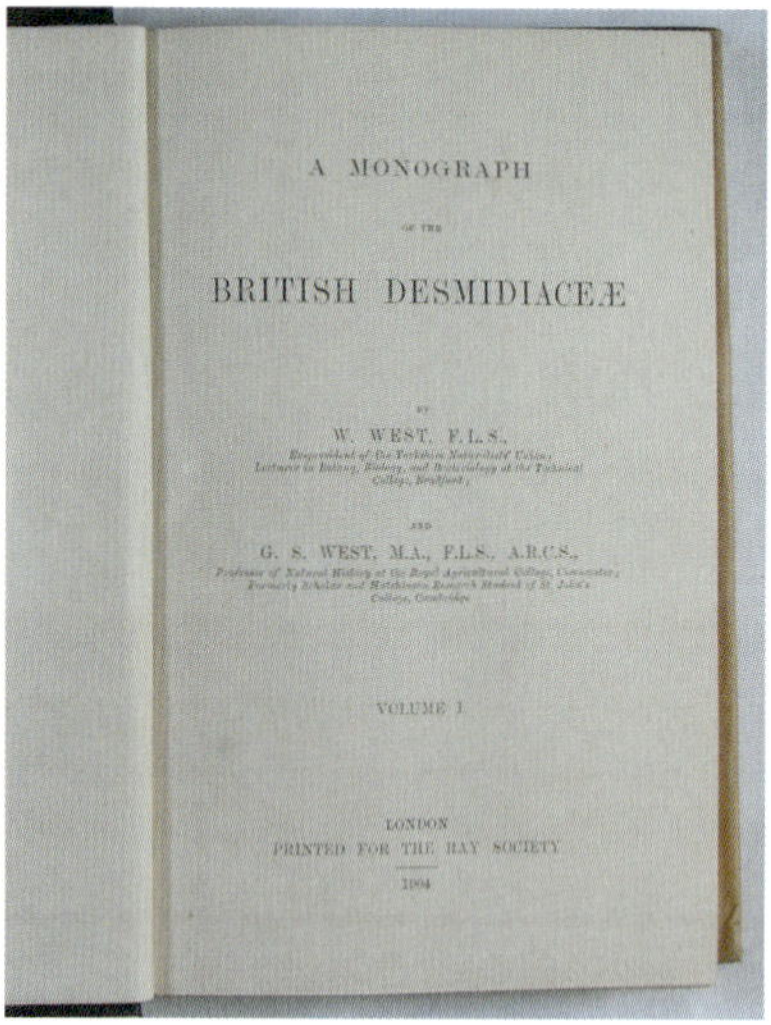

図5　G. S. ウェスト著『藻類』
（1916年刊、旧邸蔵）

図6　旧邸書庫に残された藻類プレパラートの箱

続けている。一九一一年六月の時点では、柳田國男宛書簡で「この次はバーミンガム大学教授ウェストと小生と『日本淡水藻譜』を作り出すつもりにて日夜孜勉すれど、これはこの上十年ばかりかからねば完成の見込みなし」（『全集』八巻、四〇頁）と述べているから、熊楠は十年、二十年がかりでウェストとの協力の中で淡水藻研究を継続していくという意識であったことがわかる。プレパラートなどについても、「神社合祀反対で大分損失せしが、今も多分は標品のこれり」（『全集』八巻、二一七頁）としており、那智時代の成果を何とかまとめ得る環境にあったようである。

藻類研究の挫折

しかし、七年後の一九一八年になると、上松蓊宛書簡で「不幸にしてわが邦（ことにこの田舎）には完全なるガラスなく、かつ万事不行届き不自由勝ちのこととて、六千枚のプレパラートが絶えず破損し行く」（『全集』別巻一、三六頁）という状況を嘆くようになってくる。そして、もはや、一刻も早く顕微鏡で観察しながら写生図を作る必要があるという焦燥感を募らせることになるのである。

さらに、一九一九年には、四十三歳のウェストが突然肺炎で亡くなるという不幸がおとずれる。英国の藻類学史上でも大きな損失とされるこの事件は、熊楠にとっても「……この人流感第一回大流行のとき子供五人残して死なれ候。これがため小生同氏と合著して出すべき『日本鼓藻譜』は中止致し候」（『全集』九巻、六〇九―六一〇頁）という事態をもたらすことになった。

こうして、プレパラートの破損と共同研究者の死という二つの予期せぬ状況を受けて、熊楠の藻類研究は中断を余儀なくされてしまう。一九二五年に書かれた「履歴書」では、このいきさつが次のような自嘲気味の文章として記されることになる。

また淡水に産する藻は海産の藻とちがい、もっぱら食用などにならぬから日本には専門家ははなはだ少なし。その淡水藻をプレパラートにおよそ四千枚は作り候。実に大きな骨折りなりしが、資金足らずしてことごとく図譜を作らぬうちに、プレパラートがみな腐りおわり候も、そのまま物語りの種にまで保存しあり。実に冗談でないが沙翁《シエキスピア》の戯曲の名同然Love's Labour's Lost! なり。

（『全集』七巻、一一八頁）

「恋の骨折り損」。これは、膨大な精力を費やして当時の日本人としては驚異的な成果をあげながら、正しく継承されることのなかった熊楠の学問のあり方を象徴するような言葉として、伝記などの中でよく用いられるものである。

ただし、このような状況にあっても、熊楠は那智時代以来の淡水藻類の研究のすべてをあきらめたわけではなかった。たとえば、この二年後の一九二七年五月二日の上松蓊宛書簡には、「今より大概の淡水藻の諸書につき、その図をみてよくよくのみこみおき鏡検に臨まば、大抵これはあの本にあり、これはその本に図があると知れるほどに練習しおくべし」（『全集』別巻一、一三七頁）という言葉が見え、藻類を本格的に研究し直して、標本の同定に入ろうとしていたことがわかる。つまり、ウェストに依頼しようとしていた同定作業を、自ら独力で成し遂げようと考えたわけである。

この手紙には、「何とかして淡水藻献上の日あらんことを冀《こいねが》いおり申し

候」（『全集』別巻一、一三八頁）と記されていて、熊楠の決意の固さがわかる。この時、熊楠は六十歳の還暦を迎えていた。昭和天皇への御進講の二年前である。さらに、同年四月二十日の書簡には、「父子競争にて一種も多く淡水藻を図記し、又標本を留めんと存度候」（『門弟への手紙』日本エディタースクール出版部、四三頁）と、息子の熊弥とともに研究を進める計画を語ってもいるのである。

結局、粘菌研究のような安定した協力者や弟子に恵まれず、最終的に大きな成果を残すことはなかったとはいえ、志を立ててから四半世紀以上の時を経て、熊楠が晩年にいたるまで、さまざまな困難と向き合いながら淡水藻研究を続けようとしていたことは特筆に値するだろう。

これらの標本は、現在、田辺市の南方熊楠旧邸（図6）とつくば市の国立科学博物館植物研究部にそのまま膨大な量が残されており、熊楠の夢の跡を伝えている。

＊注＊

1 田辺市蔵、南方熊楠旧邸未公刊資料。
2 田辺市蔵、南方熊楠旧邸未公刊資料。
3 G. S. West, *ALGAE ; Myxophyceae, Bacillarieae Chlorophyceae*, 1916.

＊本項文中の図1、図2、図4の藻類写真は、京都教育大学の板東忠司氏にご提供いただきました。ここに御礼申し上げます。

一九〇四年一月二五日と二六日の日記。二五日には「終日在寓、プレパラートに札はり畢る……」、図の注として「プレパラート、バルサムにて封ずるに、圏中のもの圏外にはみ出し様見ゆる也」とある

博物学と南方熊楠

近田文弘

日本の博物学の伝統に生きる南方熊楠

　南方熊楠には二つのキーワードがあると思う。第一は、博物学的に非常な大家だということである。第二は、多くの日本人が実行できない時代に海外渡航を敢行したということである。この二つを考えながら、当時の博物学的な世界はどのようであったか、その中で南方熊楠はどのような位置にいたかということを述べたいと思う。

　私は熊楠の標本を詳しく見ていない。和歌山県立田辺高校教諭の土永知子氏が中心になって、詳しく調査がなされつつあるので、標本に関しては土永先生にお願いするとして、私はもう少し外周り的な状況に関する話題を中心にしたい。

　熊楠が生きた時代は、博物学が頂点に達した時代だといわれる。それは日本でもヨーロッパでも同様で、博物学は、洋の東西で同時に十七世紀あたりから非常な発展を遂げた。その頂点が明治をむかえる頃にあったというのである（西村三郎『文明のなかの博物学』紀伊國屋書店）。熊楠はこの頃の博物学者の中でも、とくに日本の博物学の伝統を背負っている人だといえよう。日本では江戸時代に博物学が非常に発展したが、そのもとになったのは、中国からやって来た、李時珍の書いた『本《ほん》草網目《ぞうこうもく》』という書物である。これは、江戸時代の日本の植物学を支配するような影響力をもった書物で、内容は本草学、つまり中国の薬用植物書であった。これが入ってきて、中国の書物に合わせて、日本の植物はどうだろうか、中国のものとどう違うのだろうかというような研究が進んだ。

　やがて、日本人研究者の興味が薬用というものから離れて、もっと純粋に自然界の植物や動物そのものへ向かうようになった。つまり、博物学的になっていったのである。博物学の興味というのは、薬になる、ならないという実利的なことよりも、まだ誰も知らない珍奇なものを探すということの喜びのほうに進んでいく。博物学の特徴は、珍奇なものの観察である。観察して、記載する、そして珍奇物と記載の両方を自慢して他人に見せびらかすのである。そのために珍奇物を探してくる。やがて、珍奇物を求めて日本中を探索するようになる。珍奇物を集めた結果は、それを集めて展覧会をやることになる。展覧会をやると同時に目録が作られる。筆者は熊楠の発想した「目録」は、まったく江戸時代の博物学のあり方といえるのではないかと思っている。

　熊楠以前に展覧会を非常にうまく、強力に進めた人として平賀源内という博覧会の仕掛人がいた。源内は若いときにシーボルトに教わったりしながら、外国の知識も織りまぜて物産展という名の博覧会を開催した。その頃はもう江戸の末期で、外国の学問も入ってきていたのである。源内が物産展をやって、そのような運動が世の中に知

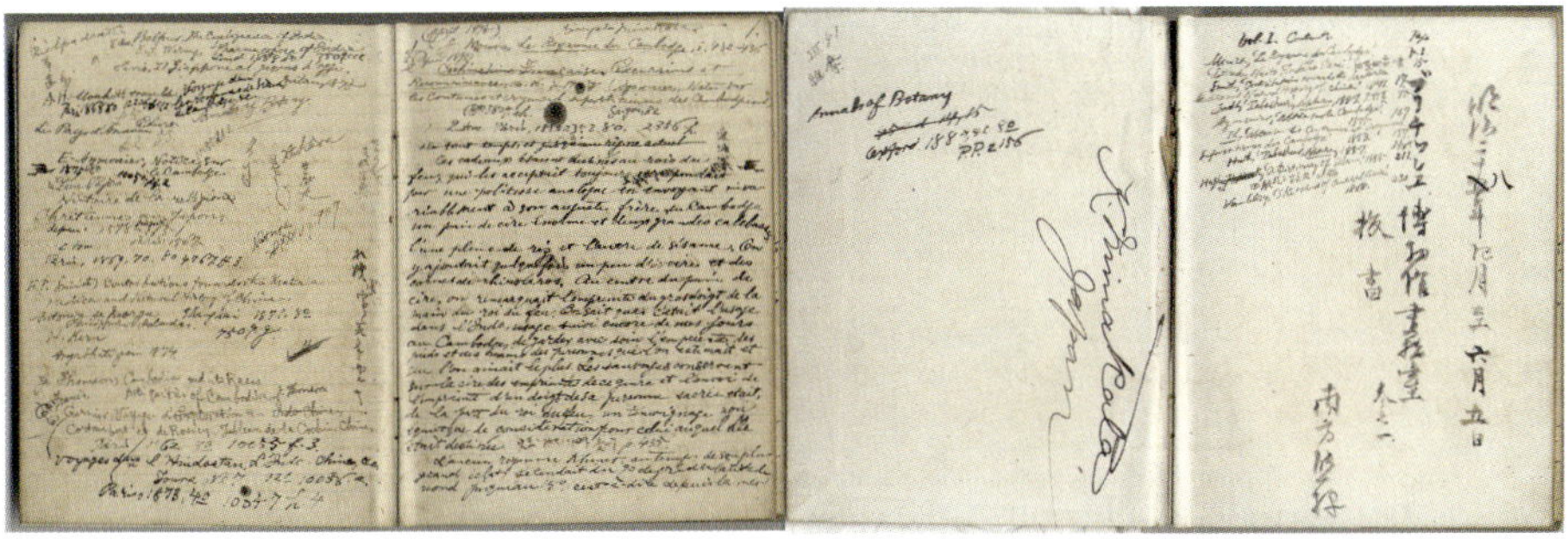

ロンドン抜書。南方熊楠が大英博物館などで筆写した全52巻のノート「ロンドン抜書」には、さまざまな大旅行の記録が多く見られる。プルジェワルスキーによる中央アジア旅行の筆写も多く、こうした記録は後に世界規模の比較民俗学のための資料として用いられることとなった

天山の主峰群、北ムザルト河源流。
「小生はたぶん今一両年語学(ユダヤ、ペルシア、トルコ、インド諸語、チベット等)にせいを入れ、当地にて日本人を除き他の各国人より醵金し、パレスタインの耶蘇廟およびメッカのマホメット廟にまいり、それよりペルシアに入り、それより舟にてインドに渡り、カシュミール辺にて大乗のことを探り、チベットに往くつもりに候。たぶんかの地にて僧となると存じ候。回々教国にては回々教僧となり、インドにては梵教徒となるつもりに候。命のあり便のあるほどは、仁者へ通信すべし」
(ロンドン時代の熊楠が土宜法龍に宛てた書簡より、1892年12月と推定される)

れ渡る（城福勇『平賀源内』吉川弘文館）。そうしているうちに、『和漢三才図会《わかんさんさいずえ》』という書物が出版された。この本は一種の百科事典である。熊楠は子どもの頃からこれに親しみ、それで勉強して将来の基礎を作った。まさに本草プラス日本式の博物学といえるであろう。

やがて京都の人、小野蘭山が、『本草綱目啓蒙』という書物を出版した。本草綱目というのは中国式の学問であるが、その内容の解説を展開しながら、日本独自の学問的な視点を加えていく、たいへんすぐれた本だと評価されている。それから、幕末の名古屋に飯沼慾斎という人が現れた。五十歳になると医者を辞め、植物一筋に打ち込んだ人である。この人のすごさは、それまでの本草学というのは本を読んでその知識を整理するものであったが、慾斎は自分で本物の植物を見て、それをスケッチして、解剖して、本を書くということを営々としてやったことである。博物学が今の近代的な植物分類学にぐっと近づいたのであった（上野益三『博物学者列伝』八坂書房）。

そういう背景の中で熊楠が生まれてくる。同じような背景は、牧野富太郎にもいえそうである。

生物学になるちょっと前の博物学の伝統的精神を担って出てきたということが、熊楠にいえるのではないかと思う。それがキーワードのひとつである。

博物学の変貌時にロンドンに滞在した南方熊楠と大谷光瑞

博物学が最盛期に向かうということでは日本と同じ頃のヨーロッパに目を向けてみる。ヨーロッパは当時、ナポレオン一世が出た時代で、まだ国々は今のようにフランス、ドイツというふうなかたちではなかった。ドイツはもう少し小さな国々に分かれていた。ロシアはニコライ一世が治めた強国であった。この頃に日本と同じく、珍品を集める趣味が大流行した。この趣味は王侯貴族の間に流行し、やがてナポレオンやニコライのような皇帝がスポンサーになって、海外学術調査隊を出すようになった。

海外学術調査時代のもっとも最初に活躍した一人が、アレクサンダー・フンボルトである。ドイツの統一以前のベルリンで生まれ、父親は皇帝の側近であった。両親が早く亡くなって、フンボルトは莫大な遺産を自由に使える身分となった。この境遇は熊楠に少々似ていないでもない。はじめは、ナポレオンがスポンサーのエジプト調査を目指したが、途中から自分の資金で、オリノコ川流域を中心とする南米での奥地を探検した。その方法は客観的に自然の地形、地質、植生などを観察し、測量し、記述する科学的なものであった。フンボルトは探検した結果をもとに重要な本を次々と出版した。そして、南米探検をもとに地理学の基礎を築いた（ピエール・ガスカール、沖田吉穂訳『探検博物学者フンボルト』白水社）。

　フンボルトに続いて、イギリスやフランスの博物学者も何度もアマゾンを調査することになった。また、チャールズ・ダーウィンはフンボルトの探検に刺激を受けて南アメリカを探検し、有名な「ビーグル号航海記」を著し、やがて進化論へと考えを発展させた。こうした博物学の探検をとおして、やがて博物学の内容自体が自然科学としての学問へと変貌を遂げたのであった。

　この時代背景の中で地理学的な問題を見ると、世界地図の真っ白な地域が中央アジアとチベットに残っていたことに大きな意味があった。とくに、東トルキスタンといわれた、現在の中国新疆《しんきょう》ウイグル自治区でタクラマカン砂漠のある地域は探検家の目を引き付けた。フンボルトは、そこを何とか調べたいと思いつつも、年をとってしまった。彼の弟子に、カール・リッターという人がいた。リッターが現役の教授として地理学を教えているときに、当時の帝政ロシアにアルダン・セミョーノフという優れた学者が現れて、リッターのところに留学した。セミョーノフは、ロシアの貴族としてたいへんな金持ちで広大な領地を所有していたが、若い頃から非常に動植物が好きで、前述のフンボルトも同じであったそうであるが、子ども時分は植物採集ばかりしていたという。留学中にセミョーノフはフンボルトに会いに出かけた。フンボルトは言った。「中央アジアの天山《テンシャン》山脈は火山に違いありませんが、私はもう行くことができません。天山への夢をあなたに託したい」。そして、セミョーノフは天山への探検に出発することになった。

　非常に大雑把に説明すると、このあたりは広い砂漠の地域があって、天山山脈の山々は、砂漠の真ん中あたりを東西に連なっている。その南にはタクラマカン砂漠のあるタリム盆地、北にはジュンガル盆地がある。タクラマカン砂漠の南は崑崙《クンルン》山脈からヒマラヤ山脈へ高地が続いている。セミョーノフはロシアから南下して、天山の西端にある現在のキルギス共和国のイシック・クル湖に達し、そこから東進してハンテングリという非常に高い山を目指した。もちろんフンボルト流の地理学の知識と調査法を駆使した探検調査を実施した。セミョーノフははじめて科学的に天山を調査した人として、テンシャンスキーの名前をロシア皇帝からもらうこととなった（A・アルダン・セミョーノフ、田村俊介訳『遥かなる天山』ベースボール・マガジン社)。

セミョーノフの後を継いだ人は、ニコライ・ミハイロヴィッチ・プルジェワルスキーである。「探検家中の探検家」といわれた人で、ロシアから南下して天山を越え、ヒマラヤまで入った。そして今度は北上して、砂漠を縦横する探検した。その頃に国際的な動きが非常に大きくなった。東トルキスタンとチベットでは、自然科学としての地理学的調査に加え、遺跡や古代の文物を対象とする考古学的調査の国際競争の展開への動きがあり、その背後には、この地域の権益を得ようとするロシアとイギリスの軍事的な確執があった(金子民雄『西域　探検の時代』岩波書店)。

こうした国際的な動きの中で、大谷《おおたに》光瑞《こうずい》を長とする日本の大谷探検隊は東トルキスタンの地域を調査した(大谷光瑞「大谷探検隊の概要と業績」、長澤和俊編『シルクロード探検』白水社)。光瑞は、インドから仏教が中国へ伝えられる道筋を調査する必要があると考えていたが、イギリスの留学を終えて帰国する際に国際的な探検調査の動きに素早く対応して、大谷探検隊を組織した。熊楠は光瑞とほぼ同じ頃に、アメリカからイギリスへ渡っている。自分の気持ちのままに世界の要衝を移動する熊楠は、やはりスケールの大きい優れた人物といえる。

じつは熊楠は大谷光瑞とすれ違っている。しかも熊楠はイギリス時代の初期には、南からチベットに行く考えをもっていた。しかしながらそれは果たせず帰国した。当時、チベットは厳重な鎖国政策をとっていて、仏教の源を探ろうとする仏教関係者やヒマラヤの地理を究めたい探検家のあこがれの地であった。チベットへの旅と仏蹟調査ということに関してみると、さらにもう一人、ものすごい人が明治時代に出た。河口《かわぐち》慧海《えかい》である。慧海は、たいへんな危険をおかしながら仏教の本源を求めて単独で南方からヒマラヤを越えてチベットに入り成功を収めた。

大谷光瑞、南方熊楠、河口慧海の三人は、明治時代に日本の視点を超えて世界に飛び出して活躍をした特異な人々で、それぞれが独自の立脚点に立ちながら、いずれも仏教に関わってチベットに熱い目を向けたという共通点をもっていたことは興味深いところである。

南方熊楠の植物標本と調査資料

次は熊楠の植物標本について述べたい。私が見る機会を得た標本は、現在の分類学の観点からいうと、残念ながら十分とはいえないだろう。

橘師の新疆に於て發見したる古代の佛畫

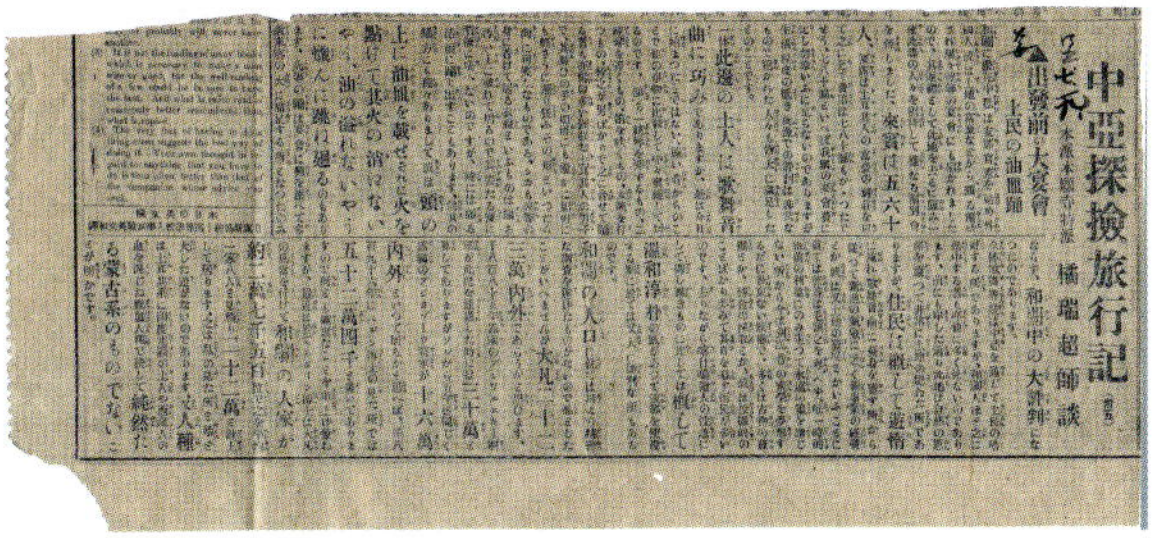

中亞探撿旅行記

橘瑞超師談

南方熊楠による切り抜き。熊楠旧邸に保存された『大阪毎日新聞』連載記事「中亜探検旅行記」（橘瑞超）の新聞切り抜き（1911-12年）。熊楠が大谷探検隊の活動に関心をもっていたことがわかる

押し葉標本にラベルが入っていないことは問題である。植物標本が新聞紙で挟んであって、ラベルが入っていないと、いつ、どこで採集したかということがわからないので正式な記録として扱えない。分布の証拠になるような貴重な植物の標本がいくつか存在するようなので、それらの記録はこれから慎重に調べられると有り難いが、ラベルがないのは扱いにくいと思う。

新聞紙に挟んだ標本の分厚い束があって、一番上の新聞紙の上だけに簡単なメモが書いてある標本もある。このような標本は明治時代に採集された標本に多くあったように思う。ところがそのメモが全部の標本を示すとは限らないのが問題である。たとえば分厚い束の上に「那智」と書いてあっても、全部那智でとったものかどうかが定かではない。どこかのものが混入しているかもしれないのである。このような標本は学問的には怖くて扱えないという気がする。

アメリカでの標本もかなりの数があり、熊楠が勉強用に持っていたと思われる。書き込みが非常に多くて、標本自体も良いものである。中には人から買った標本もある。しかし、現在の学問レベルからいうと、それほど参考にはならない。たとえば国立科学博物館には、欧米の標本は多数保管されてい

旧邸に残された高等植物の標本

る。帰化植物として入ってきている欧米の植物を鑑定できないときは、標本庫にある標本を見ると鑑定ができるくらいに標本がある。そういう意味の植物学からは、熊楠の標本は現代的にはあまり評価されないのではないか。

一方、現代的な面から見てたいへん興味を引く標本と資料が存在する。それは、神島の資料である。島の地図を描いて、その上に点がたくさん打ってあり、樹木の名前がすべて手書きで示された樹木分布地図（一一二頁参照）があり、これはとくに貴重である。この分布図は、現地で非常に苦労して調べて描かれており、このような資料は現代にも十分に生かせるものである。樹木は数十年経つと種類が変わったり、大きさが変わったりする。神島のように、開発で森林が伐採されることがなく、人もめったに行かないところは、何十年間ごとに調査をすることによって、日本の地域の環境の変化を調査する指標が得られると考えられる。その意味で、熊楠の資料は、過去のその時だけではなく、将来にわたって生きていくようなたいへん貴重な記録になると思われる。

後記――南方熊楠の森を考える

南方熊楠はイギリスから帰国すると、那智の森で植物を熱心に調査した。なかでも粘菌の調査に没頭したことはよく知られている。那智の森は常緑広葉樹が鬱蒼と繁る、いわゆる照葉樹林で、西南日本の暖地に分布する森の典型的な姿をもつ天然林と考えられる。そこは多くの日本古来の動物や植物の棲息場所であると同時に、付近で生活する人々にとっては魑魅魍魎《ちみもうりょう》の世界でもある。

やがて熊楠は、紀伊田辺を中心とする照葉樹林が神社合祀によって伐採されることを憂えて神社合祀反対運動を展開した。熊楠の行動について、粘菌や貴重な植物が生育する森の自然を守るために神社合祀に反対したという見方がある。芳賀直哉のいう神社合祀反対の第二の立場である。[1] 第一の立場は、地元新聞記事向け、第二の立場は広く知識人に訴えようとしたもので、生態系、文化財、天然記念物以外に宗教心、地域文化、社会秩序を加えて網羅的総合的に論じている。私はこの第二の立場に彼の本音が入っていると思う。

なお第三の立場は、もっぱら学術的観点を主眼とした『南方二書』で、高名な学者への意見であった。

私は、熊楠にとって故郷の森である照葉樹林、とくにその中心である那智の森はどのような存在であったのかということを考えるとき、こうした森の自然を守るために神社合祀に反対したという意見とは違った見方ができるような気がする。それは、客観的世界に偏った博物学をやりながら、客観的世界を認識するのは人間の知覚、認識力の問題であるということ。そして、熊楠がその原点に回帰し、さらにそこを突き抜けて人間中心の主観的な世界観、つまりいわゆる「南方マンダラ」と呼ばれる曼陀羅《まんだら》の世界に自分の場所を見つけたということである。

　すでに述べたように、ヨーロッパでも日本でも、博物学がより客観的、科学的な見方を強めることによって、自然科学として変貌を遂げるのであるが、それとは逆の方向、つまり、より主観的な見方を強めることもあり得る。実際、博物学から発展した分類学は、客観的であると同時に主観的でもある。それは、生物の種類を理解するためには、人間が自らの知覚によってそれを認識し、識別することが必要であり、それは一面では主観的なことだからである。分類学者が自然科学の立場から客観的に生物の種類を理解しようと必死の努力をしているのは、分類学がもつ、この一見矛盾した本質を知っているからである。

　自然を理解するのに、何も客観性だけを重んじる自然科学に固執する必要はない。人間の主観も客観も一緒にした物差しで自然を見ればどうであろうか。私はそれが熊楠の曼陀羅の世界ではないかと想像する。照葉樹林は魑魅魍魎の世界である。昔、人々はこの世界を怖れ、夜に魑魅魍魎が跳梁跋扈する照葉樹林には近づかなかった。昼中でさえも照葉樹林に佇めば魑魅魍魎の妖気を感じることができるような気がする。同時に照葉樹林は先祖の霊や神々の神気がただよう霊場でもある。そうであればこそ、神社や仏閣が照葉樹林の中に造営され、樹林が保護されてきたのである。

　熊楠が、みずからの自然観ないし世界観を、仏教的な曼陀羅に求めようとしていたと考えたらどうであろうか。那智の森では、つねにさまざまな霊気や妖気を強く感じていたのではないだろうか。あるいは、熊楠はロンドンにおいて膨大な読書量を積むうちに、客観的な博物学の世界へ進むのではなく、より東洋的、日本的な世界観に回帰するようになったのではないだろうかとも思われる。インドからチベットに行こうとした彼の目的は、大谷光瑞や川口慧海とは違って、客観的な認識と主観的な認識をあわせた世界観をチベット仏教に求めようとしたことにあった。その一方で、熊楠は粘菌の分類に没頭してもいる。それは、粘菌に対する自然科学的な興味と同時に、その形態や生活史に不思議な、彼の主観的な心の琴線に触れる、何か霊的なもの

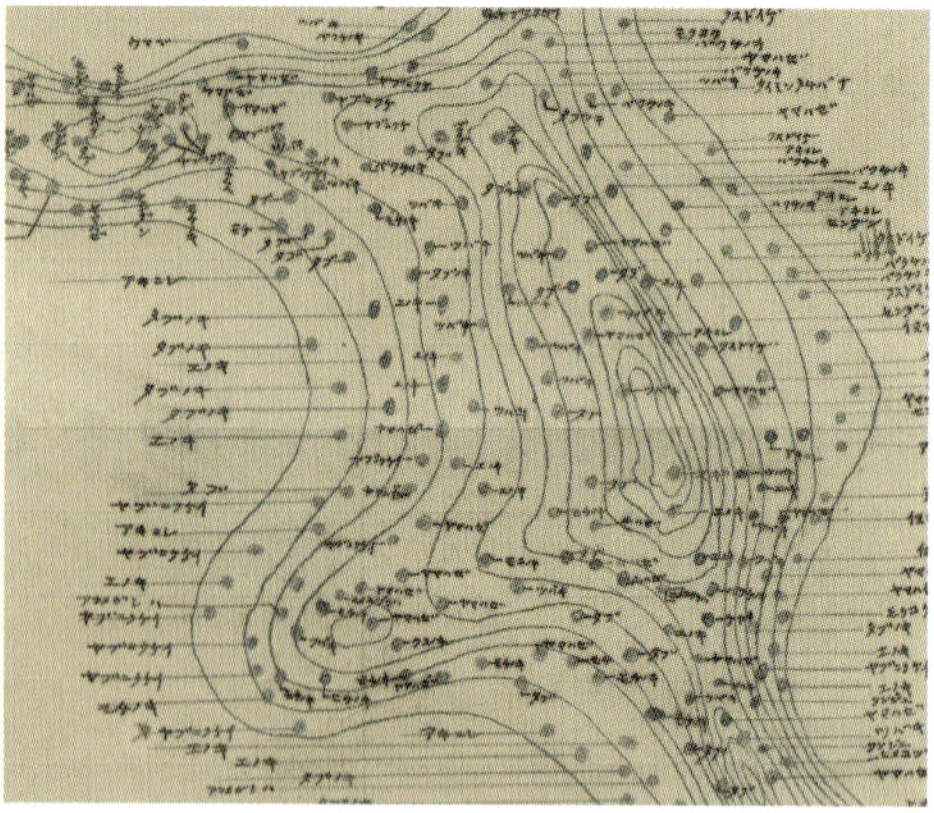

神島植生図。熊楠が作成した神島植生図（部分）

を感得したからではなかろうか。

「南方熊楠の森」が、客観的な博物学と主観的な自然認識が混然一体となった曼陀羅の世界であったとすると、①彼が分類学者として専門の論文を書かなかったこと、②那智の森以外の森へは出かけなかったこと、③神社合祀に激しく反対したこと、などがよく理解できるかもしれない。①は彼の求めるものは曼陀羅の世界であり、客観性だけを大切にする自然科学に属する分類学は満足すべきものではなかった。したがって彼は新種を発表するという分類学者の特権には固執しなかった。②は那智の森にこそ自分の求める曼陀羅の世界があるので、よそへ出向く必要がなかった。③は彼の求める曼陀羅の世界が存在する森は、彼の主観的世界、すなわち彼自身と一体不可分のものであり、彼の森に棲む動物も植物も人間も、すべては曼陀羅であり、彼そのものであるから、それはなんとしても護るべき存在である、ということになるのではないか。③の問題で、熊楠は、神社合祀によって貴重な動物や植物が絶滅すること、故郷の氏神を失って氏子が参拝に遠路を行く苦労が増えることなどを反対理由に挙げているが、本音は曼陀羅の世界、言い換えれば自分の世界や存在そのものが否定されるような内面から湧いてくる怖れや怒りがあったのではないだろうか。

よく知られるように熊楠は一種の奇人で、感性は常人と異なった鋭いものがあっただろうし、考え方もそうあったと思われる。しかし、それであればこそ、熊楠の主張には、自然の保護や、環境保全を考えるうえで非常に重要な示唆を含んでいると思う。それは、客観的な自然科学の手法ばかりでは自然の保護や環境保全は実現しないのではないか、人間一人ひとりの心の問題や自然に対する感性や世界観といったことがより重要ではないか、ということである。環境問題に関しては、われわれは自然科学と人間科学あるいは人文科学といったものを総合した、より新しい科学を構築する必要があるのではないだろうか。

＊注＊

1　芳賀直哉「南方二書と熊楠」『熊楠研究』第四号、一四四—一五四頁、二〇〇二年。

第3部 南方マンダラをめぐって

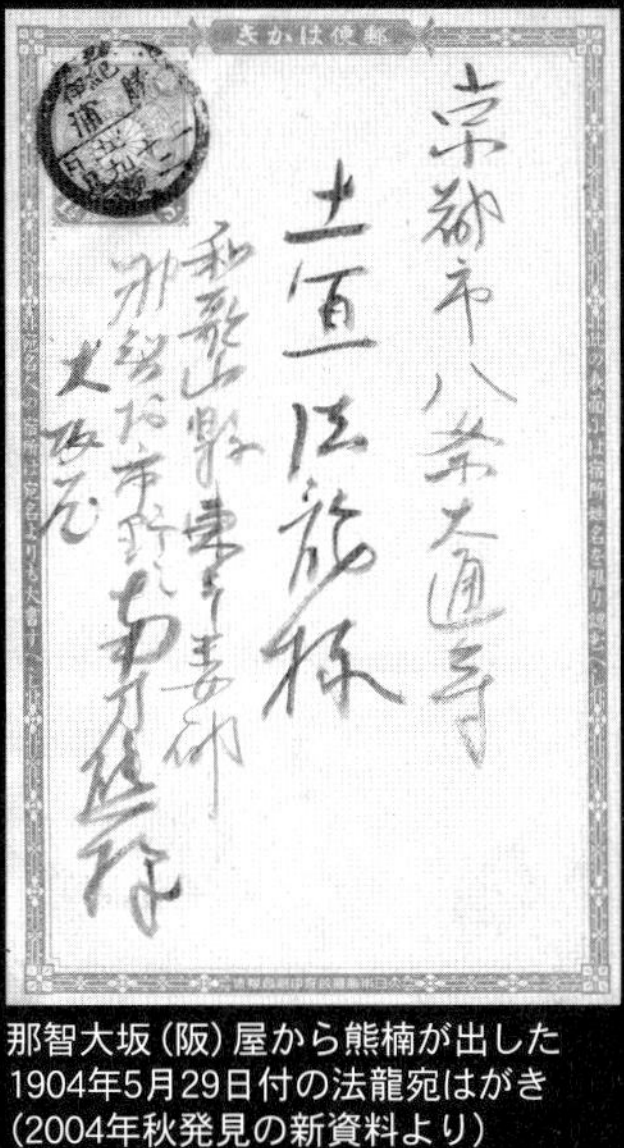

那智大坂（阪）屋から熊楠が出した
1904年5月29日付の法龍宛はがき
（2004年秋発見の新資料より）

土宜法龍
（シカゴ万国宗教会議議事録より）

土宜法龍と南方熊楠

両洋の間で

奥山直司

一八九四年（明治二十七年）四月二十日払暁、フランス客船メルボルン号はセイロン（現・スリランカ）のコロンボ港に近づいた。

数え年四十一歳の真言僧土宜法龍（一八五四―一九二三）は、他の乗客に混じって、デッキの手すりから小柄な体を乗り出すようにしながら、アデン以来一週間ぶりに見る陸地を飽かず眺めていた。海岸線に沿って丈の高い棕櫚の木が帯のように連なり、その間に白いコロニアル建築が点綴《てんてい》されている。

まもなく船は、長大な防波堤に守られた港に入り、定められた位置に碇を下ろした。西南モンスーンの激浪を防ぐためにイギリスが巨費を投じて築いたこの防波堤によって、英領セイロンの首府コロンボが、セイロン島南端の古い港町ゴールに替わって東西航路の要の位置に就いてから、まだそれほどの年月は経っていない。この港でポンディシェリー行やジャワ行の便に乗り換える旅客もあって、上陸者の数は多い。

法龍は、前もってパリから、この島に留学しているはずの釈興然《しゃくこうぜん》、比留間宥誠、村山清作宛

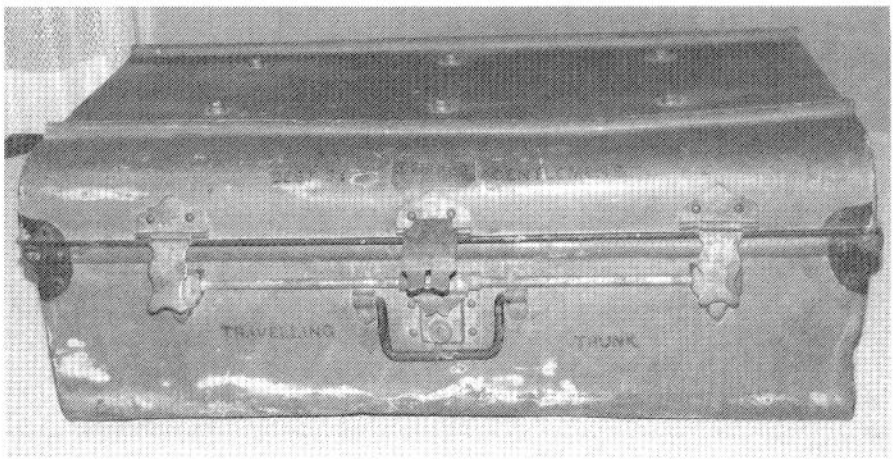

法龍が外遊に持って行ったと思われる
スチール製のトランク（栂尾山高山寺蔵）

てに手紙を出して到着予定日を知らせておいたので、三人のうちの誰か一人くらいは船まで迎えに来てくれるものと思い込んでいた。ところが午前七時を回っても誰も姿を見せない。二十四時間の停泊時間にはじめはゆったりと構えていた彼も、ようやく焦れて、マルセイユから同船してきた洋行帰りの二人の日本紳士に別れを告げると、グランド・オリエンタル・ホテル差し回しのはしけに乗り込んだ。港に面した四階建てのこのホテルは、一八七五年創業の、コロンボではゴールフェイス・ホテルと並ぶ格式の高いコロニアル・ホテルである。

この時の心境を法龍は「随分物凄かりき」（宮崎忍海編『木母堂全集』六大新報社、六六八頁）と表現している。彼は、真言僧としては史上初となる世界一周旅行の途上で、シカゴで購入した欧州からインド、インドから日本までの乗船切符を紛失し、大慌てでトーマス・クックのパリ支店に掛け合ったり、パリの街で道に迷い、たまたま見つけた物置に勝手に潜り込んで一夜を明かしたりと、大小さまざまな失敗を経験しており、傍目には何をいまさらという気もするが、ともかくこの時の彼は、待望の印度（当時の日本人にはセイロンもまた印度であった）を目前にして、ひどく心細い思いをしていた。

彼の乗ったはしけに一艘のボートが近づいてきた。ボートにはセイロン人と思しき男が二人いて、彼のほうを見てしきりに何かささやきあっている。と思いきや、二人はいきなりこちらに乗り移ってきた。何事かと身構える法龍に、そのうちの一人が英語で慇懃に話しかけた。

「あなたは日本の高僧トキ師ではありませんか」

「……エース（Ｙｅｓ）」

「私はＨ・ダルマパーラの弟で、この者は神智協会の幹事です。本日コロンボにお着きになるのをカルカッタ（現・コルカタ）の兄ダルマパーラからの連絡で知り、神智協会総代を兼ねてお迎えにきました」

法龍は英会話がほとんどできず、カナダ、アメリカ、イギリス、フランスと回る長旅の間、もっぱら「エース、エース」で乗り切ってきたが、さすがにインドで会う予定で手紙まで出していた相手の名前は聞き取れたのだろう。うなずいて、男たちに促されるままボートに乗り移り、税関のある波止場に向かった。

ダルマパーラは、三年前の一八九一年にブッダガヤーの復興を唱えてマハーボーディ・ソサエティ（大菩提会）を旗揚げした若きシンハラ人仏教運動家である。法龍は、ダルマパーラとは前年九月にシカゴで開催された万国宗教会議に、それぞれ北と南の仏教を代表して出席した間柄であった。また法龍には、ダルマパーラとその盟友で同じ真言宗の釈興然が始めたブッダガヤー復興運動に同調して、日本仏教界の世論を引っ張ってきた責任があり、彼のセイロン・インド訪問は、仏教霊跡の巡拝という本来の目的とは別に、この運動の現地視察がひとつの任務となっていた。そのためにロンドンにいた頃から、この運動に理解のあるエドウィン・アーノルドや神智協会の人々に接触して情報収集に努めている。

税関の官吏たちは出迎えの二人とは顔見知りらしく、法龍に丁重に挨拶した。荷物検査も形ばかりのものであった。税関を出て、法龍の荷物を馬車に積み込ませると、三人はそれぞれに人力車に乗った。人力車は日本製で武者絵などが描いてあり、前年八月四日に横浜港を発ってからすでに七ヵ月、地球を四分の三周してきた彼の望郷の念をくすぐった。

俥列が動きだすと、税関前にたむろしていた物乞いたちが、いっせいに法龍の俥《くるま》にまつわりついてきた。彼らは泣き声のようなものを上げながら執拗に追いすがってくる。法龍は根負けして、俥上からセイロン銅貨を一枚投げ、ようやく彼らを振り切った。彼にとってはこれが南アジアの現実からの洗礼であった。

＊　＊

京都の栂尾山高山寺

SI-DO-IN-DZOU

GESTES DE L'OFFICIANT

M. HORIOU TOKI

PARIS

SI-DO-IN-DZOUタイトルページ。土宜法龍の名はHORIOU TOKIと綴られている

南方熊楠研究において、土宜法龍はとくに重要なポジションを与えられている。それは主として、熊楠が法龍に送った書簡が思想的・科学論的内容に傾いているために、いわゆる「南方マンダラ」に究極する熊楠の思想形成の謎を解明するためには、熊楠とこの「開明的な」「真言宗の高僧」との関係の把握が必要不可欠と考えられてきたからである。

反面、法龍というこの近代の密教者の事績が、熊楠との関係から解放されて、独自に研究の対象とされたことはほとんどなかったといってよい。近代真言宗史に限らず、近代日本仏教史の研究が全体的に立ち遅れていることを割り引いても、仏教学者の法龍に対するこの関心の低さは、熊楠に関心をもつ人々が法龍に寄せる期待値の異様な高さとは対照的である。

だいいち私たちは、土宜の読み方が、「とき」か「どぎ」か、それとも「とぎ」、あるいは「どき」なのかさえ、よくは知らないのである。「とき」説の根拠は、シカゴ万国宗教会議の英文議事録や彼が注釈したフランス語版『四度印図』(*SI-DO-IN-DZOU*、一八九九年刊行)などにおいて、彼の姓がTOKIと記されていることにある。少なくとも外国では彼自身、そう名乗り、署名していたに違いない。ところが、京都の栂尾山高山《とがのおさんこうさん》寺《じ》、鈴鹿の福楽寺《ふくらくじ》など彼に縁《ゆかり》の深い場所ではその名が「どぎ」と伝えられている。このことに関する筆者の考えは次節に述べる。

このような研究状況を筆者はかねがね残念に思ってきた。私見によれば、法龍は熊楠を抜きにしても研究するに値する、十分に「おもしろい」人物である。このような人物に熊楠の思想的産婆役だけを押し付けているのはもったいない。また両者の関係を考えるうえでも、法龍の側から熊楠を視る試みがもう少しあってよい。小論はこのような観点から試みたひとつのスケッチである。

法龍が熊楠宛に書いた３月８日（1902年）付の書簡の一部（田辺市・南方熊楠顕彰会蔵）

法龍の生い立ち

法龍の出自については、名古屋の大庄屋に生まれたという説から、住職の隠し子説までさまざまあって、どれが本当かはっきりしない。熊楠が、「履歴書」と呼ばれている有名な長尺の巻物の中で、法龍について「この法主は伊勢辺のよほどの貧人の子にて」（『全集』七巻、三四頁）と述べたのはよく知られるところで、普通ならばこれも熊楠流の枕詞で片付けられてしまいそうだが、この場合に限っては存外当たっているようにも思われる。当時、寺の生まれでない者が、幼くして寺に預けられ僧侶となるのは、多くの場合家庭の事情からであった。

ついでながら、熊楠が法龍について続けて述べる中に「弘法流の書をよくし、弘法以後の名筆といわれたり」とあるのも、逆説的な言い回しではないかという疑問の声を聞いたので、念のために同僚の書家に彼の書の写真を見せて伺いを立ててみた。すると、「これはいわゆる大師流とはまったく違います。この人は若い時から書の基本をかなり勉強された方で、そうでなければこういうきちっとした字は書けません。『弘法以後の名筆』かどうかはさておき、品のある上手な書です」という答が返ってきた。

ともあれ、今のように戸籍がしっかりしていない時代に生まれた者のことである。とくに法龍のように功成り名遂げた、しかも転籍当たり前の僧侶の出自は、後から潤色されたり、陰で逆の憶測がささやかれたりすることが珍しくなかったに違いない。これに関連して、慶応義塾の入社帳の彼の欄には、三重県伊勢国安芸郡稲生《いのう》村（現・三重県鈴鹿市稲生町）平民樋口文右衛門附籍とあって、彼が慶応義塾入社日の明治九年五月一日現在で、戸籍上、他家で養育される立場にあったことが示されている。樋口文右衛門はこの地区の大庄屋で、稲生村にある真言宗福楽寺の檀中惣代の一人であった。

法龍の出自に関する公式的な見解は次のようなものである。

安政元年八月尾張名古屋に生る。父は白井吉造、母はかつ女。年甫《はじ》めて五歳伯母に伴はれ伊勢国宮崎家に転じ、尋《つい》で同州河芸郡白子町観音寺に入り、福楽寺深盛《じんせい》（深盛房覚翁《かくおう》）の資（弟子）となり、剃度を京都六角能満院大願に受く。明治維新の際師僧の俗姓を冒して土宜氏と云ふ。

（『密教大辞典』法藏館、二〇三六頁、括弧内引用者）

僧侶も苗字を設けるべしとの太政官布告が出されたのは、明治五年九月のことである。法龍の師僧福楽寺深盛は土宜深盛と称するようになり、彼もまた師の姓を踏襲して土宜法龍となった。明治五年に法龍はすでに十九歳になっている。

それでは、土宜はいったいどう読むのか。『六大新報』第九九七号（法龍大和上哀悼号）に六大新報社同人の名で書かれた記事の中に、次のような一節がある。

土宜大僧正の仁和寺時代、お訪ねした時に私より猊下へ「土宜」の姓に就てお尋ね致したら、自分の師僧（深盛）が辰ノ年の生れであつたので、維新の際姓を付ける時、辰は時に当り時はトキに当るのでドギ土宜と付けたので、自分も同姓を名乗ることにしたのであると云はれたやうに記憶する。

（同二頁、括弧内引用者）

つまり辰には時の意味があることから辰を時に置き換え、さらに時を「とき」と訓じて、これに土宜の二字をあてたというのである。この証言に従えば、土宜は本来、「とき（時）」だったことになる。だがこのことは、必ずしも「どぎ」の読みを否定するものではない。実際、前述のように、高山寺や福楽寺の所伝では土宜は「どぎ」である。また福楽寺の近くには深盛が姪に婿を取って立てた土宜家があるが、この家もまた「どぎ」である。これに対して、シカゴ万国宗教会議議事録をはじめとする欧文資料では、法龍の姓は一貫して TOKI と綴られる。このようなくい違いはなぜ生じたのか。可能性としては、本来は「とき」だが、他人からは「どぎ」と呼ばれることが多く、ついにはこの呼称が法龍縁の場所にも定着したケース。逆に、「どぎ」が正しいが、何らかの理由で法龍が「とき」と自称していたケースなどが考えられる。もしも後者であった場合、ひょっとするとその理由は、法龍が DOGI では doggy（犬の、子犬などの意）に似ていて外国人には聞こえが悪いと考えたからかもしれない。これは松居竜五の試案であるが、まんざらあり得ないことではないという気がする。

さて、幼少年期の法龍は、師僧でも手に負えないほどの腕白小僧であったらしい。体が小さいために大人に及ばないことがあると、飛び上がって大人の頭をたたいたなど、いかにも俊敏で負けず嫌いな少年の姿を髣髴とさせる逸話が残っている。そのあまりのいたずらぶりに、得度を受けた白子町の観音寺を追い出されて福楽寺に戻るが、福楽寺でも腕白が止まず、ついにはまた観音寺に追いやられるといった生活をしていたとは、法龍自身の回想である（「猊下御幼少の頃」『高野山時報』二八八号、二一一頁）。

またこれはもう少し大きくなってからのことと思われるが、彼は田中雲外という号を考案した。それについて後年次のように語っている。

今思ひ出しても秋の午后は一番よかつた。田野一面には黄金の波が打つてゐる。赤い柿が熟つてゐる。赤い襷をかけた稲刈女が小声で謡つてゐる。それより気に入るものは九天に翻る断雲山雲である。軍人の形をしたのがある、御殿の形をしたのがある。山の形がある。旗の形がある。鳥の形がある。真赤なのは地獄。黄色いのが天界、紫が極楽、天はさすが三千世界がある。あの雲の外はきつと理想の国であらう。僕も一つあの上まで行ける立派な人にならう。雲の上人だ、そうだ田の中にゐても雲外に居るのだ。「田中雲外」、これに越した名はあるまい。

（「『田中雲外』と号せらる」同、八頁）

彼は、少年の日の夢と希望のいっぱいに詰まった雲外の号を終生使いつづけた。確かに、彼のそれからの歩みは、田中から雲の果て目指して飛ぼうとする龍にも似ていたといえよう。それはまず本山と末寺からなる宗派ネットワークを周辺から中心に遡り、高野山という密教の都に上ることから始まった。

真言宗のホープ

明治二年、法龍は十六歳で高野山遍照光院に入り、伝法灌頂を受けた。その後、河内の延命寺の上田照遍に就いて宗学・律儀・天台を修学。十九歳、高野山宝光院で宗学を研究し、次いで京都泉涌寺《せんにゅうじ》の佐伯旭雅に師事して倶舎・唯識を学んだ。

ここまでの彼の経歴は、真言宗の優秀な子弟がたどる道ではあっても、新時代の宗教エリートとしてのそれではない。転機となったのは東京遊学である。それは本山教議所の第二回選抜生を拝命しての上京であった。

明治九年、彼は慶応義塾の別科に入り、福沢諭吉の門下生として洋学を学んだ。同じように慶応の別科で勉強した僧侶に、後に法龍とともにアメリカに渡ることになる臨済宗の釈《しゃく》宗演《そうえん》がいるが、宗演の入社はずっと遅い明治十八年である。

のちにパリ滞在中の法龍は、ラ・ジュスティス紙のインタビューの中で次のように述べている。ちなみにこの時、ギメ博物館（現・国立ギメ東洋美術館）の翻訳者河村四郎が通訳した。

問　あなたが修学した哲学課程中にわが西洋の哲学書はありましたか。

答　もちろんですとも。私たちは西洋の著名な哲学書はみな知っています。なかんずく、カント氏を学び、スペンサー氏を好み、ダーウィン氏を最も珍重し、ショーペンハウアー氏に至っては、これを推奨すること殊に甚だしいものがあります。

問　ショーペンハウアー氏をそのように推奨するのは何故ですか。

答　その論拠が最も明晰高遠で、殊にその原因結果の説が仏説と同じだからです。

（『伝燈』六四号、一八頁）

この問答は、真言宗きっての新知識の持ち主、法龍の教養の一端を明らかにするとともに、彼のような仏教青年が、文明開化まっ只中の東京で新時代の空気を呼吸しつつ、何をどう学ぼうとしていたかを窺わせるものである。

明治十二年、彼は高野山に戻り、学林長に就任する。この年、東京湯島の霊雲寺で、前年から続く宗内の分離運動を収めるための会議（真言宗本末合同大成会議）が真言宗の大立者、釈雲照《しゃくうんしょう》を議長にして行なわれた。このとき法龍は、慶応の同窓生である社寺局局長青木貞三の助力を得て、会議を成功に導いたといわれている。この頃から彼は、真言宗の若手のホープとしてぐんぐん頭角をあらわし、宗内の重要問題にことごとく関与してゆく。

明治十四年、彼は真言宗法務所課長に選ばれ、京都東寺の法務所や東京の法務出張所に詰めて、宗政に敏腕を振るうようになった。当面の課題は、明治四年に廃止された後七日御修法《ごしちにちみしほ》（正月八日から七日間、宮中で修された玉体安穏、鎮護国家などを祈る真言宗の重要儀式）の復興問題であった。彼は釈雲照・大崎行智らと協力して政府に請願し、ついにこれを東寺に復興することに成功する。

そのかたわらで、仏教運動家大内青巒《おおうちせいらん》の運動に参加し、演説会で得意の弁舌を振るって、大内門下の弁舌の四天王の一人と目された。法龍は慶応義塾で犬養毅や尾崎行雄と同時期に学んでおり、その影響もあったかと思われるが、元来、彼は「口も八丁、手も八丁」の快活な人物で、洒脱で奇知に富み、滑稽談で宿の給仕の女性を抱腹絶倒させることなどお手のものだった。また酒豪としても知られ、酔った勢いで金剛峯寺の寄宿舎の押入れの板戸に詩を書いたなどのエピソードを残している。酒は壮年になってやめたが、その理由は、酒代のために貧乏をしていたからだという。

明治十六年、香川県の三谷寺《みたにじ》の住職に就任するが、法務所にあって宗務を執りつづける。明治十九年、高野山に古義大学林（現・高野山大学）が開設されると、教務主任として後進の指導に当たった。

明治二三年、京都で真言宗の機関誌『伝燈』（『六大新報』の前身）の発行が始まった。法龍はこれに創刊から関与して編集を担当し、第二号からは丸二年間にわたって主筆を務めている。その間に起こったことのひとつが釈迦成道の地であるインドのブッダガヤーの復興問題である。彼はこの運動を積極的に後押しし、この機に乗じて、アジアの仏教徒を連合し、ブッダガヤーを買収して世界仏教の総本山とし、仏教の世界布教を図れと檄を飛ばしている。

シカゴ万国宗教会議

一八九三年（明治二六年）の九月十一日から十七日間にわたり、シカゴの美術館において、コロンビア万国博覧会に付帯する世界会議のひとつとして開催された万国宗教会議は、世界のさまざまな宗教の代表者が一堂に会して意見を交換するという世界史上初の試みであった。

詳しい経緯はわからないが、法龍は、前年六月十五日付でこの会議の委員長ジョン・ヘンリー・バローズから同会議の助言委員を委嘱されている。その彼を送り出すために、『伝燈』は「土宜法龍師渡米義捐金」募集の一大キャンペーンを展開した。結果的に世界一周となる彼の大

シカゴ万国宗教会議に出席した日本仏教代表団。前列左から土宜法龍、八淵蟠龍、釈宗演、芦津実全、後列左から野村洋三、野口善四郎（『日本仏教渡米史』より）

旅行を支えたのは、彼の自己資金と真言寺院を中心に全国から集められた義捐金であった。

法龍はこの会議に参加する目的を次のようにまとめている。個人的には自己の知識の進歩のため。社会的には、一面では南方小乗仏教と北方大乗仏教との融会を談ずるため。また一面では、仏教といえば小乗ばかりを考える欧米の人々に大乗の法を知らしめるため。そして国家的には、万国博覧会で好評を博している日本の出品物はすべて大乗仏教の賜物であり影であるから、仏教者としてその本質を説明する責任を果たすため（『伝燈』五〇号、二八頁）。

さて、こういう場合の通弊として、誰が行くの行かぬのと、ひとしきりもめた後でようやく固まった日本仏教代表団は、法龍と、臨済宗の釈宗演、天台宗の芦津《あしつ》実全《じつぜん》、真宗本願寺派の八淵《やつぶち》蟠《ばん》龍《りゅう》に、通訳の野口善四郎《のぐちぜんしろう》（復堂）を加えた五人が八月四日、横浜発のエンプレス・オブ・ジャパン号で渡米し、これに平井金三《ひらいきんざ》が現地で合流した。元老院議官の顕職を捨てて仏門に入った町田久成らも顔を見せた。

この会議で法龍は三回演説している。最初の演説は、会議四日目の九月十四日に主会場のコロンブス・ホールで行なわれ、法龍の原稿を平井金三が代読した。釈宗演の『万国宗教大会一覧』（鴻盟社、三九頁）は、この演説の直後に起こった小さな出来事を記録している。常光浩然によるわかりやすいリライトで紹介すると、それは次のようなものであった。

演説が終わって一紳士が野村洋三（通訳）に問いかけた。

「君、いまの演説を了解しましたか。」と、

かれ、ただちに答えて、

「もちろん。君はどうです」

「いな」

「そうでしょう。仏教の仏教たるゆえんはここにあります。われわれは、みだりに詭弁を弄し

て、調子ばかりの演説はしません。わが国の高僧・仏教（仏徒の誤り）は、みなこれを恥じます。ですから、いまあなたが了解できないのは、あなたの知識が遅れているからです。しかし、あなたがたとともに、この真理を語れる日がくるでしょう」

（『日本仏教渡米史』仏教出版局、三八頁、括弧内引用者）

あなたがわからないのはあなたが無知だからとはずいぶん乱暴にも聞こえるが、このエピソードは、代読を買って出た平井金三のような優れた英語の使い手たちの努力にも関わらず、日本仏教の代表者たちの演説内容がアメリカの聴衆には必ずしも理解されなかったことを物語っている。

この大会でカルカッタから参加したスワーミ・ヴィヴェーカーナンダが一躍スターダムにのしあがったことはよく知られている。少なくとも、このような派手さは日本仏教代表団にはなかったように思われる。だが、『明教新誌』や『伝燈』における一連の記事を参照する限り、彼らは彼らで非常に健闘しており、多少のリップサービスも含まれた熱烈な称賛を浴びて、日本の大乗仏教徒として大いに自信と誇りを取り戻した様子が窺われる。

法龍は、先にも触れたラ・ジュスティス紙のインタビューの中で次のように語っている。

宗教大会より生じたる最大の美果は各宗教間に於る惨烈なる紛争の世紀終局となりたること是なり蓋自今以後各種の宗教は静平に存立し彼此漸次に融化して終に一に帰するに至らん

さらにまた、

宗教の種類極めて多しと雖も其互に基本と為す所の主義に至りては一致するに至らん抑宗教各其形式は互に相異なれども其唯一の目的とする所は実に人生の幸福を増進するに在り

（『伝燈』六三号、一九頁）

今まさに「各宗教間に於る惨烈なる紛争の世紀」に生きる私たちにとって、百十年前のこのオプティミズムは眩しくもあり、また何か物足らなくもあろう。ここに示された「万教帰一」的認識は会議の雰囲気を反映したものと言えるが、長い鎖国から目覚めて国際社会に参加したばかりの日本の仏教者が、突然立たされた世界の桧舞台で、一足飛びにこのような認識をもちえたことは、素直に「美果」としてよいであろう。ここには異文化世界を旅しながら、一挙に地球的な視野を獲得しようとしている一人の宗教家がいる。まもなく熊楠の前に姿を現すことになる土宜法龍とはそういう男であった。

彼が、もと来た道を日本に帰る他のメンバーと別れて、欧州まで足を伸ばしたのは、大会での成功に気をよくし、その余勢を駆ってのことだったようである。「印度霊跡巡拝」というこの旅のもうひとつの眼目も残されていた。彼は、野村洋三を通訳に連れて、十月十一日にニューヨークからロンドン行の船に乗った。

熊楠との出会い

法龍と熊楠の出会いについては、熊楠のロンドン日記によってその概要が知られるが、ここでは、法龍が兼務住職を務めた京都の高山寺に蔵される彼直筆の日記にしたがって、法龍の目に熊楠がどう映ったかを中心に見てゆこう。

法龍のロンドン到着は十月十八日である。その二週間後の十月三十日、彼は横浜正金銀行ロンドン支店長の中井芳楠の夜会に招かれた。

> 三十日　晴　此日午後三時頃より永阪毅氏尋ね来られたり。(中略)彼れ是れする内五時半にもなりしに付即ち中井芳楠氏の夜会に赴むきたり。(中略)然れは中井氏は懇切にも中途迄迎ひに出て居り呉られたり。夫より同道□て室に入れは実に立派なる宅なり。宅見某、中村某の両

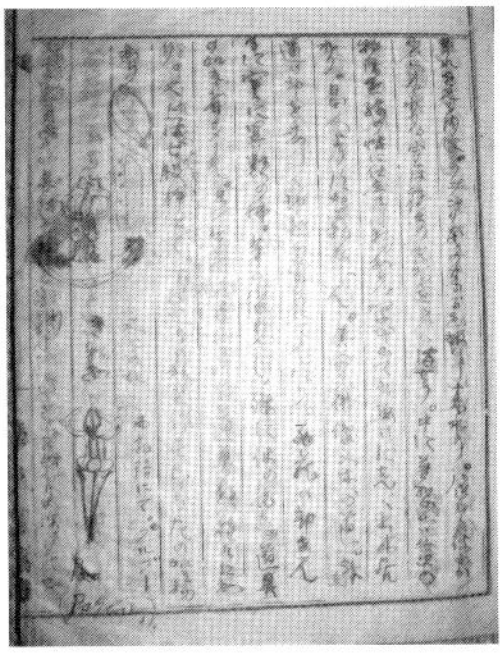
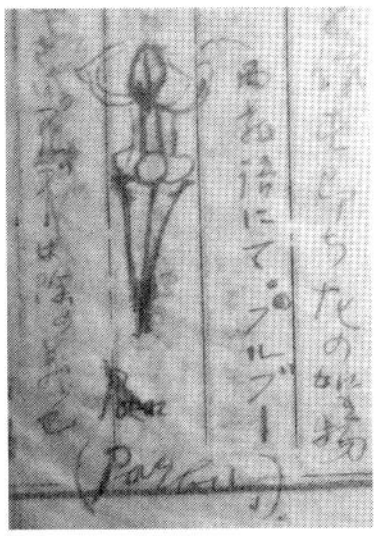

土宜法龍米欧日記中に記された大英博物館展示品のスケッチ。右は部分の拡大（高山寺蔵）

氏は懇切に世話し南方某は種々に該博の談を為せり。彼は随分変哲の人物なり。饗応の後ち十一時頃帰寓せり。（後略）

熊楠はこの席に法龍が来ると聞いて出向いている。ずいぶんと話がはずんだのだろう。熊楠は法龍から大英博物館の案内を頼まれたため、翌三一日、大英博物館に「前ぶれ」に行き、「夜土宜師を訪、就て宿」した（『日記』一巻、三二六頁）。法龍のこの日の日記には「帰りしは午後六時頃なりし。且らくなす内、南方氏は来れり。談話を為して止宿せり」とある。どのようなことが話題となったかはわからない。この日から熊楠は三夜連続して法龍の部屋に泊まることになる。

明けて十一月一日、二人は朝から大英博物館に出かけた。法龍はもとより僧衣を着ているが、熊楠も法龍から借りた褊衫《へんざん》を着込んでいる。阿闍梨《あじゃり》とその弟子といった風情でもあったろうか。熊楠は、館内の陳列物など見慣れているせいか、「部長フランクス氏案内にて、宗教部及書庫を見る」（同）とそっけないが、法龍にとっては見るものすべてが珍奇である。所々に図を入れながら何頁にもわたって、展示品、とくに仏教関係・インド関係のものについて詳細に記録している。一例を挙げよう。

西蔵の部を見るに実に異類の仏、菩薩の像多し。殊に彼の秘蔵道具の如き者多し。且つ西蔵法王の行列の道具類種々にあり。又上は七股杵（長サ五寸余。金滅金なり。―行間からの挿入）にて、下は斧の形を作す即ち左の如き物あり。又下の如き物あり。西蔵語にて、プルブー(Parbu) プルブーは除の義也

ここで彼が、上が七股（鈷）杵、下が斧の形というのは密教法具のカルトリ（半月形の曲刀）であり、プルブー（正確な綴りは phur bu）は同じく橛《けつ》である。

十一月二日、法龍はこの日一日、パリに出立するための荷造りに忙しかった。熊楠の日記には「終日土宜師方にあり、議論す」（同）とあるが、どうやら熊楠が一人でしゃべっていたような印

ギメ博物館において御法楽の儀を行なう法龍を描いたスケッチ

ギメ東洋美術館に蔵される東寺講堂の立体曼荼羅のレプリカ。法龍はこの前で法要を行なった

象である。午後六時頃、甲斐（山梨）出身のロンドン大学留学生望月小太郎が訪ねてきて、三人で「仏教上の質疑」をなした。テーマは仏教の因果論などであった。

翌三日、熊楠は自分の寓居に帰るが、すぐに「宗教醇化論」[1]一冊に手紙を添えて送ってきた。法龍は直ちに礼状を認めるとともに彼に七条袈裟を贈った。これが二人の間で取り交わされた最初の往復書簡と見られる。

今回高山寺から新たに発見された熊楠書簡には、まさにこの日付のものが含まれており、他方、田辺の旧南方邸からは法龍から熊楠に宛てられた十一月四日消印と推定される手紙が発見されている。[2]

翌四日、法龍はロンドンからパリに移った。おそらくはこの月の下旬と推測されているが、熊楠から法龍に手紙が届いた。「御袈裟一領正に拝受仕り、難有御礼申上候」と先に贈られた袈裟への礼から入ったこの手紙が、法龍にはよほどおもしろかったのだろう。それを『伝燈』主筆の広安恭寿宛ての手紙に添えて日本に送っている。これには法龍の次のような前口上が付されている。

> 奇人の書柬、龍動のブリチス、ミユージャムに数年間、出入し彼の書籍館に在りて、梵学の調べを作し居る紀州の南方熊楠と云ふ人あり、博学の人にて実に一種奇態の人物なり、此頃一書を予に送れり是亦頓間のこと多し依て左に書柬を添へ置けり
>
> （『伝燈』六四号、一一頁、傍点引用者）

この手紙は法龍の遺文集となった『木母堂全集』（六二六—六三一頁）に収められ、それが『南方熊楠　土宜法竜　往復書簡』にも再録されている。ただし法龍の前口上は、原文の「一種奇態の人物」が『木母堂全集』では「卓見宏識の人物」に書き換えられている。熊楠に対する法龍の第一印象に近いのは、むろん前者である。

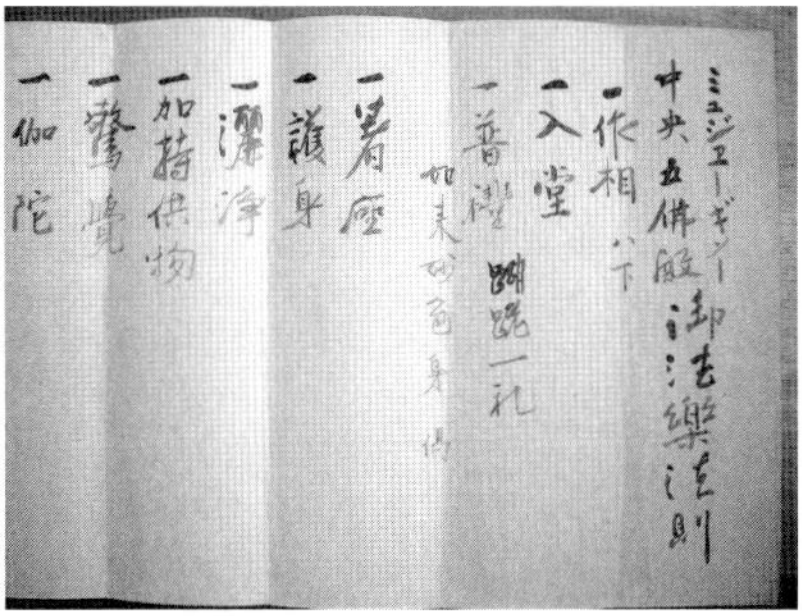

御法楽式次第。法龍自筆と思われるギメ博物館での御法楽の際の式次第（ギメ東洋美術館蔵）

十一月十三日、法龍はギメ博物館で真言宗の御法楽の儀を執行。これは、一八九一年二月二一日に同じギメ博物館で真宗誠照寺派の小泉了諦《こいずみりょうたい》と真宗佛光寺派の善連法彦《よしつらほうげん》によって行なわれた真宗の報恩講に次ぐ、史上二番目の欧州における日本仏教のパフォーマンスであった。彼のパリ滞在は五ヵ月にも及んだ。その間にギメ博物館で河村らと共にフランス語版『四度印図』を作成している。

翌一八九四年四月一日、法龍はマルセイユからメルボルン号に乗り、次の目的地インドに向かった。

ドギツイ奴

三人を乗せた俥列は、コロンボの中心街フォートの大通りから横丁に四、五丁入って止まった。着いたところは、京都出身の日本人雑貨商川島商会である。店の奥からまだ眠い目をした面長の若い日本僧が出てきて淀みなく挨拶した。

「私は真宗の留学生で徳沢智恵蔵《とくざわちえぞう》という者です。ご来島をインドの川上貞信師から知らされ、昨夜こちらに出てきて、ここに泊まって、これからメルボルン号にお迎えに上がるつもりでした。いやあ、まったく失礼しました」

法龍は、前年セイロン・インドを旅行した武州妻沼《めぬま》歓喜院の稲村英隆《いなむらえいりゅう》の一行が、徳沢という「少年才僧」の世話になったという話を思い出した。

釈興然と比留間宥誡が去年の九月にすでに帰国していたという話は法龍をがっかりさせた。彼らの口利きで、日本仏教界でも著名なコロンボの仏教学院ウィドヨーダヤ・ピリウェナ（知昇学院）に滞在するつもりだったからである。

法龍の海外からの通信を多く収録した『木母堂全集』（1924年）

その日の午後、法龍は徳沢とともに馬車でコロンボから海岸道路を南下していた。海から吹きつける涼風が一時南洋の熱暑を忘れさせてくれる。海辺には広い敷地に樹木の生い茂った洋風の邸宅が並んでいる。だがそれらはことごとく西洋人の専有物であり、現地人はみすぼらしい身なりで不潔な小屋に暮らしていた。法龍の見るところ、セイロン人二七六万人はわずか四八〇〇人の白人の奴隷であった。

二人はコルピティヤにある徳沢の寄宿先でひと休みした後、さらに南方のウェラワッテに村山清作を訪ねた。村山は伊予今治（現・今治市）出身の居士（在家の仏教信者）で、二年前からこの島に遊学しておもにパーリ語を学んでいた。

法龍は村山にロンドンの熊楠を紹介した。やがて村山から熊楠に手紙が届き、二人の間に文通が始まる。熊楠の日記にはじめて村山が現れるのは、同年六月二五日である。

　土宜師の友人在錫蘭《セイロン》　村山清作氏及びリード氏より状受。（中略）村山氏へ返事出す。
（『日記』一巻、三四六頁）

以後、村山から熊楠にはセイロンの菌類が、熊楠から村山には洋書などがしばしば送られる。二人の間にはその後数年にわたって研究上の協力関係が存したようである。

法龍は二週間あまりの間、徳沢、村山らの世話を受けながらセイロン島各地を巡遊すると、五月五日にカルカッタ行の船に乗った。ブッダガヤーをはじめとするインド仏跡の巡拝を果たして神戸港に帰着したのは、日清開戦前夜の六月二九日のことである。真言宗を中心とする嵐のような歓迎が彼を待ち受けていた。

翌年五月、但馬地方を巡回布教した折、彼の演説を聴いた養父《やぶ》郡糸井村の豪農、吉井庄左衛門は次のような狂歌を捧げてその壮挙を讃えた。

　法流を支那竺土までかゝやかす

栂尾山高山寺にある
土宜法龍の墓

土宜つい奴と人は云ふらん　（『木母堂全集』七九三頁）

少年時代にこの歌を『伝燈』（九五号、一二三頁）で読んだ吉祥真雄《きっしょうしんのう》（京都専門学校〔現・種智院大学〕教授を長年務めた真言僧）は、「大僧正の為人を聞かされ、また此の歌を見て実にドキツイお方であると深く印象に残つた」（「土宜大僧正の思出」『六大新報』九九七号、一三頁）と振り返っている。支那竺土（中国・インド）では世界漫遊にはとても追いつかないが、ともあれ、世界を舞台にした法龍の華々しい活躍が、ともすれば神秘のベールの内側に閉じこもりがちな真言宗の人々に与えたインパクトは、後々まで大きかったようである。

法龍は帰国の年の七月から、栂尾山高山寺の住職を兼務。明恵上人縁のこの地を愛し、「栂」の字を分解して木母堂と号し、建物の営繕や法鼓台の蔵書の整理に意を用いた。熊楠が帰国し、往復書簡によって旧交が復活するまでには、なお六年ほどの歳月が必要であった。

＊本稿の作成に当たって、栂尾山高山寺、高野山遍照光院、鈴鹿市の神宮寺と福楽寺、慶應義塾福澤研究センター、ギメ東洋美術館図書館の長谷川正子氏、高野山大学教授木本滋久氏、龍谷大学大学院の本多真氏のご協力を得ました。記して感謝の意を表します。

＊注＊

1　どのような書物であるかは不明だが、醇化は熊楠が evolution（進化）の訳語として好んだ用語である。この点については、南方熊楠旧邸資料の整理にあたっておられる田村義也氏よりご教示を得た。

2　前者については、神田英昭「〔新出資料〕土宜法龍往復書簡――第一書簡の紹介」（『國文學――解釈と教材の研究』平成十七年八月号）を参照せよ。

南方マンダラの形成

相次ぐ新資料の発見

松居竜五

「南方マンダラ」と呼ばれる世界観が描かれたのは、南方熊楠が那智市野々《いちのの》の大阪屋を拠点にさかんに隠花植物採集を行なっていた一九〇三年夏のことであった。のちに高野山の管長となる盟友の土宜法龍に宛てて書かれた長文の手紙は、その後、長く筐底に収められて人目に触れることはなかった。

これらの書簡が本格的に注目を集めるようになったのは、一九七〇年代前半に平凡社から『南方熊楠全集』が公刊され、鶴見和子がその重要性を喚起（『南方熊楠　地球志向の比較学』講談社）して以降のことである。以来、ロンドン時代に始まり、那智時代に頂点を迎える土宜法龍宛の書簡は、熊楠の思想を読み解くための鍵を握るテクストとして、一種の研究上の聖典的な扱いを受けるまでになっている。一九九〇年に八坂書房から刊行された『南方熊楠　土宜法竜　往復書簡』には熊楠二十四通、法龍三十一通の書簡が収められ、二人のやりとりの概略が初めて一般読者に読めるかたちで提供されることとなった。

しかし、こうして公刊された現行版の往復書簡が、熊楠と法龍が数十年にわたって交わしたやりとりの全体を収録したものではないということは、欠損部分を指摘した長谷川興蔵による訳注からも明らかであった。[1] 実際に往復書簡を通読してみると、互いに対応していない書簡があまりにも多く、隔靴掻痒の観を免れないところがある。そして、じつはここ数年、こうした欠をかなりの程度埋めることのできる新資料の発掘が、相次いで行なわれつつある。

まず、二〇〇〇年の南方熊楠旧邸調査の際に土宜法龍から南方熊楠宛の約五十通の書簡が見つかった。[2] さらに、二〇〇四年には、今度は京都栂尾山高山寺から、じつに三十八通もの熊楠自筆の書簡が見つかるという大発見があった。これら二つの主要な発見と、いくつかの小さな発見を合わせると、既刊分の往復書簡は二倍か三倍の規模に編み直されなければならない量に達する。つまり、これまでに公刊されてきた熊楠と土宜の往復書簡には、二人のやりとりのごく一部しか収められていなかったという事実があらためて確認され、新たな研究の展開が予想されるようになってきているのである。

このうち、高山寺での新資料発見については、第一発見者の神田英昭による報告と、一九〇二年三月の六通の翻刻を本書に収録することができた。しかし、これらの新資料を本格的に紹介し、往復書簡の全面的な増補改訂版を公刊するのは数年後のこととなる予定である。したがって本論考では、こうした新資料の存在を視野に入れつつ、おもにすでに公刊された資料に基づいて、解説と分析を行なっておきたい。

法龍との対話から生まれた思想

ロンドンで学問三昧の生活を送っていた南方熊楠が土宜法龍と初めて出会い、互いに大いに意気投合して仏教や思想上の意見を交わすようになったのは、一八九三年十月末から十一月初めにかけてのことである。法龍はシカゴの万国宗教会議を終えた後、続けて欧州漫遊の手始めとしてロンドンにやって来ていた。熊楠が法龍の宿舎に押しかけ、泊まり込むかたちで行なわれたわずか五日間の直接の対面の後、法龍はパリのギメ博物館に移動し、以後、長文の書簡のやりとりが海を越えてなされるようになる。

まず、初期のロンドン・パリ間の往復書簡では、大乗非仏説論やヨーロッパにおける比較宗教学の動向に関する意見交換が行なわれている。大乗非仏説論とは、中国や日本に広まった大乗仏教は釈迦より後の時代になってさまざまな思想家によって形成されてきたものであり、釈迦が本来唱えた教えとは異なっているとする学説である。当時この説は、ヨーロッパにおける仏教研究を背景として、日本の学界に大きな影響力を与えていた。しかし、これは大乗仏教を源流とする日本の仏教徒から見ると、根本的な教義を否定しかねない脅威である。この問題について、熊楠は釈迦の言説のみを重視しないという立場から、大乗が広い意味での仏教思想の流れを形作っていると評価する立場を見せている。

一方、比較宗教学については、仏教を世界的な観点からとらえていかなければならないというのが熊楠の持論であった。そこで、キリスト教、イスラム教からヒンドゥー教、ジャイナ教にいたる世界の諸宗教との対比の中で、熊楠は法龍に仏教の特徴を説明しようとしている。このとき熊楠は、当時英国でよく読まれていたクラークの『世界十大宗教』[3]のような啓蒙書から、モニエル・ウィリアムズのヒンドゥー教と仏教の比較研究[4]までを援用して多角的な比較を行なっているが、これは万国宗教会議でさまざまな宗教の代表者と交流をしたばかりの法龍にとって、とくに関心の深い領域だったはずである。さらに、こうした両者の仏教に対する共通の関心の流れから、チベット、中央アジアへ同行する計画が語られたのもこの頃のことである。

二十歳で日本を出てから、アメリカと英国で最先端の西洋科学思想につねに触れていた熊楠は、

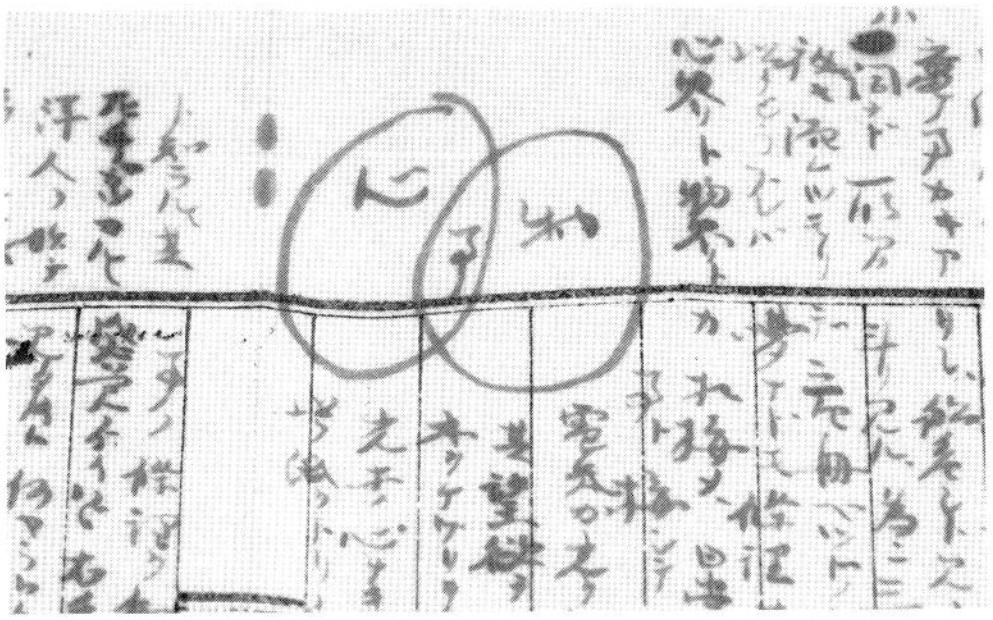

図１
1893年12月24日付書簡
（財団法人南方熊楠記念館蔵）

仏教を科学に接合することに大きな可能性を見出し、そうした世界の潮流に無頓着な日本の仏教者に奮起を促そうとしていた。それに対して、真言宗のホープとして世界的な宗教交流の渦中にあった法龍は、伝統的な真言の教えの立場から世界に向かって大乗仏教の本質とその重要性を訴えかけるために、欧米に派遣されていた。そのようにお互いに立場は異なるものの、熊楠と法龍は、仏教思想が同時代において果たす役割を真剣に考えようとしていた点で、共通の目的意識をもっていたのである。

そうした了解の下での丁々発止のやりとりに刺激された熊楠は、アメリカから英国にいたる独学の中で培ってきたその独自の世界観を、次第に披瀝するようになる。なかでも、出会いから一月半後、一八九三年十二月二四日付の書簡（図1）で、熊楠が後のマンダラに関する議論の原型ともいうべき構想を示していることは注目される。みずからの学問的な方向として、「心界と物界とが相接して」起こる現象である「事」の世界の論理を探っていきたいと、熊楠は法龍に語るのである。

今の学者（科学者および欧州の哲学者の一大部分）、ただ箇々のこの心この物について論究するばかりなり。小生は何とぞ心と物とがまじわりて生ずる事（人界の現象と見て可なり）によりて究め、心界と物界とはいかにして相異に、いかにして相同じきところあるかを知りたきなり。

（『往復書簡』四六頁）

「小生の事の学」とみずから呼ぶこの構想は、この後の熊楠が法龍に対して開示する独創的な世界観の出発点となった。この熊楠の手紙を受けた法龍は「事の学」に一定の評価を与え、さらなる説明を促すことで、熊楠の思想が飛躍的に展開していくための後押しをすることになる。この書簡に記された「事の学」の構想は、これ以降の両者のやりとりの中の主旋律として大きく展開していくのである。

熊楠はここで、「物」の世界と「心」の世界を右手と左手にたとえ、二つの手を触れあわせた際に初めて感覚が生じることを説明している。その際、左手を心とすれば右手が物で、右手を心とすれば左手は物となる。事とは、そのような相互的な交わりからある瞬間に生じてくる現象のことであると熊楠はいう。この説明は若干言葉足らずと見えなくもないが、事の世界が、必ずしも主観である「心」と客観である「物」との二項対立による固定的な関係から成り立っているものではないということが論点であろう。さまざまな事象の連鎖の中で、主体と客体が入れ替わり得る相対的な関係性は、熊楠のさまざまな著作の中で繰り返し示される見方である。

こうした相対的な関係の中で、心と物とが交錯しながら生起する「事」の世界の現象の「条理」を突き止めたいと熊楠はいう。とくに、事の世界では原因と結果の連鎖が、絶え間なく引き起こされているという指摘は重要である。

この物心両界が事を結成してのち始めてその果を心に感じ、したがってその感じがまた後々の事（心が物に接して作用を現出すること）の因となるなり。（『往復書簡』四八頁）

このように、人間の知覚を介在することによって、ある現象の因果関係はさらに次の因果関係を引き起こし、複合的な連鎖関係が生み出されることになる。これを敷衍していくと、事の世界において起こる現象の因果関係は、より高次の複雑な因果関係を生み出していくという那智時代の熊楠の考え方にいたることになる。すなわち、「諸因果の一段階上にある縁を知る必要がある」という、南方マンダラのひとつの帰結となる主張である。[5] 法龍と出会った直後の一八九三年のこの書簡は、熊楠の世界に対する認識方法の原型がすでにこの頃にはできあがっていたことを示すものであるといえよう。

こうした事の学の説明のなかで、熊楠は法龍に対して、科学的思考法の重要性を何度も訴えかけている。ダーウィンの進化論の登場によって科学と真っ向から対立せざるを得なくなったキリスト教とは異なり、仏教は近代科学と親和性の高い思想であるというのが、熊楠の見取り図であった。

仁者《にんじゃ》、欧州の科学哲学を採りて仏法のたすけとせざるは、これ玉を淵に沈めて悔ゆることなきものなり。小生ははなはだこれを惜しむ。

（『往復書簡』五〇頁）

アメリカ、英国で二十歳以来の青年期を過ごしてきた熊楠にとっては、キリスト教が社会の中核をなす西洋社会に対する強い違和感が根底にあった。そこで、仏教と科学を接合することで、西洋支配が色濃い近代の思想状況を転換させられるのではないか、という大きな願望を抱いていた。しかし、日本の仏教徒たちは、科学が自分たちにとって大きな意味をもつということをまったく理解していない、と熊楠は不満をもらす。

これに対して、法龍は「科学はもとより小生も尊崇す」と、自分も科学をないがしろにしている訳ではないとしながら、「貴下は変てこなことを言うて仏教徒を譏謗す」と、熊楠に反論している。化学や理学は仏教の味方であるという熊楠の言葉は、法龍にとっては完全には承伏しがたいものであった。

漫りに仏教の短処を発《あば》き来たりて、その長所、主所、実所を掩い去り、もって仏教を誹謗するがごときは、小生決して味方と思わず。味方とならば、裏切り味方なり。……宜しく化学、理学者たる者も、公平担宏の懐を持ち来たりて、仏教の真理を見よ。このことあえて請う。

（『往復書簡』一三六頁）

おそらくこの法龍の言葉は、熊楠には科学技術が万能となった今の世界の状況が見えていないものと感じられたことであろう。西洋世界において科学技術と結びついたキリスト教文明がいかに絶大な力を有しているかを知らないために、仏教の真理という言葉だけで物事が片づくと思っている。日本の仏教徒は世界の動向と隔離された中でしかものを考えていないから、仏教の世界観を科学的な根拠をもって語ることの重要性がわかっていない。往復書簡から読み取れるのは、熊楠のそのようないらだちである。もちろん法龍のほうにも言い分はあるわけで、熊楠との出会いの直前に法龍は、世界中の宗教をなるべく多く受け入れるという名目で開催されたシカゴの万国宗教会議で自由に発言させてもらっていた。その点が、一介の書生として西洋世界で苦労してきた熊楠の戦略性と異なっていたと考えることができるだろう。

ともあれ、この熊楠の日本の仏教徒一般に対するいらだちは、真言教団の中にあって責任ある立場を有する者としての法龍への手を替え品を替えての挑発の言葉となって吹き出していく。熊楠はみずから金粟如来《きんぞくにょらい》（釈迦の時代の賢者であった維摩《ゆいま》の別名）を名乗り、法龍をひょっとこ坊主、米虫、大馬鹿野郎、とののしり続ける。そうした年下の熊楠の茶気を許していた法龍も、一八九四年三月頃に書かれたと思われる手紙では、ついに挑発に耐えかねて感情を露わにして熊楠を揶揄している。

拝啓。你《なんじ》の傲慢なる筆鋒、満面の乳臭面白し。しかしいまだ小木葉《こっぱ》なり。実に欧州に在る大天狗までには至らず。ここ一番出精処なり。この上、金粟王ともダイヤモンド王とも言うて、天狗の稽古されよ。ずいぶん見処《みどころ》あり。呵々。（『往復書簡』一七八頁）

この後の手紙で、真言僧としての戒律を思い起こし、「貴下はずいぶん悪口博士なり。小生貴下に倣うて、ついつい破戒す。慚愧、慚愧」（『往復書簡』一三八頁）と反省しているところは、法龍の人柄が思われてほほえましい。

しかし、この熊楠への感情を露わにした手紙においても、法龍は末尾では、それ以前の書簡で示された熊楠の「事の学」については、高く評価する言葉を記している。

前月、事◎の説明をなす。かのごときは随分説き明かして面白し。これは（当否はともかくも）金粟王の一段の見識と予は覚えたり。（『往復書簡』一八〇頁）

この「事の説明」が、心界と物界の連関作用を説いた熊楠の「事の学」を指していることは明らかである。ここからは、少なくとも法龍が熊楠の「事の学」の説明に興味を覚え、その試論を真摯に受け止めようとしていたことが読みとれるのである。

この後、「当否はともかく」という法龍の言葉は、「当否はさて置き面白しとは、何のことぞや」（『往復書簡』二〇三頁）という熊楠からの反発を招き、再反論するかたちで、法龍は物・事・心の議論などは真言では常識的なことであり、「独心不立、孤境不成、心境相対、各相是生」などの概念として表されているとする。そして、そんなことは「訳も無之《これなき》に御坐候」として、「かかることを天狗で言うのを、小生は奇態に思うのみ」（『往復書簡』二三〇頁）と、さらに熊楠を挑発するような言葉を吐いている。この手紙はパリからの法龍の最後の書簡にあたるが、直接的な応答の流れをたどるならば、那智時代の熊楠の南方マンダラに関する論は、この時の法龍の挑発に、十年の時を経て応えたものといえるだろう。

一方、熊楠のほうからしてみれば、ロンドン時代を通じて、西洋の科学を超える思想的な枠組みを模索するうえで、仏教の方法論を法龍から学ぶことは不可欠であった。熊楠は、「大乗は望みあり」（『往復書簡』三〇〇頁）、「ずいぶんわが真言教はやり方によりては有望と確信致しおり候」（『往復書簡』二四七頁）と記すとおり、大乗仏教と真言に大きな可能性を見ていた。近代科学の重要性を知り尽くしながらも、真言にはそれを超える世界観を提示することができるという見通しを、熊楠はもっていたのである。

仁者、予を欧州科学、云々という。予は欧州のことのみを基として科学を説くものにあらず。何となれば、欧州は五大陸の一にして、科学はこの世界の外に逸出す。もし欧州科学に対する東洋科学というものありなんには、よろしくこれを研究して可なり。科学というも、実は予をもって知れば、真言の僅少の一分に過ぎず。

（『往復書簡』三一四頁）

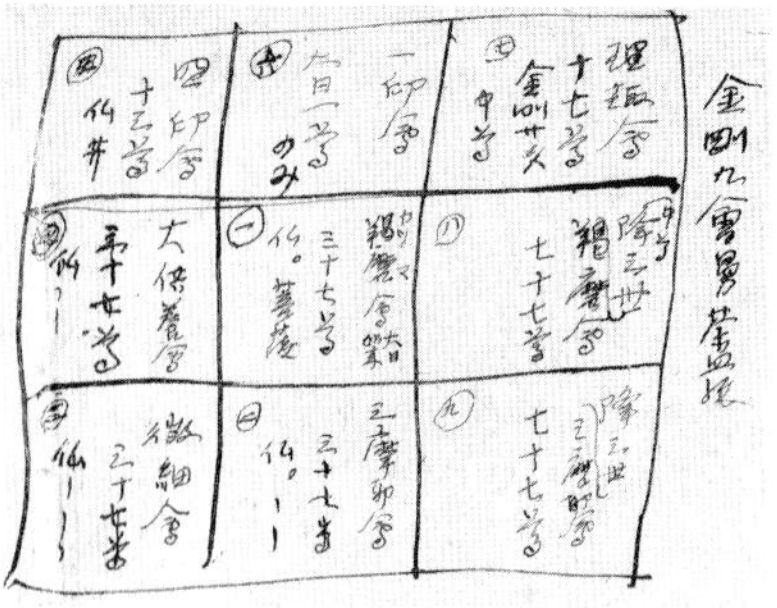

1894年1月25日受の法龍から熊楠宛の書簡中に見られる「金剛九会曼荼羅」の説明図

もちろん、こと伝統的な真言の教えに関してなら、法龍は熊楠よりもたしかな知識を有していた。とくに、主にヨーロッパ文献に頼って仏教に関する知識を得ていた熊楠にとって、法龍の漢文仏典への造詣は貴重な情報源となった。たとえば、法龍に出会ったばかりの熊楠は『ネイチャー』への処女作「東洋の星座」で扱ったインドの星座に関する資料としての仏典について、何度も問いを発している。そして、半年後の同誌に「尊敬する友人で、現在パリにおられるアーチャリヤ・ダルマナーガ（引用者注、「法」「龍」をサンスクリットに意訳したもの）のご教示」として、「東洋の星座」に関する文献的な補足記事を送ったりしている。

さらに、熊楠は、伝統的な真言宗派における両界曼荼羅について、法龍に解説を請うてもいる。一八九四年一月二五日受の書簡の中で、法龍はこれに答えて、「金剛界、胎蔵界を一々言えとありては、実に容易のことに無之候」としながらも、熊楠に図を交えて丁寧に説明する。「胎蔵界曼荼羅は無尽無尽」であり「法界中一切の物を画く」こと。そして金剛界曼荼羅は「大日が、内証の智徳を表したる」ものであること（『往復書簡』一一二頁）。こうした法龍の説明は、おおむね伝統的な真言密教の教えに基づいたものであるが、マンダラについての基本的な知識が、まず法龍の側から熊楠に伝えられているということは重要であろう。熊楠の「事の学」は、こうして法龍によってマンダラという枠組みを与えられたことで、この後飛躍的に発展することになるのである。

華厳経の影響

一方、熊楠の仏教に対する理解度と傾向は、法龍の側からはどのように見えていたのだろうか。この点で、最初の数ヵ月の応酬の後、法龍が、熊楠の説は『法華経』と『華厳経』から出たものだと指摘していることは重要である。たとえば、一八九四年三月に書かれたと思われる書簡では、法龍は「毎々『法花』『華厳』が出る……」（『往復書簡』一七四頁）というような言葉で、熊楠の仏教観の出所を揶揄している。さらに、その直後に書かれた別書簡でも、次のように述べられている。

> 『法花』の方便《ほうべん》説または『華厳』の無碍《むげ》説が何分気にかかると見え、一様のことを毎々繰り返す。（『往復書簡』一七九頁）

『法華経』の方便説とは、同経の中にある「方便品《ほうべんぼん》」の仏の智とその実践について語った部分を指しているのであろう。『華厳経』の無礙説《むげせつ》とは、同経に説かれた事事無碍や事理無碍と呼ばれるような大日如来の世界の自由自在な展開を指していると考えられる。こうした仏典からの影響を指摘したうえで、法龍自身は、「ただ予の取るは、『法花』には『十如実相の法印』、『華厳』には『十無六相海印三昧の法印』のみ」（『往復書簡』一八〇頁）と、経典のイメージの世界に引きずられない宗教者としての立場を主張する。

このうち『法華経』に関しては、今は触れる余裕がないが、『華厳経』については熊楠の世界観のひとつの源泉として、その思想的系譜をある程度たどることができる。熊楠は、法龍と出会ってふた月も経たない一八九三年十二月二四日付の書簡にはすでに『華厳経』を引き合いに出しているから、かなり早くからこの経典を読んでいたことがわかる。また、那智時代に入ると、『華厳経』は山中での熊楠の手持ちのごくわずかな本の一冊であったことが、はっきりと記されている。

> 小生二年来この山間におり、記憶のほか書籍とては『華厳経』、『源氏物語』、『方丈記』、英文・仏文・伊文の小説ごときもの、随筆ごときもの数冊のほか、思想に関するものとてはなく、他は植物学の書のみなり。（『往復書簡』二七四頁）

『華厳経』とは、大乗経典のひとつ『大方広仏華厳経』の略で、元来独立して成立した各章が、四世紀中頃までにおそらく中央アジアのホータンあたりで集大成されたものと考えられている。この経典に基づいて中国で華厳宗が成立し、新羅や奈良時代の日本に大きな影響を与えた。漢訳には三種あるが、熊楠がどのようなテクストから読んでいたかは不明である。現在の熊楠蔵書の中に『華厳五教章』があり、これは唐の法蔵が華厳経の教えの梗概をまとめたものである。

『華厳経』の内容的な特徴としては、歴史上の諸仏を超えた絶対的な存在である毘盧舎那仏《びるしゃなぶつ》（ヴァイローチャナ）と一体化した仏陀の悟りの境地を説き、華麗で壮大な言葉による世界観の広がりを描いていることが挙げられる。とくに、「大宇宙に偏満している微塵そのものが仏の相《すがた》である」（鎌田茂雄『華厳の思想』講談社）というイメージは、『華厳経』の全体を通底するものである。たとえば、経典中の最初のほうの偈文には、次のような言葉がある。

一つの毛孔《けあな》のなかに、無量のほとけの国土が、装いきよらかに、広々として安住する。かのあらゆるところ、盧舎那仏は大衆の海において、正しきおしえを演説したまう。一つの微《み》塵《じん》のなかに、あらゆる微塵のかずに等しい微細の国土が、ことごとく住している。（中略）微塵のなかにおいて、よくほとけの国に住したまう。盧舎那の法を現したまうことは此のようである。

（竹村牧男『ブッダの宇宙を語る　華厳の思想』上、日本放送出版協会）

ほんの毛穴のような小さな範囲の中に、ヴァイローチャナの教えを受ける無数の仏の世界がある。一片の微細な粒子（「微塵」は最小単位「極微」の七倍の大きさ）の中にも、この世のすべての粒子と同じ数の世界が含まれている。そして、それらはすべて、ヴァイローチャナの法の力によって成り立っている。『華厳経』の中では、こうしたどんな細部にも無限を包蔵する世界の構造に関する説明が、何度となく繰り返される。

こうした『華厳経』に描かれたヴィジョンは、土宜宛書簡の中で熊楠が語ろうとしている無限に多様な世界の像に驚くほど似たものである。たとえば、一九〇三年七月十八日付の書簡にある熊楠の有名な言葉は、内容的に考えればほぼそのまま前掲の『華厳経』の文句の延長上にあるものといってよいだろう。

大乗は望みあり。何となれば、大日に帰して、無尽無究の大宇宙の大宇宙のまだ大宇宙を包蔵する大宇宙を、たとえば顕微鏡一台買うてだに一生見て楽しむところ尽きず、そのごとく楽しむところ尽きざればなり。

（『往復書簡』三〇〇頁）

「無尽無究の大宇宙……」といった言葉は、『華厳経』の「不可思議一毛孔中無量佛刹」や「於一塵内微細國土一切塵等」などの言葉を熊楠流の表現に翻訳したものと取れる。また、「大日に帰して」は「盧舎那佛大智海光明普照無有量」など、大日＝盧舎那仏（ヴァイローチャナ）の世界の普遍性を繰り返し説いた部分にあたるだろう。大乗が「楽」という境地に通じるものだという表現もまた、『華厳経』には満ちあふれている。熊楠のこの言葉は、顕微鏡を抱えて那智原生林の微細な生命を探索する日々を経て、『華厳経』の世界観が現実の自然の姿として感じられたことで生まれてきたものなのではないだろうか。

さらに『華厳経』のテクストが、世界の中にある個々の物事それ自体よりも、それぞれの間の関係性の重要さを訴えていることも、法龍宛書簡に見られる熊楠の思想的な方向性と一致するものである。たとえば、華厳宗の教えのひとつに、「主伴無碍」という考え方がある。これは、物事の関係性が相対的であることを示す概念であるという。

人と人、ものとものとは、ときにはaが主となってb・c……がその伴となり、ときにはbが主となってa・c……がその伴となるという具合に、本来平等であり一体であるがゆえに、現実の中では互いに柔軟に、状況に応じて自在に対応する関係を作り上げる。

（木村清孝『華厳経をよむ』日本放送出版協会）

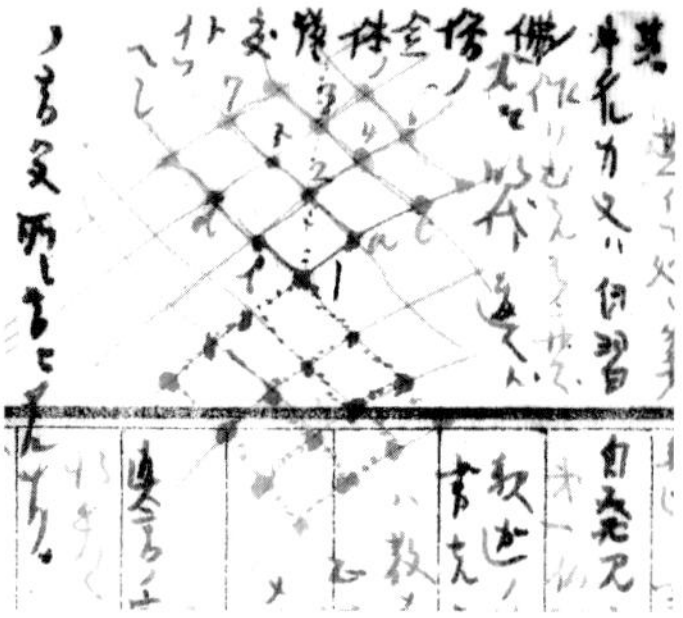

図2
1894年3月3日付書簡

『華厳経』に登場する無数の仏や菩薩は、互いにこうした主伴無碍の関係によって成り立っている、と解釈されている。

このことは、ひとつひとつの宝珠がそれぞれ別の宝珠の像を映し合うという「インドラの網(帝網《たいもう》)」にも通ずる。『華厳経』の注釈書である『華厳五教章』には「因陀羅微細境界門」として、このインドラの網が作り出す「重重無尽」の関係性の説明がある。また、『華厳経』「金獅子章」には、真ん中にろうそくを置き、周りに鏡を十個置くと、互いの鏡は炎を映し合って幾重にもなることを、世界の関係性を説くための比喩として用いている。

このように考えると、たとえば熊楠が一八九四年三月三日の法龍宛書簡の中に描いている大乗仏教のさまざまな仏による言説が織りなす図は、こうした主伴無碍の関係性に基づくものと解することができる。ここで熊楠は、仏教を釈迦が唱えたものと限定することの愚を説き、過去仏と言われている存在や、釈迦以降の仏教に連なる思想の役割を強調する(図２)。

仏教は決して釈迦が作り出だせるものにあらず。第一、仏教の仏の字に釈迦という意少しもなし。すなわちクルソン仏、カナカムニ仏等ありて、これが先をなせるなり。

(『往復書簡』一五二頁)

こうしたさまざまな宗教的存在が互いに影響を与え合いながら集大成されていった大乗仏教のあり方を、熊楠は図２の碁盤の目のような見取り図を用いて示している。熊楠によれば、この図の中の１は釈迦を指し、２３４は、飲光、金寂、拘留孫等の釈迦以前の諸仏を指している。３の説法が４５というかたちで伝えられる。一方、６７は別系統の伝承であるが、これらを２の仏が編集して説くことになる。その２の仏の教えから派生してａｂというかたちになり、ｃｄのような新しい要素と結びついて、１の仏(釈迦)がこれをまとめることになる。

だから、釈迦の教えの中には、それまでの多様な思想上の言説が伝えてきた要素が含まれるこ

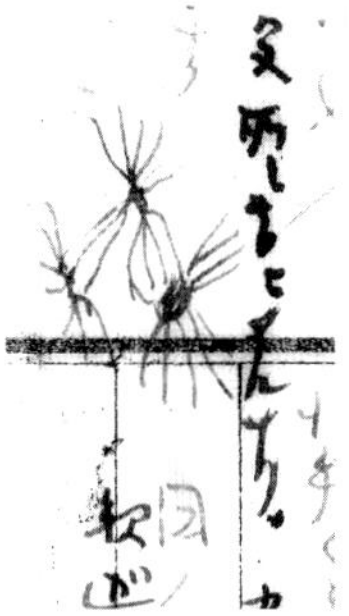

図3
1894年3月3日付書簡

とになる、と熊楠はいうのである。そのため「釈尊の説法には、華厳の種子、真言の密法、法相の要旨、天台の所起、念仏の方便、いずれもあるなり」ということになる。この概念図の中では、釈迦もまた、大乗仏教という大きな思想的広がりのひとつの結節点でしかなく、過去仏や他の大乗仏教の菩薩たちとの関係性において存在するものとしてとらえられるのである。

このようなイメージは、すべての言説は他の言説と組み合わさって存在しているという、現代の文学研究においてしばしば用いられるインターテクスチュアリティ（テクストの網の目）の概念に通ずるものであろう。仏教のように歴史的に膨大な影響関係のなかで思想的展開を見せてきた言説の分析において、現在の文献学の理解から見ても、このような見方はたしかに理にかなったモデルであると思われる。

さらに熊楠は、この碁盤の目のような図は、じつはもっと複雑な関係性をもつもの（図3）を簡略化したものであると説明する。

> 上の図は網の目のごとく、二集まって一となり、一散じて二となるように、二倍ずつのものとせるが、実はこれどころのことでなく、下の図のごとく、レースをあんだように、百集まりて一となり、また分かれて百となるようなものと見れば、大いによく分かるなり。
>
> （『往復書簡』一五三頁）

こうしたイメージは、ここでは大乗非仏説論に対抗して、釈迦の教えでないものは仏教とは言えないとする西洋的な誤謬を論駁するためのモデルとして用いられたものであった。したがって、ここでの議論は、大乗仏教を作り上げてきた言説の織りなす影響関係に限定されている。

しかし、このような関係性のイメージそのものは、この後、熊楠が世界をとらえるための中核的な視線を提供するものとなった。そして、それは帰国後の那智原生林中での生態調査を経て、世界全体を関係性の束として見る、南方マンダラの考え方につながっていくことになるのである。

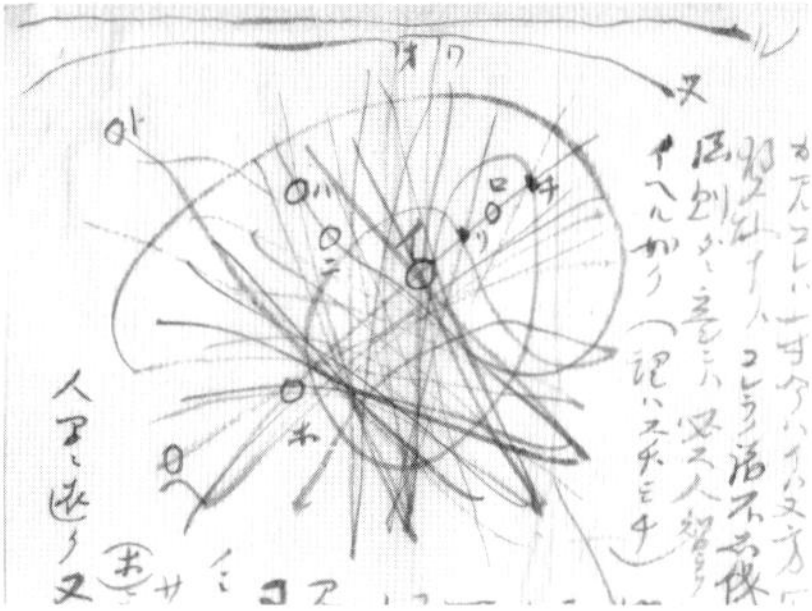
図4
1903年7月18日付書簡

因果の交錯としての宇宙

従来、南方マンダラと呼ばれてきた図は、おもに二つある。一つは、一九〇三年七月十八日の熊楠から法龍への書簡に見られるもので、この世界を因果関係の錯綜としてとらえ、現代科学でいうところの複雑系のようなモデルを提示している点に特徴がある（図4）。二つ目は、同年八月八日の土宜宛書簡に描かれたもので、こちらは、金剛界と胎蔵界に分けて、大日如来の力の作用が、どのようにしてこの世界の諸現象を作り出すかを説明している（図5）。

熊楠が自在にその思想を語った法龍宛書簡の中でも、この時期、那智山中から送られた試論は、文章の緊張感と思想的な厚みにおいて、白眉をなすものといえるであろう。図4のマンダラを記した七月十八日付の手紙を受け取った法龍は、八月四日付の返書の中で「至上の宝物なり」とこれを評している。[6)]

これらの二つの図のうち、最初に南方マンダラとして「認定」されたのは図4のほうで、鶴見和子が一九七八年刊の『南方熊楠　地球志向の比較学』の中で、「南方の世界観を、絵図としてあらわしたもの」としたのが最初であった。鶴見は、この図を仏教学者の中村元に見せたところ、即座に「これは南方曼陀羅ですね」と言われたことを受けて、この呼称を使うことを思いついたとしている。

この図4のマンダラは、さまざまな「すじみち」と呼ばれる曲線の交錯が世界を形作っていることを説いている点に特徴がある。そして、その「すじみち」をたどることが、物事を理解することであると、熊楠は解説している。

さて妙なことは、この世間宇宙は、天は理なりといえるごとく（理はすじみち）、図のごとく（図は平面にしか画きえず。実は長、幅《たけ》の外に、厚さもある立体のものと見よ）、前後左右上下、いずれの方よりも事理が透徹して、この宇宙を成す。その数無尽なり。故にどこ一つとりても、それを敷衍《ふえん》追求するときは、いかなることをも見出し、いかなることをもなしうるようになっておる。

（『往復書簡』三〇八頁）

つまり、熊楠によれば、この図は本来は立体であるべきなのだが、便宜的に平面上に描かれているものである。そうした空間に立体的に交錯する無数の「すじみち」の集合体として、この世界の現象は成り立っているというのである。

熊楠がここで「理＝すじみち」としているのは、近代科学的な意味での因果関係のことと解釈することができるであろう。近代科学は、古代ギリシア以来の因果律を基礎として世界を理解しようとしてきた。熊楠は科学者として、個々の研究におけるそうした因果関係の徹底という原則を、みずからにたたき込んできた人物である。たとえば、ロンドン時代にも「科学は理をしらぶるの方なり」（『往復書簡』一五九頁）という言い方で、熊楠はそのことを確認している。

そうした因果律の錯綜する世界の中では、物事を見通すために有利な地点と不利な地点が生じてくる。たとえば、（イ）は多くの事理が集まる「萃点《すいてん》」で、ここから見ればさまざまな理をすばやく見出すことができる。（ロ）の場合はそうはいかず、（チ）や（リ）の地点まで出ることによって、はじめて事理を見通すことが可能になってくる。

これに対して、（ヘ）や（ト）といった点は、人間から遠く、また他の事理との関係も薄いためになかなか気づかれることがない。（ヌ）などは人間の認識の世界とは（オ）や（ワ）を通してかろうじて結びついているのみである。（ル）にいたっては、「天文学上の大彗星の軌道のようなもので」、（ヌ）が認識されているために、それとの関連でなんとか存在が知られることになる。

以上がこの図に関する熊楠の解説だが、ここで重要なのは、熊楠が「萃点」と呼ぶ点が、「中心」とはまったく異なる概念だということである。萃点はあくまで観察者にとっての便宜的な地点であり、絶対的な意味をもつものではない。熊楠は説明の中で、「人間を図の中心に立つとして」、つまり人間という観察者から見た際にこのように見えるということとはっきり押さえている。別の視点をとれば、当然、世界は別の様相を呈することになる。そこには、法龍宛書簡のはじめから熊楠が繰り返し語っている「心」と「物」の関係を二項対立としない相対的なものの見方が反映されている。

さらに、これは熊楠の説明にはないが、一気に勢いにまかせて描かれたこの図自体がおのずと語りかけてくるものがある。それは、時間という要素の介在である。塚本明子はパフォーミング・アートとしての書道の研究から、中国・日本の書においては、それが描かれた時の躍動感を想起させるかどうかが評価の対象となっているという点で、演劇や音楽のような時間芸術の面をもっていることを指摘している。[7)] 南方マンダラと呼ばれるこの図もやはり、見る者に十分動的な印象を与えるものであり、おそらく熊楠自身もそうした意図をもって筆を走らせていたことが想像される。

そう考えると、この図は不動の世界像を描いたものではなく、不断に変化する世界の事象の一瞬を切り取ったものとして理解するほうが自然であろう。その場合、ここに描かれた事理の集散はつねに変化するから、ひとつの点が萃点として止まり続けることはないということになる。この意味で、この図を最初に評価した鶴見が、のちに「萃点移動」という言葉を用いていることは注目される（鶴見和子『南方熊楠　萃点の思想』藤原書店）。萃点が固定化された「中心点」ではないことを意味するこの言葉は、熊楠のテクスト自体には見られないが、以上のようなこの図の含む相対性とダイナミズムから帰結された解釈としては、十分に納得できるものである。

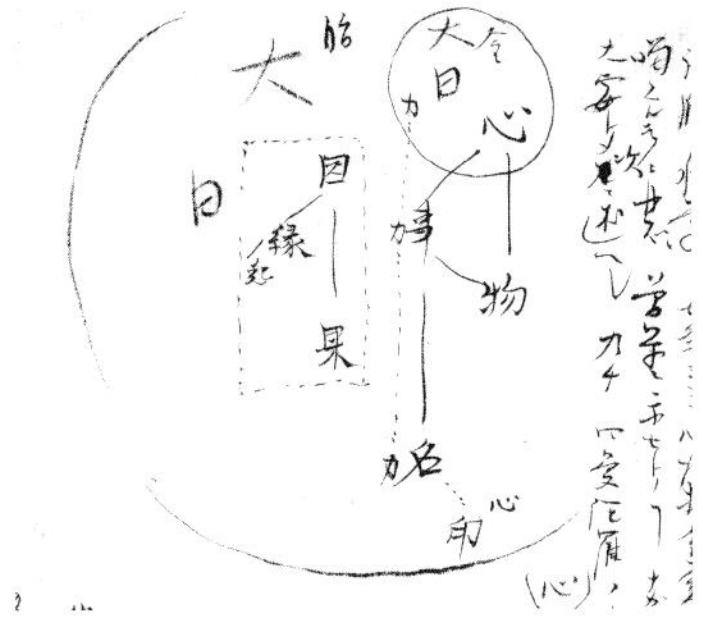

図5
1903年8月8日付書簡

南方マンダラの展開

こうした鶴見の見解は、南方マンダラに関する議論の出発点となり、以後多くの論がこれを踏襲してきた。その中では、鶴見にならって図4を南方マンダラと呼ぶことが一般的であった。

これに対して、図5のマンダラを重視する観点を明確に打ち出したのが中沢新一である。中沢は、一九九二年の『森のバロック』において、図4について「注意しておかなければいけないが、この図はマンダラそのものではない」（中沢新一『森のバロック』せりか書房）として、図5こそが「『南方曼陀羅』の核心」であると説いた。

伝統的な仏教の曼陀羅を考えた場合、この中沢の指摘は十分にうなずけるものであろう。曼陀羅（Mandala）とはもともと、世界の本質を図示したものという意味をもつ言葉である。そこで、C・G・ユンクの『象徴としてのマンダラ』のように、人間心理の根底にある元型というような、比喩的な使われ方もする。しかし、熊楠の時代の解釈の基準からすれば、図4は仏教の曼陀羅と比較するとかなり破格と言わざるを得ない。その点、図5は内容こそ独自であるが、少なくとも金剛界と胎蔵界からなる伝統的な両界曼陀羅の形式を備えている。

では、熊楠自身はどのように考えていたのか。二つの図を描く直前の法龍宛書簡に見られる言葉から、マンダラという名の下に伝えようとしていた内容について語っている部分を抜き出してみよう。

「わが曼陀羅に名と印とを心・物・事（前年パリにありしとき申し上げたり）と同じく実在とせることにつき、はなはだしき大発明をやらかし」（一九〇三年六月七日、『往復書簡』二七一頁）、「小生、真言の曼陀羅の名と印のことにつき、考え出したことあり。次便に申し上ぐべく候」（同年六月三十日、『往復書簡』二七八頁）、「……この教えは、真言のごとき曼陀羅もなんにもなければ、森羅万象、心諸相、事諸相、名印諸相、物界諸相を理だてて楽しむというようなことは、もとより行なわるべからず」（同年七月十八日、『往復書簡』三〇二頁）。

これを見る限りでは、この時期の熊楠は名、印という問題を解き明かすものとして、マンダラを考えていたことが読み取れる。ということは、中沢の指摘するとおり、狭義の意味での南方マンダラは、むしろ図5のほうであるということができる。

では、この名と印という言葉で、熊楠は何を示そうとしていたのであろうか。熊楠はこの問題について、「事」とは現れては消えていく現象であるが、それが「名」のかたちで残り、その「名」が心に映し出す像が「印」であるとしている。

> 右のごとく真言の名と印は物の名にあらずして、事が絶えながら（事は物と心とに異なり、止めば断《た》ゆるものなり）、胎蔵大日中に名としてのこるなり。これを心に映して生ずるが印なり。故に今日西洋の科学哲学等にて何とも解釈のしようなき宗旨《クリード》、言語《ランゲージ》、習慣《ハビット》、遺伝《ヘレジチー》、伝説《トラジション》等は、真言でこれを実在と証する、すなわち名なり。（『往復書簡』三三三―三三四頁）

これを見ると、熊楠のいう「名」とは、宗教の教えから民間伝承のようなものまで、かなり広い範囲の人間文化を指すものとして構想されていたようである。真言密教においては、こうした現象はすべて実在するものとして考え得ると熊楠はいう。一方、西洋近代の思想においては、これらの現象は科学的分析の射程が及びにくい分野であった。図4が、人間の観点から見た現象であり、彗星の運動などに言及し、どちらかといえば自然科学の領域をとらえようとするものであったのに対して、図5のほうは、人間の社会における文化現象の分析のための方法論と、今日の私たちには感じられる。

しかし、熊楠の目的はこうした「物」と「心」の世界を分離する従来の学問手法に対する批判

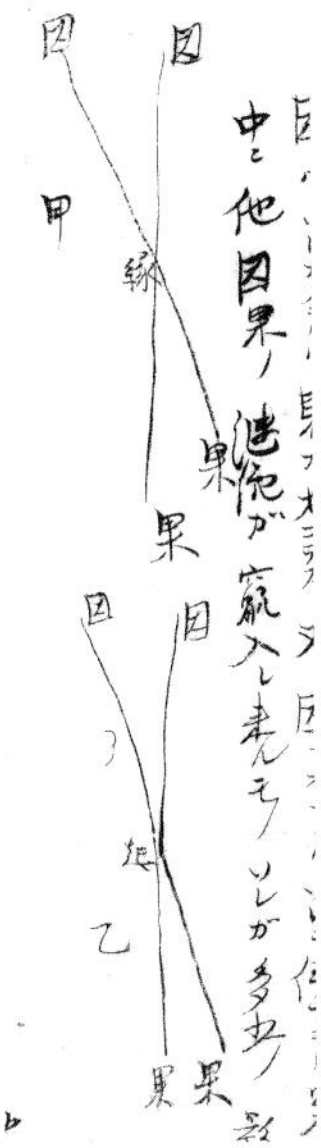

図6
1903年8月8日付書簡

にあったのであり、南方マンダラは自然科学から人文・社会科学までを連続してとらえる世界観として提示されていたはずである。とすれば、これを二つに分割して理解しようとすることはその熊楠の意図に反することになってしまう。にもかかわらず、近代西洋思想の延長線上にある私たちの視点からは、図4が人間＝観察者を固定した近代科学的な方法論に基づいているのに対して、図5は人間社会における文化現象を対象とする人文・社会科学的な方法論を説いているものと見えてしまうのである。おそらく図4の自然科学モデルと図5の人文・社会科学モデルが、法龍と熊楠によって共有されていたはずの真言密教の考え方の中で、どのように接合されていたのかを探ることが、今後、南方マンダラを解き明かしていくうえでの最大の課題となるのではないだろうか。

さて、熊楠はこの図5のマンダラに関する説明の最後で、因果関係の問題をもう一度論じようとしている。これは、図4における自然科学モデルの議論と、図5における人文・社会科学モデルの議論とを統一するような役割を果たすものといえるだろう。ここで、熊楠は原因と結果の分析を基礎としながらも、そうした因果関係が交錯するなかで、さらに高次の因果関係が生じてくることを説明しようとしている（図6）。

因はそれなくては果がおこらず。また因異なればそれに伴って果も異なるもの、縁は一因果の継続中に他因果の継続が竄入《ざんにゅう》し来たるもの、それが多少の影響を加うるときは起、（中略）故にわれわれは諸多の因果をこの身に継続しおる。縁に至りては一瞬に無数にあう。それが心のとめよう、体にふれようで事をおこし（起）、それより今まで続けて来たれる因果の行動が、軌道をはずれゆき、またはずれた物が軌道に復しゆくなり。予の曼陀羅の〈要言、煩わしからずと謂《い》うべし〉というべき解はこれに止まる。

（『往復書簡』三三四頁）

ひとつの現象の因果関係が起こっている最中に、他の因果関係が介入してきて影響を与える場合がある。その場合、原因と結果は単純な因果関係では説明できないような要素を含んだものとなる。これを「縁」と呼ぼうというのが、熊楠の考え方であった。そして、これは西洋の近代科学がもっとも見落としてきた面であると、熊楠はいう。

今日の科学、因果は分かるが（もしくは分かるべき見込みあるが）、縁が分からぬ。この縁を研究するがわれわれの任なり。（『往復書簡』三三五頁）

ここまで書いて、「してやったり」と熊楠は思ったことであろう。この発見を「予の曼陀羅の……解はこれに止まる」とまで記しているところを見ると、熊楠自身はこの部分の指摘こそが、西洋科学を乗り越えるために立ててきた法龍宛書簡の一連の構想の中でも、もっとも効果的な論点であると考えていたようである。

たしかに、単純な因果関係のみを探ってきた近代科学の方法に限界があることは、二十世紀に入ってからさまざまなかたちで指摘されてきた問題である。とくに、無数の因果の交錯は単純な理論では予想もできない結果を生み出すという「複雑系」の考え方は、この熊楠の那智山中での発見と同じ方向性を示している。また鶴見和子が指摘するように、近代科学が必然の積み重ねで世界をとらえようとしてきたのに対して、ものごとが生起する際の偶然の重要性を説いたジャック・モノーなどの考え方にも、直接につながるものといえよう。

熊楠自身は、こうした発見について、一九〇三年六月七日付の書簡で、「以為《おもえら》く真言の教は熊楠金粟如来によりて大復興すべし、と。よって今年中に英文につづり、英国の一の科学雑誌へ科学者に向かいて戦端を開かんとするなり」（『往復書簡』二七一頁）と書いているから、世界に向かって発信するつもりであったことがわかる。しかし、「燕石考」など、ある程度関連すると思われる民俗学関係の論文が投稿され、掲載を拒否されているものの、法龍宛のマンダラ論が、英文に直されたり、英国に送られたりした形跡はない。結局、那智時代の高揚の中で記された熊楠のこのアイデアは、目に見えるかたちで展開され深められたとはいえず、鶴見和子による再発見にいたるまで、日本や世界の学問に大きな影響を与えることはなかったのである。

新資料から見出された「曼陀羅」

さて、冒頭に記したように、二〇〇四年に京都の高山寺で発見された熊楠から法龍への書簡は、計三十八通に達する。このうち目につくのは、一九〇二年三月から五月にかけて出された約十通の書簡で、いずれも巻物に書かれた長文のものである。本書には、三月二五日前後に和歌山から出された六通の書簡を収録したが、そこには図による解説を多く交えながら、「霊魂、生、死」の問題をめぐって白熱した議論が展開されている。

とくに注目されるのは、三月二五日の書簡（新資料書簡3）の書簡中に、はっきりと「曼陀羅」という言葉が用いられていることであろう。

> これにて大体右の変形菌体の生死不断なるに比して予の講する心の生死の工合ひも分るべし、取も直さず右の図をたゞ心の変化転生の一種の絵曼陀羅（記号《シンボル》）と見て可なり
> （新資料、本書一八二頁）

さらに同書簡の直後の部分には、ユダヤ教の神秘思想であるカバラの図像が描かれて「これは猶太教の密教の曼陀羅ぢや」という言葉が見られる。この書簡の発見によって、これまでほぼ空白であった帰国直後から一九〇三年七、八月の「南方マンダラ」までの時期に、熊楠がみずからの世界観を曼陀羅という概念を用いて表わそうとしていたことが明らかとなったのである。この書簡に付された別のマンダラ風の図には、「これは米虫の問に応し金粟王が案出せる新手《しんて》なり」

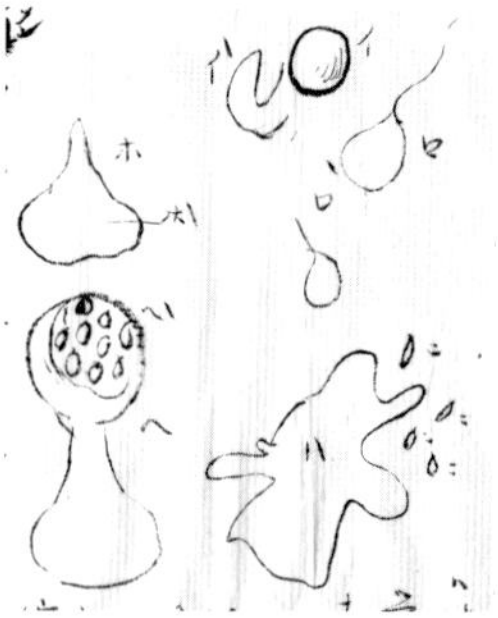

図7
1902年3月25日付書簡
（新資料書簡3）

という言葉が添えられており、ロンドン・パリ間でのやりとりを、十年足らずの年月を経て、熊楠がさらに練り上げて法龍の前に差し出したことがわかる。

さらに驚くべきことは、この最初に用いられた「絵曼陀羅」という言葉が、どうやら変形菌のライフサイクルを説明した図7を指しているらしいことである。熊楠はこの変形菌の説明として、流動する原形体の中に、生きた部分と死んだ部分が共存していることを説く。そこから、人間の血液中の血球にも、死んだものと生きたものの両方が存在していること。そのように生死は断絶したものではなく連続性をもっているのだという議論につながっていく。そして、そうした生死が交錯する世界のモデルを提供してくれる変形菌の生の様態そのものを、「絵曼陀羅」として見ることができると断じているのである。

この一九〇二年三月の一連の書簡の中で、熊楠は生物の死は完全に無に帰すことではなく、大日如来という存在につながるより大きな生の一部に帰すことであるという見方を繰り返し説明しようとしている。

> 細微分子の死は微分子の生の幾分又全体を助け、微分子の死は分子の生の幾分又は全体を助け乃至鉱物体植物体動物体、社会より大千世界に至る迄みな然り但し此細微分子の生死微分子の生死乃至星宿大千世界の生死は一時に斉一に起り一時に斉一に息まず常に錯雑生死あり又生死に長短の時間あればこそ世間が立ちゆくなり　（新資料、本書一八一―一八二頁）

生物個体の一部分や、個体自体の死もまた、無数の生物が関わりながら織りなされる生命の世界全体を活性化させている要素であると、ここで熊楠はいう。アメリカ、ロンドン時代の熊楠は進化論に大きな影響を受けており、土宜法龍に向けてはそれを「天地間の事物ことごとく輪廻に従いて変化消長する」（一八九三年十二月二四日付、『往復書簡』五八頁）と「輪廻」という言葉に置き換えて語ったことがある。一九〇二年三月の一連の書簡群は、マンダラという枠組みを用いることによって、熊楠がこの生死の錯雑する生命の世界のダイナミズムをさらに包括的にとらえ直そうとしていたことを示していると考えられるのである。

こうした生と死をめぐる壮大なヴィジョンが、一九〇一年十月に勝浦港に着き、那智の原生林に入った際の衝撃に端を発したものであることは明らかであろう。三月十七日の手紙では、熊楠は「小生昨年十一月一日より只今に熊野にて山海の植物採集まかりあり。実に無尽蔵にて発見すこぶる多く一と通りの調査に二三十年もかゝるべくと存ぜられ候」（新資料、本書一七一頁）と記している。そのような那智における多種多様な生命の世界に刺激されて、熊楠がそれまで受容してきた仏教的な世界観はより明確なモデルとなっていった。その意味で、失意の帰国から一年後の那智勝浦行きから、熊楠が世界観をかたちにしていく過程が綴られた一九〇二年三月頃の土宜法龍宛書簡が新たに大量に発見されたことは、今後の研究に重大な影響を与えるはずである。

南方マンダラを超えて

しかし、その一方で、こうした一九〇二年三月の一連の書簡は、一九〇三年夏の南方マンダラとは少し異なる文脈で書かれたものだということも指摘しておかなければならないだろう。一九〇三年六月七日付の、マンダラ論を書く直前の書簡で熊楠は「分からぬことあらば幾度でも昨年の霊魂不死論のときのごとく尋ね来たれ」（『往復書簡』二七一頁）としているから、それはそれで新たな論点を書き起こすという気持ちが強かったようである。今後の翻刻・調査によって、これらの時期をつなぐどのような連続性が明らかになるかは予断を許さないが、現在の時点では、一九〇二年三〜五月の「霊魂不死論」は一九〇三年七、八月の「南方マンダラ」に直接連なるものではなく、少し重心のずれた論点をめぐる二つの山として、那智時代の土宜法龍宛書簡の中に位置づけられるべきものと思われる。

むしろ「霊魂不死論」のほうは、さらに半年あまり後の、一九〇四年三月二四日付の書簡につながるものかもしれない。ここで熊楠は、「小生の曼荼羅《まんだら》に関することは、なかなかちょっと申し尽しがたければ、本書をもってその梗概を認《したた》め差し上げ候」（『往復書簡』三八五頁）とふたたびマンダラを取り上げる姿勢を見せている。そして、個人の心が複数であり死後も残存するものであることなどについて、箇条書きで説明するのである。この部分は、安藤礼二によって、熊楠が「南方マンダラ」執筆の後に購入したF・W・H・マイヤーズ『人間の人格、その肉体の死後の存続』[8)]の影響を強く受けたものであることが指摘されている（安藤礼二「野生のエクリチュール」『群像』二〇〇二年十二月号、講談社）。そこには、この時期の熊楠が、「霊魂不死論」と「南方マンダラ」の二つの論の統合を目指そうとしていたことを窺うことができるようである。

だが、高山寺新資料の中にも、一九〇四年三月以降の書簡は短いものしか残されておらず、この後の熊楠の議論の進展を窺わせる資料はない。結局、一九〇三年夏に南方マンダラとして描き出された世界観は、依然として熊楠の長い学問活動のなかで屹立した位置を保ち続けているように見える。那智山を下りて田辺に定住してから後の熊楠は、民俗学から博物学にわたる広い範囲での論文を書き続けるが、南方マンダラで語られた方法論がそうした著作の中に直接用いられていることを、実証的に跡づけていくことは難しい。

こうしたことの意味を考えるうえで、南方マンダラの直後に記された書簡のことばは示唆的なものを含んでいる。七月十八日と八月八日の書簡の直後に書き始められ、最終的に八月二十日に書き終え、投函された書簡の中で、熊楠はマンダラについて次のようにとらえ直しているのである。

曼陀羅のことは、曼陀羅が森羅万象のことゆえ、一々実例を引き、すなわち箇々のものについてその関係を述ぶるにあらざれば空談となる。抽象風に原則のみいわんには、夢を説くと代わりしことなし。そのうち小生面《まのあた》りいろいろの標品を示し、せめては生物学上のことのみでも説き申し上ぐべく候。

（『往復書簡』三四七頁）

マンダラを考える際は、マンダラそのものが森羅万象なのだから一つひとつの具体的な対象と向き合って、それぞれの関係性を説明するためのものとして構想しなければ空理空論に終わってしまう。抽象的な議論だけで原則論を説いたのでは、夢のような漠然としたものでしかない。いつか法龍を訪れて、みずからの那智での生物調査の一つひとつを見せながら、この世界に広がるマンダラの実態を語ろう。

マンダラに関するみずからの考え方をひと通り語り終えた後の手紙で、熊楠がこのように自分の議論自体に対して一定の距離を置いて総括をしていることは、私にはたいへん興味深く思われる。この世界そのもの、森羅万象そのものがマンダラであるのだから、マンダラのような図式の操作だけで、ものごとがわかったような気になることは危険であると、熊楠はここではっきりと宣言しているのである。

だとすれば、この述懐は土宜宛書簡における熊楠の華麗な言葉に魅了されて、南方マンダラを神話化してしまう傾向のある現在の私たちの読み方への、戒めの言葉ともとることができる。南方マンダラを解釈するだけでは、実質的な熊楠の研究に寄与するところはない。那智時代、そしてそれ以降の熊楠が、いかにして「一々実例を引き、すなわち箇々のものについてその関係を述」べていったのかを考えることなしに、南方マンダラをさまざまな脚色とともに語ったとしても、なるほどそれは熊楠のいうように「空談」でしかないだろう。

もちろんそのためには、私たちはもう一度熊楠とともに熊野の生態系の中に分け入ったり、南方旧邸の蔵書やノートに残された和漢洋の書籍の世界を読み込んだりしながら、その中で熊楠が何を見つめていたのかを一つひとつ丹念に探り出していく必要がある。南方マンダラの先には、そうした熊楠の学問と、彼のまわりに広がっていたフィールドの細部に目をこらしていく作業が、私たちを待っているのである。

　そのようにして、私たちは、南方熊楠の森の世界へと、ふたたび投げ出されることになる。

＊注＊

1 小池満秀『アメリカ時代の南方熊楠』（東京大学大学院総合文化研究科修士論文、二〇〇〇年）にはこの欠損部の推測に基づく往復書簡リストがある。

2 『南方熊楠邸資料目録』、田辺市南方熊楠邸保存顕彰会、二〇〇五年。

3 J.F.Clark, *Ten Great Religions,* 1871.

4 Monier-Williams, *Buddhism, in Its Connection with Brahmanism and Hinduism, and in Its Contrast with Christianity,* 1889.

5 千田智子『森と建築の空間史』（東信堂、二〇〇二年）は、空間論の立場から身体と自然の邂逅としてこの事の世界の連鎖現象を説明していて秀逸である。

6 南方熊楠邸所蔵未公刊資料、飯倉照平氏のご教示による。

7 Akiko Tsukamoto, Appreciation of Line — Calligraphy as Performing Art—,『日本文化研究』第三号、筑波大学、一九九二年。

8 Frederic W.H. Myers, *Human Personality, and Its Survival of Bodily Death,* 1907.

1894年7月16日付（14日出ともあり）、土宜法龍宛書簡（部分）。
背景の写真は熊楠旧邸書庫２階に残る、熊楠に送られてきたさまざまな資料

土宜法龍宛新書簡の発見と翻刻の解説

神田英昭

高山寺と土宜法龍

南方熊楠が土宜法龍に宛てた新発見書簡を紹介するにあたって、最初に栂尾山高山寺と土宜法龍の関係について述べておきたい。

高山寺は京都市右京区梅ヶ畑栂尾にあり、その歴史は古く、奈良時代末の七七四（宝亀五）年に開かれたと伝えられる。当初は神願寺都《と》賀尾《がのお》坊《ぼう》と称していた。一二〇六（建永元）年に明恵《みょうえ》上人高弁（一一七三―一二三二）が後鳥羽上皇よりこの地を賜り、華厳宗復興の地として造営した。高山寺は寺宝として、国宝の名画「鳥獣人物戯画」をはじめ多くの文化財を保存している。また、紅葉の名所としても有名である。『南方熊楠　土宜法竜　往復書簡』の中で法龍は、高雄山神護寺、槙尾山西明寺、栂尾山高山寺の三尾の山々の錦繍を一度見に来るように熊楠を誘っている。

次に栂尾等はこれより満山紅葉の好時節、御一遊も然るべきよう存じ候。

（『往復書簡』二五四頁）

しかし法龍の要望にこたえて熊楠が高山寺へ赴いたという記録は、残念ながら残っていない。法龍は一八九三（明治二六）年九月に、日本仏教界の代表者として、シカゴで開かれた万国宗

栂尾山高山寺。左は国宝石水院、右は石水院内の後鳥羽上皇勅額、北条泰時直筆による扁額。

教会議に出席した後、同年十月にロンドンに渡り、そこで熊楠と出会った。そして十一月のはじめにロンドンを去りパリへ到着する。さらにギメ博物館での仏教資料の調査を終えた翌一八九四年にインドへ立ち寄り、仏跡を巡拝して、日本へと帰国する。その年に法龍は高山寺の住職の座に就いた。当時彼は真言宗法務所課長という地位にあったが、この年より高山寺住職という肩書きが加わり、宗務に忙しい日々を送ったはずである。しかし高山寺の住職は代務者を立てているので、あくまでも本務は法務所での業務が中心であったと思われる。

法龍が入山する以前の高山寺の状況は決して良好な環境とはいえなかった。明治のはじめには明治維新の急進的な変革と廃仏毀釈の影響もあって、高山寺は寺領権を失ってしまう。また追い討ちをかけるように、一八八一（明治十四）年には火災で住房や客室のすべてを焼失してしまう。かつての華厳宗の復興の地は「住むに家なく食ふに米なきの窮境に陥った」[1]というまでに荒廃していたのである。

当時の高山寺での法龍の活動について、法龍から二代後に高山寺住職として着任した小川義章師は自著『阿留辺幾夜宇和《あるべきやうわ》』の中で次のように記している[2]。

土宜法龍和上は名目上は明治廿七年七月廿五日付で高山寺兼務職となり、代務者は小野戒応がなる。（中略）明治時代より大正初期にかけ各山各寺の寺宝が夥しく散佚したのに、高山寺は比較的多くの寺宝を保存し得たのは土宜法龍その他の先師の功績である。

新資料の発見

ここからは、今回高山寺より発見された土宜法龍宛南方熊楠書簡について、その発見された経緯を述べる。

2004年秋に新発見となった書簡が納められていた、法龍のトランク

昨年の二〇〇四年十月に私は卒業論文の制作を兼ねて、法龍の墓参りをしようと高山寺を訪れた。寺を拝観していると、同寺の僧侶である田村裕行師が封筒を持ってきて見せてくれた。封筒を開けて覗いてみたところ、たくさんの古い手紙が入っていた。一通取りだして開いてみると手紙の冒頭に癖のある文字で、「土宜法龍」と書かれていた。それは熊楠が法龍に宛てた書簡の束であった。

栂尾に上ってくるほとんどの参拝客は高山寺の美しい自然や国宝の石水院を探勝することが目的なのに、わざわざ高野山から訪ねて法龍の墓参りをしたいとは珍しい者がいるものだ、とお寺の方は思われたらしい。田村師はご住職に取り次いでくださり、私に熊楠の書簡を見せるようにしてくださったのである。これらの書簡は、高山寺の収蔵庫に保管されている法龍が旅行する際に愛用していたと思われるトランクの中を、十年以上前に田村師がたまたま調べたところ、入っていたということである。

ところで現在の高山寺のご住職は前記の小川義章師の息女にあたる小川千恵師である。現在七十五歳のご住職は、明恵上人の遺訓「阿留辺幾夜宇和」の精神を体現されたかのような、きりりとしていて、しかも自然体に生きておられる典雅な方である。

後日、書簡の内容を確認するために、熊楠関西研究会のメンバーである龍谷大学・松居竜五助教授と高野山大学・奥山直司教授と私の三人で、高山寺を再び訪問した。そして問題の熊楠の書簡を鑑定したところ、すべての書簡が既刊の『南方熊楠　土宜法竜　往復書簡』に収録されていない熊楠直筆の未発表のものであると判明した。

新資料を鑑定する熊楠関西研究会のメンバー

新資料の内容

書簡のあらましを説明する。

今回高山寺より発見された書簡は計三十八通で、そのうちの十数通は長文である。この中には一メートルを越える巻紙に書かれたものや、原稿用紙十二枚を使って熊楠特有の細かい文字が隙間なくびっしりと埋められたもの、「南方マンダラ」の原型のような図が描かれたものなどが含まれている。これまでに確認されていた熊楠から法龍に宛てた書簡は二十九通である。その内訳は『南方熊楠 土宜法竜 往復書簡』に収録されたものが二十四通、『熊楠研究』第一号と『新文芸読本』に発表されたものが各一通、『熊楠研究』第七号に発表されたものが三通である。したがって数的には今回新しく発見されたもののほうが、従来確認されていた書簡よりも多い。

今回発見された書簡を書かれた時期によって分類すると、大きく二つに分けることができる。熊楠と法龍が活発に書簡をやりとりした一八九三（明治二十六）―九四年にかけてのロンドン時代の書簡が十五通（封筒を含めると十六通）あり、一九〇一（明治三十四）―〇四年の和歌山、那智、白浜に滞在した時期の書簡が十七通ある。そして現在発見されている法龍宛書簡の中でもっとも新しいと考えられる一九二二（大正十一）年十月十日付の書簡一通も見つかった。また日付が記されていない書簡が五通ある。

一八九三年から九四年にかけて、ロンドンの熊楠がパリの法龍へ出した書簡は、おもに仏教論とチベット行きの相談など初期の熊楠と法龍のやりとりを明確にする内容が書かれている。中でも一八九三年十一月三日付の書簡は法龍に宛てた第一信にあたるものと考えられる。熊楠と法龍は一八九三年十月三十日から十一月三日の間にロンドンではじめて出会い、議論を交わしている。

法龍は十一月四日にロンドンを去ってパリへ移動しているので、この手紙は熊楠がパリへ旅立つ直前の法龍へ宛てた、往復書簡のはじまりを飾る手紙だと思われる。[3)]

一九〇一―〇四年の三年間は和歌山、那智、白浜周辺で熊楠がひとり思索を深めた時期にあたる。話題は死生観と霊魂の話や、一九〇三（明治三十六）年にあらわれるいわゆる「南方マンダラ」の前段階に関係すると思われる内容のものなど、熊楠の世界観を理解するに際して参考となるものが数多く含まれている。中でも「南方マンダラ」があらわされる前年にあたる一九〇二年に書かれた書簡約十通が前述の一メートル前後の巻紙に書かれた長文である。[4)]

すでに田辺にある南方熊楠旧邸では、法龍から熊楠に宛てた五十通を越える未公開の書簡が発見されているので、現在確認されている両者の書簡を合わせると、既刊の『往復書簡』の二倍から三倍の量に達することになる。

翻刻文の解説

ここでは、次章に掲載される法龍宛新書簡の翻刻文について簡単に説明しておきたい。紹介する書簡は一九〇二（明治三十五）年三月に記された土宜法龍宛書簡六通をとりあげる。そのうちの二通は日付が記されていない。しかし書簡の内容から三月に書かれたものと推測される。

熊楠は一九〇〇年十月十五日に帰国する。帰国して和歌山市の実家に一年ほど滞在した後、一九〇一年十月三一日に勝浦へと移った。移住後は勝浦の宿と市野々の大阪屋に約二ヵ月間ずつ滞在した後、一九〇二年三月十日に歯の治療をするため那智勝浦の生活を切りあげて、再び和歌山市へ帰る。そしてその年の五月二一日まで滞在した。[5)]今回紹介する六通の書簡はこの和歌山市滞在時に記されたものと考えられる。

新資料書簡1（本書一七一頁）は一九〇二年三月十七日付のものである。この書簡は一九〇二年三月八日（『往復書簡』番号42）に法龍から熊楠へ宛てられた手紙に対する返信である。前日の三月十六日のことを熊楠は日記に「二時頃京都より土宜師状及佐伯権大僧正状持ち高藤秀本師来訪」（『日記』二巻、二四八頁）と書いており、翌日に熊楠は書簡を発送している。書簡本文には「昨日突然高藤師来訪御招聘の指令書は正に受領」と記されている。

熊楠は法龍から京都にある真言宗高等中学林（現・種智院大学）の教授として就任するよう要請されていた。この日に招聘書を持って熊楠のもとを訪れたのは、高等中学林事務員の高藤秀《たかふじしゅう》本《ほん》である[6]。わざわざ和歌山まで学校職員を派遣する法龍の懇請を結局、熊楠は引き受けなかった。しかしこの時期はその求めに応じるつもりだったのか、書簡には今後の真言宗の子弟教育の有り様などを記している。また文殊《もんじゅ》菩薩《ぼさつ》や観音《かんのん》菩薩などの大乗仏教の仏たちの遺跡を見学しにインドのアッサムへ行かないかと誘っている。

書簡2（本書一七五頁）は一九〇二年三月二三日のものである。これは日記に記述されている「朝四時臥中土宜師へ状一認め、霊魂・死・不死の事を論ず」（『日記』二巻、二四九頁）に対応している書簡である。またこの書簡は現時点において翻刻された法龍宛書簡の中で、熊楠が西洋科学思想を、真言密教の大日如来を中心とする世界観ではじめてとらえ直した内容のものと考えられる。本文には「金粟の筆鋒九年前に比して如何」と記されている。約八年前に法龍は書簡（『往復書簡』番号32）の中で熊楠の述べる因果論は寄せ集めの理論であると判じて、熊楠に「貴下の信ずる因果、輪廻の説を示せ。そは実に仏教に対する大功徳なり」（『往復書簡』二三五頁）

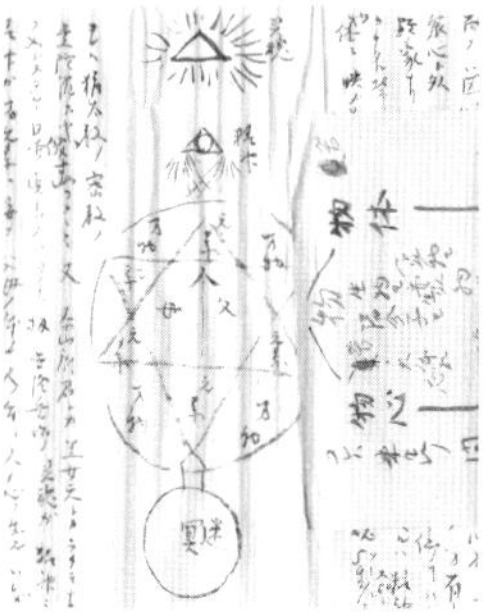

３番書簡に書かれた
「猶太教ノ密教ノ曼陀羅」図

と呼びかけていた。熊楠は帰国後も、この法龍の示唆について考え続けていたのかもしれない。

書簡3（本書一八〇頁）と書簡4（本書一八八頁）の書簡は一九〇二年三月二五日付のものである。また書簡5（本書一九二頁）は日付が記されていないが、二五日に書かれたものと思われる。つまりこの日一日で熊楠は法龍へ書簡を三通も認めたことになる。日記には「土宜師より状一受、返書出す、午後。（中略）夜復び土宜師へ状認、明朝出す」（『日記』二巻、二五〇頁）と記されている。

最初に認められたと思われる書簡3には曼荼羅にかかわる二つの図が示されている。冒頭に示される一つ目の図（本書一八一頁）は、粘菌（変形菌）の生態について述べられている。この図を説明するに際し、熊楠は次のようなことを記している。

> 強て為んにはまことに自家撞着（心には分子あるへき筈なけれは）ながら心極微子、心微子、心分子、心部分、　心体、心団（物体上の社会に相応す）といふを要すこれにて大体右の
>
> —箇八身に相応—
>
> 変形菌体の生死不断なるに比して予の講する心の生死の工合ひも分るべし、取も直さず右の図をたゞ心の変化転生の一種の絵曼陀羅（記号《シンボル》）と見て可なり　（新資料、本書一八二頁）

この文では粘菌の生態が、精神世界に通じる曼陀羅であると述べている。熊楠にとって粘菌は密教的な世界が顕れる対象であった。柳田國男宛の書簡には次のように記されている。

> 粘菌は、動植物いずれともつかぬ奇態の生物にて、英国のランカスター教授などは、この物最初他の星界よりこの地に墜ち来たり、動植物の原となりしならん、と申す。生死の現像、霊魂等のことに関し、小生過ぐる十四、五年、この物を研究罷りあり。（『全集』八巻、四〇頁）

二つ目の図（本書一八三頁）は熊楠が「猶太教の密教の曼陀羅ぢや」と書いているように、ユ

ダヤ教神秘主義にみられる図からヒントを得て創作されたものと思われる。前年の一九〇一年八月十六日の書簡で、熊楠は次のように書いている。

今日欧米に行なわるる密教は取りも直さずわが真言教に出づるものたるを知悉せん。他人は知らず、小生は例の見ず嫌い連の言を信じ久しく調べざりしが、近年始めて調べてはしくれを知り、大いに驚き候。また灌頂式はもっとも有益なものとして有之《これあり》候。これには種々雑多の珍説多し。おいおい申し上げん。（『往復書簡』二四九頁）

熊楠は真言密教の思想と西洋神秘主義の思想の類似性に気づき、それを大日如来を本源とする世界に読み替えて図化して書簡に記したと思われる。

書簡5は「予昨夜天理教会にゆき立ながら其儀を見たり実に其盛んなるには故有ることと感服せり」と記されている。日記を調べると三月二四日に「帰路、雑賀屋町辺にて天理教会に男子五人斗り扇持おどるを見る」（『日記』二巻、二五〇頁）とある。またこの書簡には「第一図のロ゛ロ箇身箇心を失ふてハの一体をなすに……」と書かれていて、書簡3で記した粘菌の図を引き続き引用している。このことから、書簡5が二五日に書かれたものであると推論できる。[7]

書簡6（本書一九五頁）も日付不明のものである。しかし書簡には霊魂や死や不死の問題が書かれており、内容に連続性があると考えられる。本文を参照して書かれた日付を推測してみる。

本文の冒頭に「以下は土宜師へ此処より断ちて被渡下度」と記されている。このことから熊楠は法龍の身近にいる人物へ状を書き、その後に続けてこの書簡を認めたと思われる。また熊楠は「霊魂死不死の安心に対し已に四通斗り状出せり」と書いている。日記を参照すると、二三日に「霊魂・死・不死の事を論ず」と書いている。熊楠は法龍に書簡を二三日に一通、二五日に三通書いているので、合計四通となる。続いて二六日付の日記には「高藤氏へ状一出す」と書かれている。前述した高藤秀本は、法龍の伝達役としてこの時期に熊楠と頻繁に連絡を取りあっている。このことから身近にいる人物とは高藤秀本である可能性が高い。したがって私はこの日付不明書簡を三月二六日に記されたものであると推察する。

補足すれば、二五日付の書簡3では文末に「以下は高藤氏へ此処より切て渡されよ」と逆パターンと思われる箇所がある。熊楠は巻紙に二人分の文書を続けて書きこみ、読み手に分断してもらうという手法をしばしば使っていたと考えられる。

今回は書簡六通の紹介に留まったが、高山寺新資料と南方旧邸所蔵の法龍の熊楠宛書簡の全容が解明されるとき、南方熊楠の研究は飛躍的に進むことは確実であると思われる。

翻刻された書簡には、熊楠がとらえたミクロコスモスとマクロコスモスの世界の連関性を表現した一節がある。本稿の締め括りとして紹介したい。二五日に追加分として書かれたと思われる書簡5には次のようなことが記されている。

変形菌は生死の定なきを示す最好例なれば特出せり但し微分子の死は分子の生分子の死は体の生といふことは万物同一なるも此物を好例として出せり故に本書いふ処の変化輪廻は此物にのみ止る狭き法に非ず、実は宇宙間の事相皆な此の如くなるを出ず（新資料、本書一九二頁）

熊楠は粘菌（変形菌）の中に生と死の混在した生命観を見出し、その生命観は宇宙の諸相に通じていると考えた。書簡3には粘菌の生態を図入りで描いた後に、以下のように説明を加える。

扨予の所説大日も（先は有形のみと見て）如此細微分子の死は微分子の生の幾分又全体を助け、微分子の死は分子の生の幾分又は全体を助け乃至鉱物体植物体動物体、社会より大千世界に至る迄みな然り但し此細微分子の生死微分子の生死乃至星宿大千世界の生死は一時に斉一に起り一時に斉一に息まず常に錯雑生死あり又生死に長短の時間あればこそ世間が立ちゆ

高山寺石水院内の財前童子

くなり　　（新資料、本書一八一―一八二頁）

熊楠にとって粘菌の生態と宇宙の在りようは、大日如来と同等のものと考えられた。

翻刻された六通の書簡の内容を念頭に入れて「南方マンダラ」があらわされた一九〇三（明治三六）年七月から八月の書簡の言葉を読みかえすと、熊楠が「南方マンダラ」にさらに深い意味合いを込めていたことがわかる。

＊注＊

1　小川義章『阿留辺幾夜宇和』私家版、五四頁。

2　同、五五頁。

3　詳細は『國文學』、學燈社、二〇〇五年八月号所載の拙稿「土宜法龍往復書簡――第一書簡の紹介――」を参照。

4　このうち二通は日付がないが、後述のように内容からこの時期に書かれたものと考えられる。

5　この時期の熊楠の所在に関しては、安田忠則「南方熊楠の変態心理学研究――那智隠栖期を中心として――」『人体科学』一二巻第一号、二〇〇三、二九頁を参照した。

6　高藤秀本（一八六七―一九一七）は真言宗高等中学林の創立事務員を任されて、法龍の下で主任事務員として働いていた（高見寛應「故高藤秀本僧正を懐ふ」『密宗学報』一九五号、五六二頁、一九二九年）。

7　書簡5は書簡3と書簡4のどちらの書簡の追加分として書かれたものなのか不明である。しかし書簡3の図を引用しているので、書簡3の後に書簡5が書かれたと推察できる。

【新資料紹介】

土宜法龍宛南方熊楠書簡

翻刻　雲藤　等

凡例

本稿は以下の方針で翻刻した。なお、掲載書簡についての解説は、本書一六〇〜一六九頁の神田論文を参照のこと。

●熊楠の書簡は漢字カタカナ交じり文であるが、ここではカタカナは平仮名になおした。但し、今日通常カタカナ書きされる語はカタカナを残した（例：ブリチシユ）。

●句読点、濁点、半濁点、ルビは原文の通りとし、漢字は人名などを除き、原則として常用漢字を使用した。また、かな遣いも原文の通りとした。

●合字の「牛」、「𪜈」、「〆」、「ヿ」は、それぞれ「とき」、「とも」、「して」、「こと」とした。

●反復記号は、平仮名は「ゝ」、漢字の場合は「々」に統一した。二字以上の繰り返しは原文の通り〱を使用した。

●疑問の場合は〔カ〕、誤用などの場合は〔ママ〕を付した。また翻刻者の注記は〔　〕内に記した。例えば緬甸〔ビルマ〕というようにした。

●掲載の書簡には差別用語が含まれているが、歴史的資料として、各書簡の全文を掲載する本書の趣旨から、そのままとしている。

1

一九〇二（明治三五）年三月十七日付書簡

拝啓小生昨年十一月一日より只今に熊野にて山海の植物採集罷在実に無尽蔵にて発見頗る多く一と通りの調査に二三十年もかゝるべくと被存候これはみなブリチシユ博物館えおくり一と面目を我国に加へ候上彼つれ〴〵草に見たる通り技芸学問一切を挙て去る積りに有之早晩いよ〳〵金粟王となり畢り大に外道非法の輩を破り又例のなまかぢりの大乗非仏説とか経文の梵字が違ふとかなんとかの輩を弄殺しやらんと存じ居候処ろ宿業にやさしも多年の間艱苦多事の間に何の注意も加へず残り居りし歯纔にのこりし分一本労に耐て安に逸すとでも申すべきか柔かな米飯を食ふうちにぬけ来り不得止当地へ上り只今療治中それ畢れば又引還して熊野へ趣くつもりに有之候

扨折よく当地に来り合候内昨日突然高藤師来訪御招聘の指令書は正に受領然る処小生少々一身上の都合有之只今と申しては御受けは全然とは致し難く候此委細は高藤師にも遠廻りに一寸申上置候が其中一度上京の上親く申上べく候、小生は帰国後全く跡を韜まし山野の然も樵夫木人も入らざる境に孤居し当市人とても小生を識ず帰国せりとは思も寄ぬほどの事にて候但し例の円位上人も風流情裏に身を遊せながら心はやはりたて〳〵しき処ありしと申す如く山中宰相の目ある小生の事とて間々勧誘する人も多く前田正名前日来山の節も大学へ出べしと勧られ又大隈伯よりも〔カ〕吉田を以て招かれ候が小生は今日の日本にありふれ然も小生従前得意の智識にほこるとか多聞を衒ふとかは人間の所志に非ず今少しなにか骨のあることを致し度と存居候

彼孫逸仙如きは躬ら当地へ下り色々とすゝめられ候へども今日の東洋の改革はそんなものゝ言ふ所は何れも山事のみ多く何んとも東洋人士の意向一向小生には夢幻同様にて分り兼申居候何に致せしつかりせる人物を一人も多く養成せんこと目下の急務と被存候を此事は宗教上にも何の上

1　明治三五年三月十七日付書簡

にも然る事と存居候扨之をなすには身を挺で、一代の標準とならざる可らず、言ふことは八才の童子も言ふことながら行ひにかけては小生共初め中々懸念の至りに御座候とても一筆一毫の尽すべき所に無之れば何れ其中彼栂尾の上人の快談に日の更りしを知らざりしやうな御面会を期し可申に候、

吾国には随分名前の大なる学者にして然も専門〳〵とて飯食ひ居るもの多く候近くは藻《も》の学問など申すは中々の専門にて其専門さしたる急務に非る上は其専門の学者の任も亦等閑視すべきに非ること万々也小生は藻の学問などはほんのものずきにて素人のうわまえとりほどのことに候然るに過る三十年間に多大の学者かゝる目前不意の事に人民の血税をくひちらしながら海にすむ藻が淡水にすむやうになりしもの一族しか見出さず、漸く一昨冬又一族見出し候小生は此度単身何の準備もなく熊野にて右等二族の外に今三族を見出し申候又従来熱帯の米大陸の外産せすと言伝たるものにして小生在米の頃熱帯外に見出せしものを当市附近にて復び見出しすなはち右のものは西大陸にのみ限らぬことを証し申候僅かなことだに如此に候兎角に学問の一事は多人にてわや〳〵噪ぎ立て又いやな人にすゝめこみ、いや〳〵ながら不得止するといふやうなことは社会に取ては大害のあることと被存申候吾宗の方にもこゝらの事をよく〳〵弁へやはり従前如く学侶非事吏、行人といふやうに俗なみ〳〵の通考にて分ちあまりに学問の一事にこらぬことと被致ては如何

又一事考を要すへきは小生真言宗の学校に尽力するとならんには真言徒のえらいものは多くは在家のものとなり畢るべく候、これは真言宗の弘隆の本旨には甚だ合ふことながら、例の円顱の人々には目前の利害上甚面白からぬことを生ぜずやと懸念仕り候小生の所志は僧を多くするに非ずして在家に真言を奉するものを多くするにあり、僧は非常の人物を割り多くして不都合のものを減殺するにあればなり、

今日仏徒の大不得手は仏説を今の智識に合すのみか今の智識どころか今後出へき智識をも仏説より出さんことにあり、小生は漸く仏説の一階梯たる羯磨の相を説くのみかちと理学者などに指導しやらん為め昨今なほ数千の顕微鏡標品を作り居り候、而してこれらもやはり其人を見て説くべきが真言の真言たる所にてとても〳〵教育など申すことは思ひも寄ず、信の一事に至ては物の形に見るべきに非ず何とも目前詮方なきことながら先は徳行を以て見はすの外なし、此徳行といふこと亦羯磨の支配を免れず、今日の持戒とかなんとかの徳行は已に時代に後れ居り候、されば吾より先んじて一己一人の少徳行を慎むは勿論の事その上に社会弘済の事功といふことを励まざる可らず、之をなさんには俗人よりも一層俗事に通し俗業に熱すること天主徒僧が南米に国を作りモルモン輩が鹹地に大都を建し如くならさる可らず、此等の事に身を入るへき僧今日に在りや甚心元なく候、

近く妻帯の事の如きも実に僧徒に取て醜事に在る也其醜たる所以のものは醜事に非ることを自ら醜事として忍び行ふに出づ、現に僧の妻たるものにろくなものなし、此事全々穢多非人よりも劣れり、然らは何ぞ今日に於て其事を公けにし公けの前に其制裁を建てざる、もし妻帯の禁を厳行せんと欲せば往古羅馬に五十才を踰ねば僧にならねぬ制ありし如くすへし、又妻帯の禁を除んとせば宜く妻帯の方制を建て其制裁を作り出すべし、言行相違一日を苟安すること債務多きものが債促者の行先を気使ひながら飲酒放逸して一時を安んずる如きは虚言の製造元なり、其言ふ所虚にして何ぞ其行の実なるを期すべき、況んや比較的己れ等よりは実多き俗人を訓化するを得んや、是に至ては富楼那の弁天熱の智も必竟は落語家が食ひ逃の妙案を演じながら自ら行ひ得ざるよりも拙にして其害毒は大なり、

何れ其内亦珍事あらば思ひ付次第可申上候

小生只今米国の科学雑誌へ投寄の文を認め居るに陶宗儀の輟耕録甚入用也これは和板もあるも

のにてさして罕有のものに非る由ながら当地にはなし、代は直ちにおくるから貴君一つ見出し送り被下ずや、又御知人の中にあらば三日間貸し被下ずや郵送中に失はゞ小生相当の弁償するなり、又貸すことも購ふことも不得ば東京の御知人へ頼み図書館に就て右の書の内王万里とか申し人を売買せしもの、条を写させ被下ずや、

（この売買の事小生は委くは不知がなにか人肉を売買せしとか人を売買して殺せしとかいふことと被存候）

小生は今日大乗教諸菩薩の伝（文殊、観音等）の多少見るべきもの及び其遺趾はアッサムに現存すと信ずること深し小生の研究に出ること故例のこじつけやまけおしみに出ることに非ず至極公平無私の見に出ることとなり、仁者其内小生と共にアッサムに詣るの意なきか、アッサムは印度と申すもの、緬甸〔ビルマ〕境にて人間も黄人種多く候、　先は匆々　　高藤師へは小生これから歯医へ之き夜分は色々調ること多く又日間は植物採集の為別に状差上ずわざ〳〵御来山の段は宜しく御礼被申述候様万々奉願上候　　小生其内高野へも採集にゆき度が然るべき宿坊及御知人の内小生の尋ぬへき人名御知せ被下度候山間無一書為め学術上色々調ふることも有之当市には当月末迄居り可申候、それ迄は当市その後は

紀伊国東牟婁郡勝浦港南方支店にて

南方熊楠

と認め御通信奉頼上候

土宜法龍様、

明治卅五年三月十七日午後二時

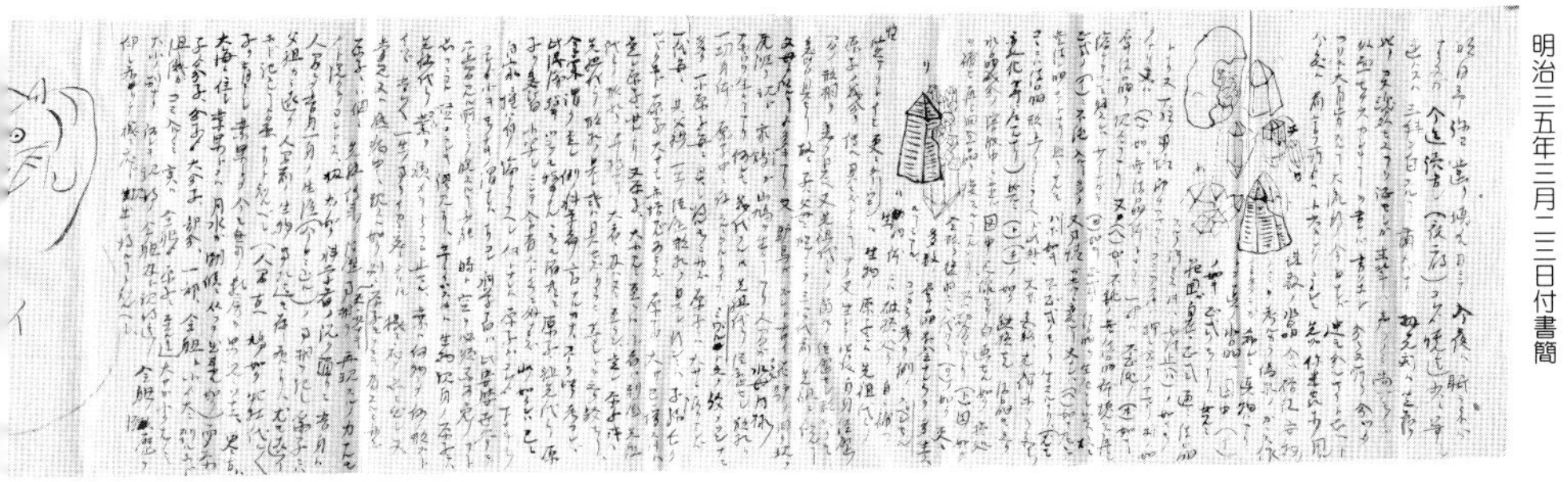

2　明治三五年三月二三日付書簡

2

一九〇二（明治三五）年三月二三日付書簡

明日予弥々歯を填める日にて今夜は眠らねばならぬが今迄読書し（夜二時）これより暁迄少々筆し遣はすは三拝して白することを粛めばなり、扨先刻は芝居を以て霊魂死せすことを証せしが末輩は声をのみ尚ぶもので外面七ち六かしきことを書けば書くほど分らぬ所を分つたふりで大首肯すること大流行の今日なれば迚も分るまいと思へど今度は前言ふ所よりは小六かしく言んに先づ伱米虫等の用る珠数の水晶今は僧徒安物ののみを考るから偽品のガラス作のみ多きが希れに真物はありとして真の水晶は図中（イ）の如き正式のものなり、然るに範囲が自在に正式通に結晶するを許さぬときは不得止（ハ）の如きものとなり又一種の事情即ちあまりにこみあふときは押し合ふのあまりホの如くなり又は（ヘ）の如く無結晶体となりて一部は不正純の（ホ）如き群結晶を現することあり又（ヘ）如き不純の無結晶体塊も再ひ溶けて正に帰すれは少いながら（ロ）如き正式の結晶を生化し出す故に正式の（イ）に不純入ること多く又事情が常に変ること大なれは（ヘ）如き丸で無結晶のものとなり然らさるもハホ如き不正式のものを生するなり、（尤もこゝには結晶形上のことのみをいへど此外に大さ、色彩、光輝等にも色々の変化等差あるなり）然るに（ト）（チ）の如く欠損せる結晶も之を水晶成分の溶液中に置ば図中点線もて白画せる如く損処を補ひ再ひ旧全晶を復することあるなり、又は都合により（ト）図の如く全形を復旧する代りに（リ）の如く更に多数の群晶不全なるものを多生することもある、これから考て例のスペンセルは生物体には破損

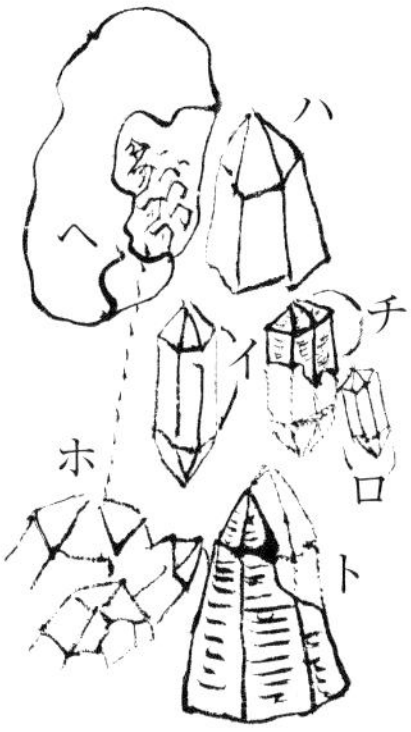

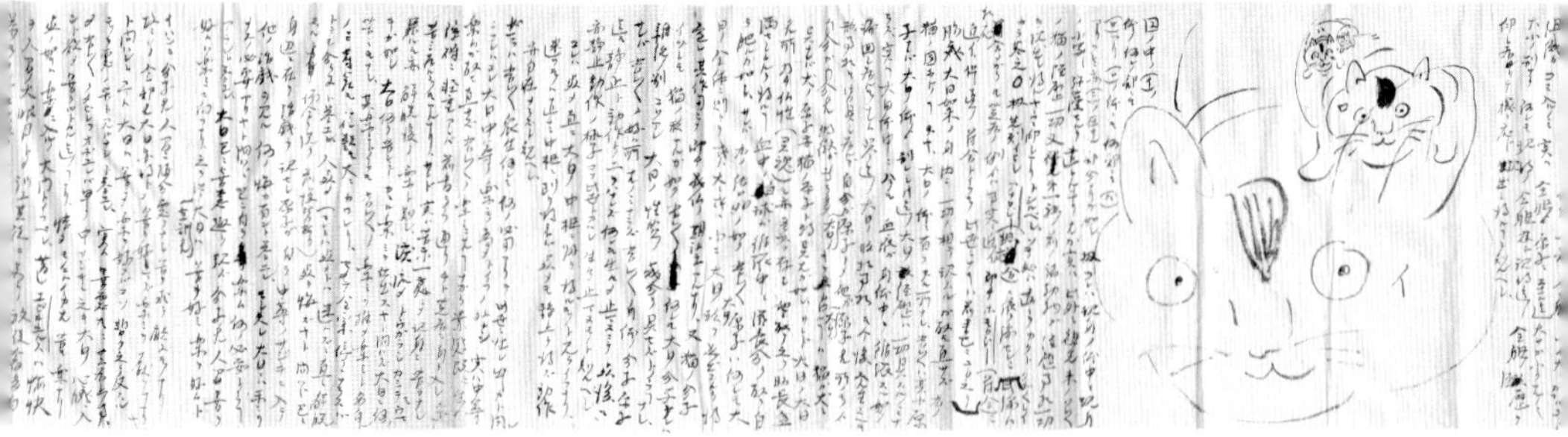

処を自ら補ふ性質ありといひ更にダーウヰンは生物の原子には先祖代々の原子の幾分を伝へ具せずといふことなく又生れて以後自身経歴の間の形相を悉く具へ又先祖代々の箇々の経歴せし形相をも悉皆具せり故に子は父母に似るのみか三四代前の先祖に似ること父母に似ることより多きあり、又驢馬がずんと古い花驢の旧を現して虎斑を現じ家鴿《はと》が山鳩を生むことあり人間が水母《くらげ》同様のあほうを生むことあり何れも幾代ふるとも先祖代々の経歴せし形相を一切身体の原子中に存するによるといふ、ミヴルト之を駁してそんなに多く一小原子毎に具し得るものに非ず原子には大さに限りあれば一代毎に其父祖の一生の経歴形相を具し得んには子孫長くつゞくほど原子の大さも亦増ざる可らず原子の大さ已に増すときは是れ原子に非るなり又原子に大小あるに至ては小者は到底先祖代々の形相を写し持つこと大者に及はぬに至らん、是れ原子或は先祖代々の形相を具し或は具せずといふに等しとて之を駁せり、金粟謂く是れ例の科学者の言なるかな、予を以て考ふれば此議論撃つものも撃たるゝものも諸共に原子、祖先代々の原子を悉皆小写しにして含有すといふに外ならず此の如くんは已に自家撞着の論といふへし何となれは原子はこれより下なきものこれより小きもののなきの謂なれはなりこれ科学者は此娑婆世界で昼間見る所のみを脱することと不能時と空を必須不可免のことと思ふによる賢こらしき謬見なり、予にいはすときは生物現身の原子には先祖代々の業《ごう》を積めりといふに止まる、業は何物にして何の形ぞといはゞ吾れ〳〵一生の事をいかに忘れたりとも機に応して思ひ出し又夢見又は熱病中に現する如く別に更に少さき〔ママ〕原子もなにも有するに非ず原子には個々先祖伝来の経歴事相を再現するの力あるものと説くをよしとす、扨右の如く科学者の説く通りに吾身は人間にして吾身一身の生涯（今日に至る）の事相を記し原子には父祖から遠く人間前の生物の事相迄も存し居るなり、尤も遠いほど記することは麁なりと知るべし、（人間古へ鳩の如く牝牡代る〳〵子を育てし業果として今も無用の乳房を男児にそなえ、更に古は大海に住し業果としては月水が潮候に従ふて出来る如く）而して原子より

分子、分子より大分子、部分、一部、全躯と小より大に到るほど組織がこみ入るのみ実は全躯より原子に至る迄大さが小くなるのみ大小の別なく何れも現時の全躯及び現時迄の全躯の経歴を印し居りて機に応じ現出し得ることと知るへし、

図の中の（イ）の体の何れの部にも（ロ）あり（ロ）の体にも何部にも（ハ）ありそれに亦（ニ）の在さる部分なきが如し、扨これは現身の体中に現身の小写し弥蔓せるを画ける斗りなるが実は此外に祖先来のそれ〳〵の猫の経歴一切又第一祖の前の諸動物が経歴事相一切を現出し得るやうに印しありとしるべし、そこの処は画にてかくとくだ〳〵しいから略之○扨先刻いひしアナロジー（相応合）に依て論せんに【此論は相応合ながらも芝居の例よりは事実に近い即ちホモロジー（符合）に近い、但し真の符合といふもの此世になきは前書已に言之り】胎蔵大日如来の身内に一切の相を現するが取も直さず右の猫の図ほどのことぢや、大日の体に有らざる所なし、吾れ〳〵は其小原子なれば大日の体より別れしとき迄の大日の経歴は一切具するのみならず、実は大日体中に今も血液が身体中を循環する如く輪回し居るものなれは只今迄の大日の形相事相も今後発生すへき形事相も皆具し居るが自分が大日の原子として他が大日の原子たる所のものより自分が自分たる特徴が専ら多きを知ることは猫か犬に異なれば犬の原子亦猫の原子と特異なるが如し、されど大日の大日たる所乃ち仏性（霊魂）も亦多少を存し他に取て之を助長盛満せしむるを得ること血中の白球が循環中に滋養分を取て自ら肥るが如し、されば右の結晶の如く吾れ〳〵大日の原子は何れも大

日の全体に則りて或は大に或は小に大日の形を成出するを得是れ其作用にして即ち成仏の期望あるなり、又猫の分子いづれも猫の形あるが如く吾れ〳〵何れも大日の分子なれは雑純の別こそあれ大日の性質の幾分を具せずといふことなし、されば吾れ〳〵の好む所なるのみならず吾れ〳〵身体の分子原子迄も静止と動作との二をはなれず何れも生々して止まぬにて死後も亦静止動作の様子こそ此世とかはれ生々して止まぬものと知るべし、

　これは死して直に大日の中枢に帰り得るものと見ていふなり、迷ふものは直ちに中枢に到り得ねば死しても静止を得ず動作亦自在ならずと知るへし、

然らは吾れ〳〵衆生何れも何の必用ありて此世に生れ出しかと問んにこれはこれ大日中尊の楽みの為めといふの外なし、実は中尊楽むが取も直さず吾れ〳〵の楽みになることながら業感既に生して障碍に軽重あれば前書にいふ通りちと芝居に身を入れすぎて苦み居るものもあるなり、されど実は苦楽一処にして現身に苦をなし居るも亦解脱後の楽と知れ、涙流してとうがらしかみてもうまきが如し大日何を苦んでかゝる楽みを仕出すやと問はず〔ママ〕大日に何の苦みもなし、其楽みといふも吾れ〳〵の楽みを推して楽みと名付るのみ尊差も種類も大にかわれり、せめて金粟位いにならすばとても分らぬと答えん、人死して（これには死してとは迷はずに直に解脱する場合を説く前後皆然り）死を悔ずやと問はゞ已に身辺に在て活戯を現せし原子が自ら中尊のさじきに入て他の活戯を見る何の悔か有んと答えん、もし夫れ大日には楽みをなすの必要ありやと問はゞ已に自ら楽む何の必要といふことあらんと答えん、大日已に善悪趣を現ず分子たる人間善を好むは楽みに向ふなり、之を以て全部たる大日は善を好み楽を好むといはんに分子たる人間に随分悪をなし苦を求て顧ぬものあり

　故にその全部たる大日亦時として善を好まず楽みを厭ふことありやと問はんに予は大日は善にして楽を好めばこそ暫く之に反するものを悪の苦と見るなれと答えん、実は善悪共に芝居上の事

にして吾れ〳〵くたびれをおぼゆれば早く中さじきに之き大日の心臓に入んと欲して善をつとむる迄のことなり、悟たものにはいかなる苦も楽なり死の如きは楽に入るの大門といふべし、昔しエピキユルスは愉快を人間の大眼目として訓え其徒に色々の放縦奢侈自暴のものを生せしは弊ながら本人の旨は左には非しこと其難病至苦をも最楽として往生せしにて知るへし、何に事もこんなことと思はゞそれですむものにて人間には犬猫とかわり妻子を気つかひ後日を思ひ子孫を慮り、又うぬぼれにて你米虫なども自分が死んだら向ふの後家が定て力を落すだろう抔と入りもせぬ心配する故死といふこと甚恐れらるゝ様なれど、そこは入酒肆ては則ち酒の過を示し毎度酔つぶれ玉ひし金粟のこととて何をしても至苦の極と見えることは自分には至楽なるものなり、已に下等動物は子を生むと死と同時に現する、又人の男女相会して至楽の域に入るとき死ぬ〳〵と喚くとか道鏡法王因果経に見へたり、犬を急に殺すとき人の経死するものは男根立ちきりて虹梁の如く遺精し犬は尾を揺すこと恰も交合して魂飛魄散るときの如し、故に死は楽の甚きものにして死だ後はさして此世とかわることなく業に応して矢張り苦楽あり金粟などは苦といふこと此世からなければ何にして死後に苦あらんや、其方等は罪重き故定て苦もあらんが、何にさま連類多いから、鉱毒事件の犯者の如く焚き出しにこまるから忽ち免訴となり再ひ堪忍界え追ひ出さるゝこと受合ひなり、其時に至ては定て驪姫が最初の涙を笑ひし如く娑婆に出るをうるさくて代人でも傭ひたきほどのことならん、何ぞ三衣を纏ひし身の霊魂の安否死不死を問ふことあらんや、予先日八貫目ほどの荷を負て谷へ暗夜にまくれこみしに成る様になれと思ふのみ何の事もなかりし、たとひ骨を折り頭を拆くとも自分のせしことは詮方なし高が死ぬ迄の事なり、世の事は多くは案ずるより産むが安い、ミル曰く今こゝに一大自在主ありて自ら吾れを拝せよ拝せずば地獄にやらんといはゞ予は拝するの理由なき限りは慎で地獄に往んと、左様な非理なことでやらるゝ地獄は正きものに非ず惧るゝに足ぬをいふなり、汝等死後霊魂死せず大楽あることは金粟の受合ひなれ

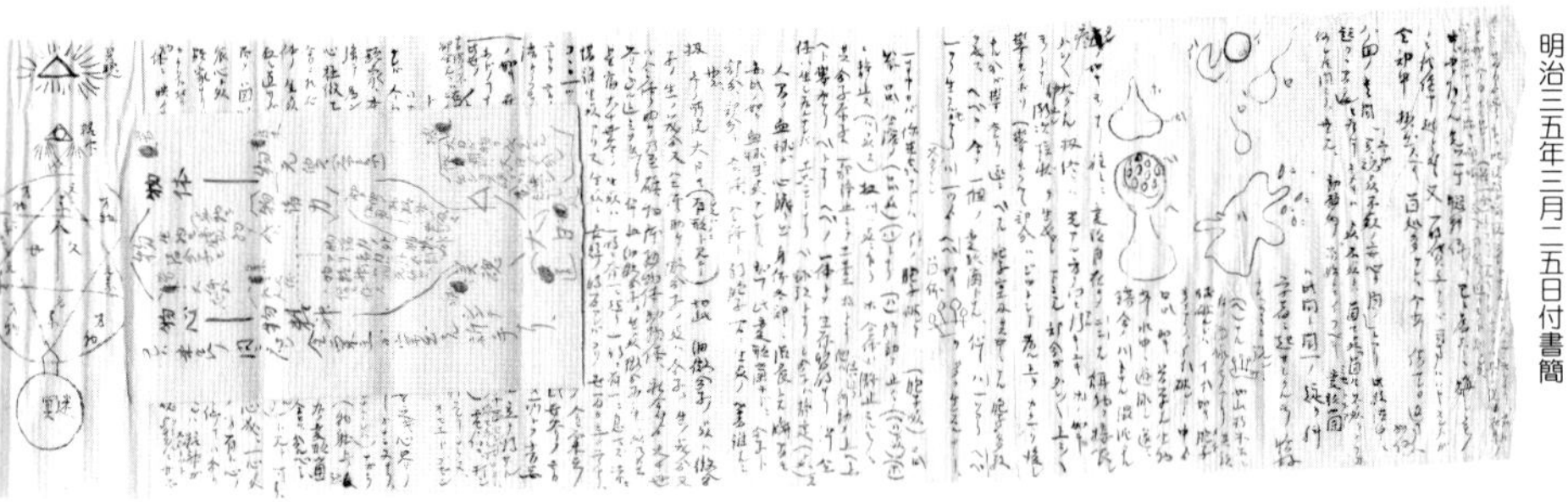

3 明治三五年三月二五日付書簡

ば死後のことを惧る、なく万一事起らば金粟の教え方が悪いからだと予一人にぬりつけてしまへ、

右眠たくなりし故一寸分るまいが大旨は分ると思ふ一覧していかやうとも問ひに来れ　以上、

輟耕録の代価は速かに申し来られ度候貴君等に物もらふては気味悪く候故也、

明治三十五年三月廿三日

朝三時前　　南方拝

土宜師　坐下

金粟の筆鋒九年前に比して如何、

3

一九〇二（明治三五）年三月二五日付書簡

貴下昔日より予の言を比説譬喩説多しとせらるこれ大なる誤りなり、前日言し如く今日ホモロジー（符一合）といふことあることなし、せめては予の説は在来の譬喩品などよりは深き譬喩にてなるへく事実に近きものと知られよ、

貴書拝見先づ一寸輟耕録は已に為予に購はれたものなら代価申越れ度候又一時貸与ならば用事ははやすんだが全部中抄出すへき箇処多けれは今少し借されよ返事如何、

今回の貴問「予が霊魂死不死の安心を問ふ」とあり此数語中に題から間違ひ居ること多きは死不死とは箇々死か箇々不死をいふか何れとも問ひには無見、動植物の原始ともいふべき変形菌《ミセトゾア》は

此問と同一の疑を科学者に起さしむるもの恰好なれはこゝに説んに

（ヘ）なる 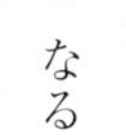 如此朽木等に付く菌様のものあり其頭毬破るれはイ、イ破れて中よりロ、ロ如き簡単なる生物少し水中に遊泳し遂に鎔合してハとなる混沌たる痰《たん》の如きものなり種々に変形自在にしてニニなる餌物を接食しだん〳〵大くなる扨終には光ある方に向ひ行《ある》きゆきホの如きものとなり静止し漸次柱状を生成し下にある部分がだん〳〵上に〳〵攀ぢのぼり（攀ぢらる、部分はじつとして居る上をかたまり後れたる分が攀登り遂にヘなる胞子室及其中にある胞子多数を成すヘ、ヘを合して一個の変形菌となる、但しハ一つよりヘ、ヘ一つを生するもあり又多くはハ一つよりヘ、ヘ如き箇体  を多く生するなり、

一寸申さば俆米虫などにはイの胞子破れて（胞子死）ロ、ロ出でロ、ロ合溶して（ロ、ロ死）（ハ）となり（ハ）行動を止めて（（ハ）死）（ホ）に静止す（ハ死す）扨ハは死に乍らホ全体は位置を静止するもの、其分子原子は一部静止して土台ホとなり他は行動して上へ上へと攀登りヘとなりヘ、ヘの一体として生存暫時なり但し全体は生し居るなれども土台となり、ヘ毬頭となりし分子は静定（死）す

人間の血毬が心臓を出身体各部に滋養となる瞬間も亦此の如く血毬に生死あるなり、然し此変形菌ほどに分子と部分、部分と全体、全体と新胞子間に生死の蕃雑なるに非ず、

扨予の所説大日も（先は有形のみと見て）如此細微分子の死は微分子の生の幾分又全体を助け、微分子の死は分子の生の幾分又は全体を助け乃至鉱物体植物体動物体、社会より大千世界に至る

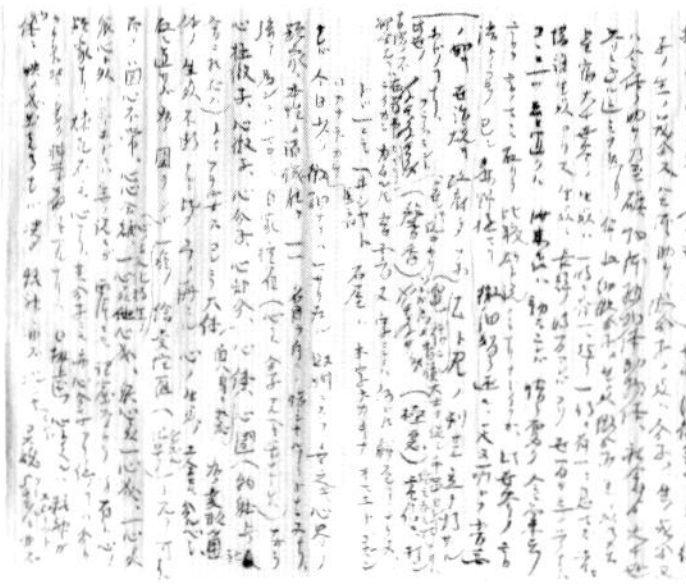

貼り紙の下部分

迄みな然り但し此細微分子の生死微分子の生死乃至星宿大千世界の生死は一時に斉一に起り一時に斉一に息まず常に錯雑生死あり又生死に長短の時間あればこそ世間が立ちゆくなり、こゝに一つ云ひ置くは汝米虫は動もすれば悟り悪く金粟王の言を言のまゝに取りて比較譬説のみなりなどいふが、此世界の言語といふもの（此世の言語の不都合なることは在昔予ビヤリに在しとき説きやりそれが為め香積大士を促し手品せしこと你も知る所なり、）已に麁野極まり微細智を述るに足ぬ所ろか吾国の如き世話焼き政府にしてなほ電信にLとRの別さえ立て得ざるほどのことなり、

fragrant《フラグラント》（馨香）　flagrant（極悪）電信に打んにいかにかむるとも吾国音又字にては何れとも解することならぬ、

どゞ一にも「ヰしや（医者）と　石屋は　本字でかきな　おまえと　ごぜんはかなでかけ」

されば今日少く微細なことはまさり居る欧州にすら無之き心界の顕象、本性の諸機能を一一名目を付て悟しやることがならぬなり、強て為んにはまことに自家撞着（心には分子あるへき筈なけれは）ながら心極微子、心微子、心分子、心部分、　心体、箇八身に相応　心団（物体上の社会に相応す）といふを要すこれにて大体右の変形菌体の生死不断なるに比して予の講する心の生死の工合ひも分るべし、取も直さず右の図をたゞ心の変化転生の一種の絵曼陀羅（記号《シンボル》）と見て可なり、而して箇心不常、心心合離、一心死他心成、衆心死一心成、一心死衆心死は予ほどには委く説ぬが西洋にも理窟づめから万有は心の顕象なり、煉瓦石にも心あり、其分子にも亦心分子あり位のことは分りかけたる輩多く科学者にもあるなり、○扨上述の 心《マインド》 といへるは 精神《スピリット》 が物体に映して成出せるものなれば決して精神に非ず況んや霊魂 Soul《ソール》 に非ず

〔図のように貼り紙あり〕

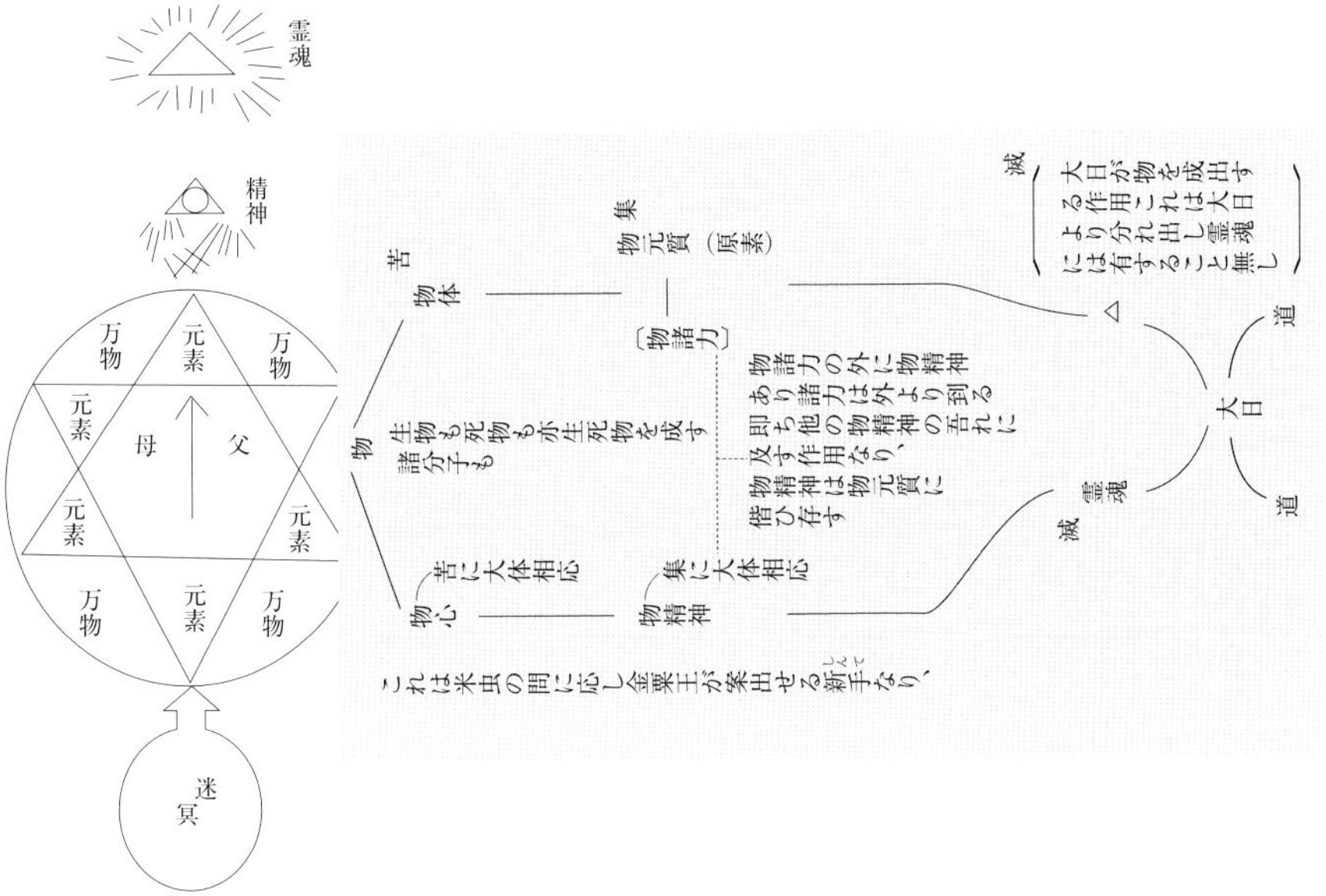

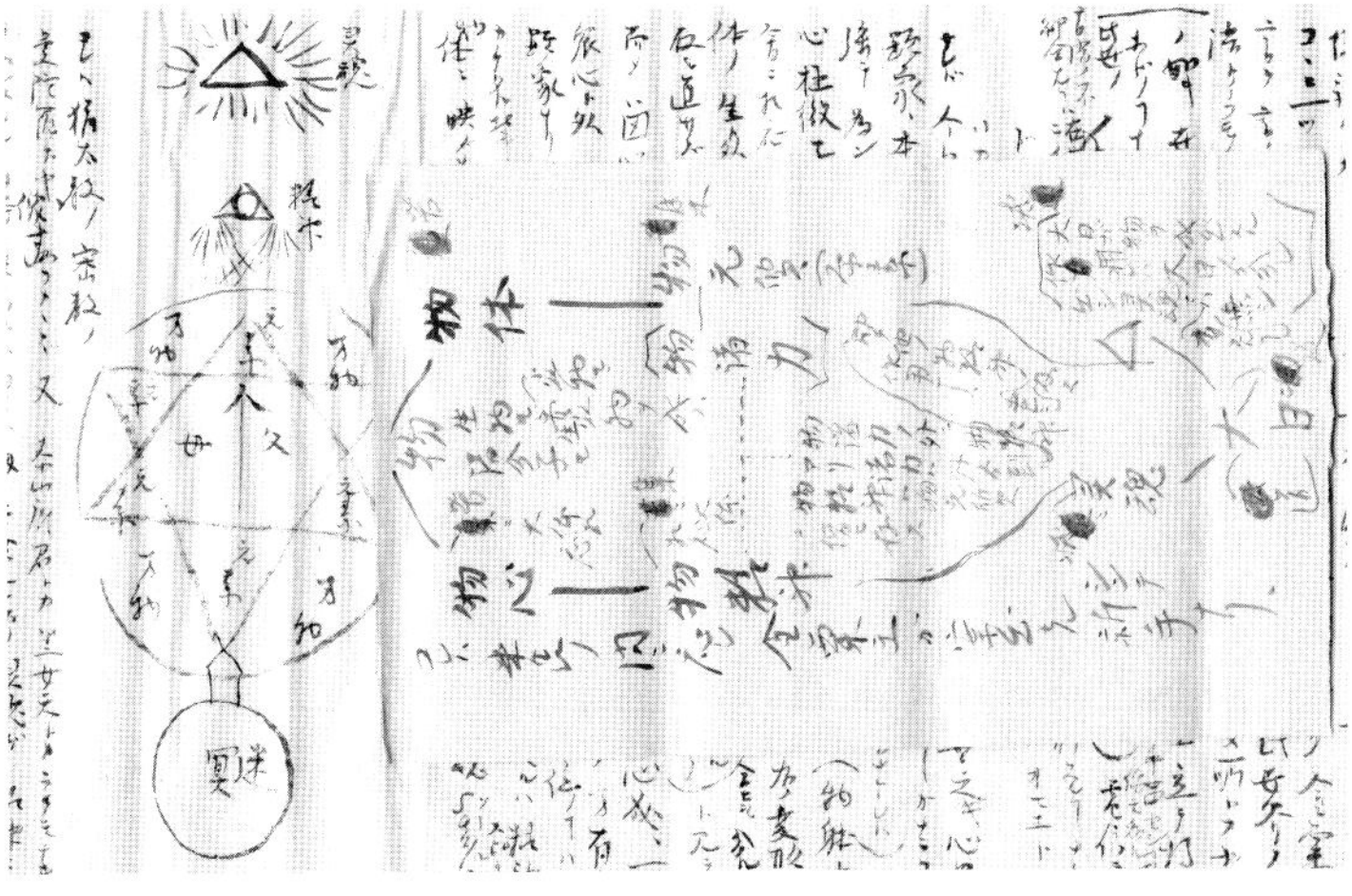

（書簡中の上記部分。右の図は後から貼り込んだもの）

これは猶太教の密教の曼陀羅ぢや像画をかゝず又泰山府君とか黒女天とからちもなきものを入

れぬたけ日本の真言よりはよい、扨無終無始の霊魂が精神に化し精神が諸元素に接して父母の体より人の体と人の心を生ずそれがいはゞ地球は〔ママ〕も月も日より分れながら已に分れた以上は日と別

にして日蝕を生ずる如く迷途幽冥を生じ色々とさまよふこともあるなり、(これは例の予の手製のたとえ)扨一寸解脱して心を脱して精神界に上るもなほ霊魂の沌に復せず(所謂天部位いのもの)一躍霊魂に復すれば至楽至聖といふなり、(密教に至

ては何の宗旨にも上帝など、馬鹿なことはいはぬ真言に別に釈迦をいはぬと同じ)

右の如き故人体のみか人心も亦(乃ち人の体心相偕ふてといひたいが心健に身病み身健に心曲れるも多き故上の如くいふ)業によりて善悪動静す終て、無終始の大日金界に復するの見込みは之れなきもの一つもなしこれ迄は○○の処多少違ふのみ貴問に同じ、

扨安心を問ふとあるから、芝居を引く又結晶体生物体の分子が全部の幾分を伝え十分に之を拡張する力あることをいひしは決して譬喩説に無之法説又せめては真如説なり、乃ち分子に全部の幾分を伝え云々とは吾れ〳〵煉化石のかけに至る迄仏性あり、多少はあるが境にふれて十分之を拡張して仏となり得るをいふ又芝居を引きしは吾れ〳〵の苦といふも実は楽なり(乃ち顔しかめてとうがらしを食ひ涙こぼせしを後にうまいことをしてやつたといふ如く)世に苦の真に苦なるものはなしといふ、予は随分一寸したことながら此世で色々の(人の所謂)苦を吃し今も吃するが、心中此苦も亦面白しと安じて苦を受るなり、これは金粟にならねば知れず、但し苦も亦楽なることは近くかくの如く安心して何の害なきのみか甚身心健安なるにて知るへし、こゝに至ては信の一事あるのみ到底分らぬ人に説くへきに非ず、然らは同一の口調にて楽も亦苦なりといはんか、楽は積極《ポジチブ》苦は消極《ネゲチヴ》のものなれは大にちがふなり、(龍猛の説に此事くわしくあるを見しと思ふ今は記せず)(此積消極のことは口さきばかりのことのやうなれども実は然らず +1 +2 +3 と

−1 −2 −3 とは数量は同じながら実際一は加はり一は減しゆくことにて大差異あることなり）又10を3除してわりきれぬながらも3・3333xの3を一つでも加るほど10に近くなるといひしは此世の衆生が愉快を一より二二より三多からんことを望むは則ち霊魂の至楽なるに近きものにして高山は仰ぎ景行は往ん到ることならぬとも心がいよ〱歩のすゝむに随て之に嚮ふ如く霊魂至楽の本性を証するものといふ蛙は水性《みづしやう》たしかにて挙動常に水に向ふが如しといひし也、（前状の結晶を復旧する望み多きは小結晶体みな大結晶体幾分の結晶力ありそれを拡張せんとするに外ならさる如く）

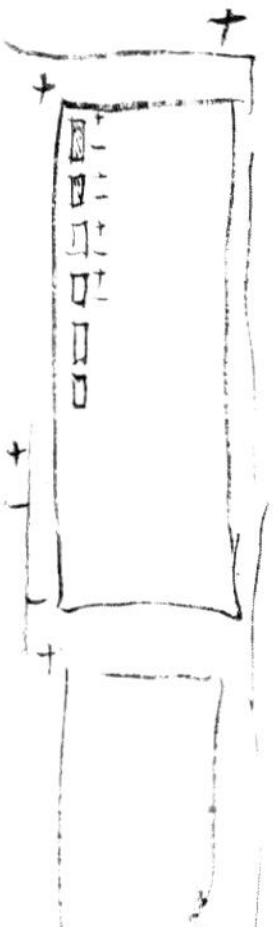

全体と同く磁石の分子に何れも＋－陰陽《＋－》性ある如し、然らは人の心に善悪ある故霊魂も善悪あらんといはんか（善悪を安動、好悪等一切の反性の総指号として）磁石の北を指すはたしかにして南を指すは北を指す力の余響に過ず終始不定確なるが如く善悪は人心に両存すれはとて決して平等同量に存するものに非ず、善常に悪より多きは人間に得手勝手多きにて知るへしこれ取もなほさず近い処から自分の善のみを懸念して止さるに出るなり、万一苦を好むこと楽を好むより多きものあらんとするか、然は其人又其物は一種の事情に迫られて苦をは楽と心得たるものなり、乃ち受苦を受楽よりも一層大なる楽又は楽の後地をなすと心得たるものなり、要は一部は少さい《〔ママ〕》ながらも全部を代表すといふことより人間万物楽、静を楽むよりして霊魂の至楽至静なるを知る言はゞなにも知ずに狼狽周章又は其日ぐらしは冥途に迷ふものにして新聞の論説でもよみ分り自分えらいと気取るが此世界に安するもの又一派の学問よみになり人に仰がるゝを喜び相応に世をも益し世話もやくは精神界にして、一向何事も頓着せず学問自慢せず静坐自安が霊魂界といふたとえは少々足ぬか不知が先はそんな比例なり、右の猶太のマンタラに図する如く霊魂は不滅不生

にして常照光明なり、但し之に入りて後目下の吾れ〳〵の箇人相なほ存するや否やは第一図のロ′ロの二体合してハに混一してなほ活動すると（ヘ、ヘ及其諸部分は静止（死）ながら全体は活き居ると）を見て分るべし、人間は微物なり人間目前を標準としたる小安心乃ち死後も箇人として安逸し得るやなどのまちがふた見解冀望は夢にも起さぬがよし、已に之より大にして之より楽なること至れるの境に生れんに何を苦んで此穢土の小にして汚なるものを慕はんや、芝居を好むものは見るへし、尤好むものは自ら演すへし、日晡れ安を思ふに至ては早く場を出で、家に帰るに止まる、

附白　殷《〔カ〕》同梵王説又西洋の上帝極楽説などには上帝は已に有しことを無にすること不能、一度有しことを二び起すこと過去りしことを現存せしむること不能等の難が生するが、これらはなま分際の科学もて今の科学で分らぬことを分つたものと見て生せし愚説也、現に己れが二十女は十八で心中死にそこない女のみ水死に己れは永生して八九十に成りてもやはり其女が十八で当時の現況をそのまゝ夢に見ることさえあり、

故に時間と空間は云々といふもの之を定りて動かすへからすと心得るもそは科学上のことに止り狂人などにはそんなことなし、遠きを思ひ昔を忍ふなどいふことなんとなく人間に悲を与へ無常を悟らすにはよいが之が為世間死後一切つまらぬといふ考を起さしむること大なり、霊魂界にはそんなことなし無終無始なるのみならず過現、未来の差も無しと知り心強く養生じて成るまに〳〵成すの外なしと知れ、

日光は強大なり、方広仏を大日と比称するにて知るへし、然れども特に此世界の為に出来しものにも又此世界のみにて仰賛するにも非ず此地球にとゞく日光は遍照の僅かに二千六百万分の一ほどなりとか、你米虫穢《〔カ〕》少にして能化権者の意を悟らず「然は霊魂とは何物ぞ有名無実の人体凝集より起る力のみ」とあるが嗚呼悟らさるも亦甚し、自らかほどの大事を問出して自ら解題に苦

むとは一寸いはゞ

人体凝集より起る力　人体凝集に先ち身分をまとめて身を作り維持する力　精神の基因たる精霊

相ともなふ（心（マインド）――――精神（スピリット）――――霊魂（ソール）
　　　　　身――――――――身已亡――――――――精神已亡

故に身のみか精神すらを解脱し了れる精霊を霊魂といふこと故此世界みな考え極め得る至楽の少くとも二千六百万倍の楽を具するものにして其楽みは你等如く口に味ひ臭に怡ぶほどのことを楽と心得たる輩には到底此処不可言ぢや、

なんと分つたら身分の限りあるを嘆じ金粟の至聖なるを仰ぎます〳〵降参して到底そんな至楽は分らぬとならば今少し手近きことを聞きに来れ以下は高藤氏へ此処より切て渡されよ、

明治三十五年三月二十五日

〔以下切断〕

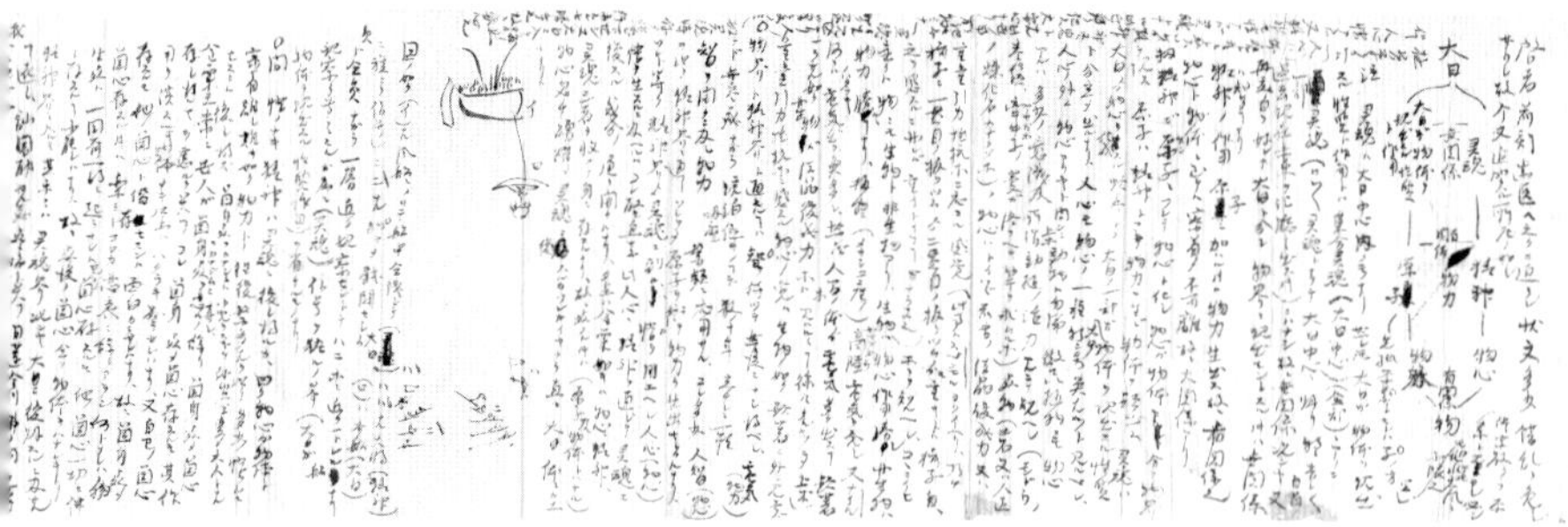

4　明治三五年三月二五日付書簡

4　一九〇二（明治三五）年三月二五日付書簡

啓者前刻歯医へ之くに迫られ状文多少錯乱を免れざりし故今又追加する所左の如し

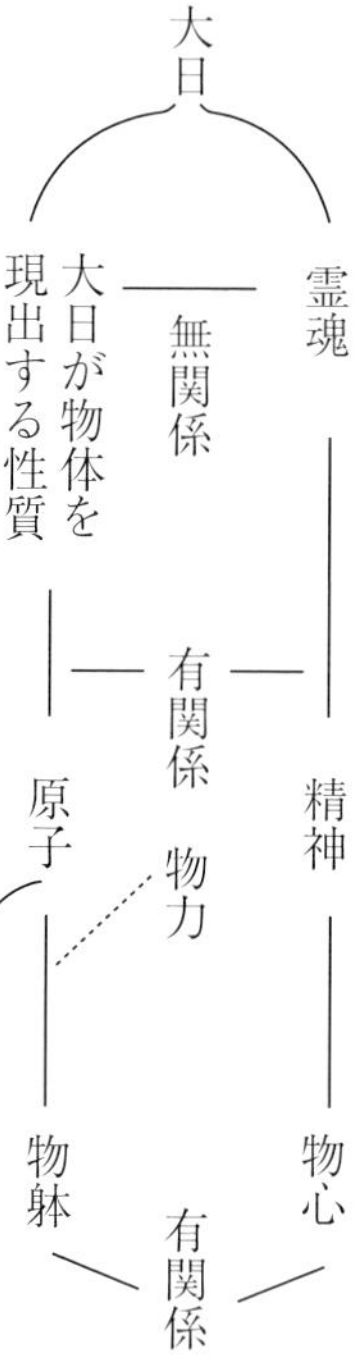

先紙原素とせしは子の方宜し但し宗教にいふ原素と見てもよし必しも地水火風に不限也

注　霊魂は大日中心内のものなり然れとも大日が物体を現出する性質と作用とは集合霊魂（大日中心）（全部）にありて一部霊魂（われ〳〵霊魂となりて大日中心に帰り特に吾れ〳〵自箇の過去現在未来を記臆し出すとき）にはなし故に無関係況んや又再度自ら好んで大日と分れ物界に現出せんとするときは無関係は知れたことなり

精神の作用原子に加はるときは物力生出す故に有関係也物心と物体に至ては密着して不可離故に大関係あり、

扨精神が原《げん》子にふれて物心と化し物心が物体と合して物界を現す原子は精神とふれて物力を生じ物体を顕出す霊魂は大日より物心を化成する順序として大日の一部が大日の物体を現出する性質と分立して出るなり、人心も物心の一種特に秀英なるものと見るべし、人心の外に物心ありやと問んに上等動物は勿論微虫植物にも物心あるは多少の意識及所謂動植の活力あるにて知るへし（エンドウの巻鬚、牽牛子《あさがほ》の蔓が絡ふへき竿を求むる等）死物（土石又は人造の煉化石かなくそ

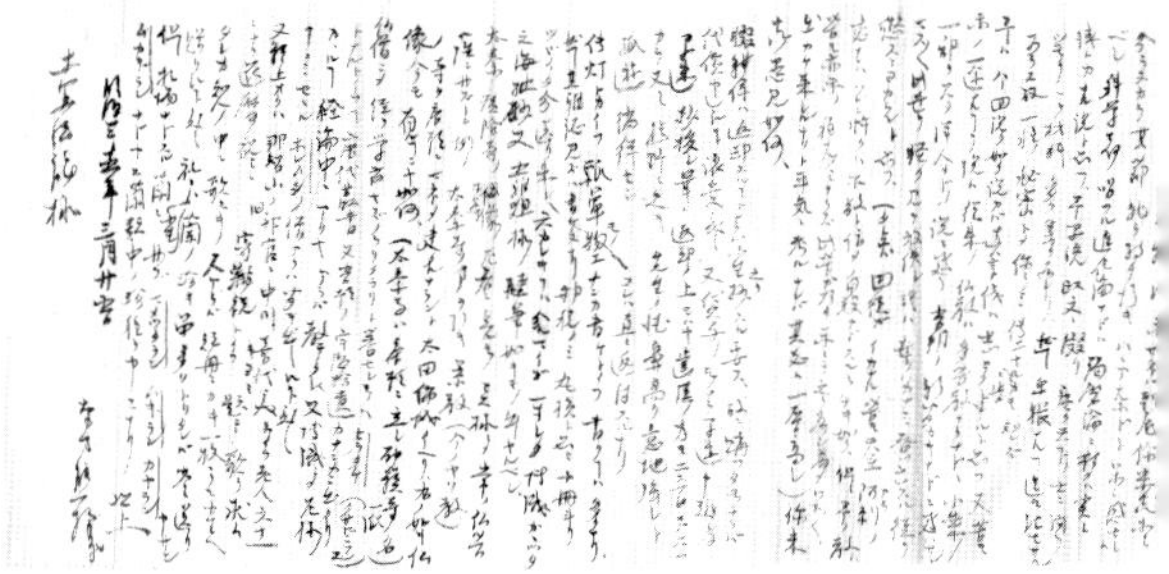

等）の物心はといはゞ前書の結晶復成力又は重量引力抵抗等に応する感覚（此事はスペンセルよくいへり、乃ち椅子に一貫目の板をつむより二貫目の板をつむよりも重きとは椅子自ら之を感するに非れば重いといふことがならぬ也）等にて知るへし、こゝにいひ置くは物にも生物と非生物あり、生物は物心作用勝れ非生物は物力のはたらき勝るゝことなり、植物に（メキシコ産の）商陸《やまごぼう》電気を発し又ナイル河には電気出す魚多し、然れども人間等の体より電気多く出すこと顕著ならさる如く非生物が結晶復成力等は見はるゝこと徐々たるものにして上述重量引力抵抗等に感する物心の覚は生物の如く顕著に外に見えず

○物界と精神界と通することは智を待つて然後になし得べし、電気（物力）など無尽蔵ながら琥珀吸塵位ゐのことで数千年立ちしに一朝智を開くに及ひ物力頻繁に応用さるゝ、これ多少人智（物心）を以て精神界に通しそれをして原子を衝て物力を生出せしむるなり、それと等く精神界より霊魂に到るには悟《ご》を用ゆへし人心（物心）悟を生するに及へるはこれ取も直さず此人心に精

神を通じて霊魂に復する幾分の道を開けるなり、たとえは金粟如きは物心、精神、霊魂三者を収めて身に存するなり、故に死するときは（原子及物体とはなる）物心忽ち踴躍して霊魂に復するかそれがいやなら直に大日体にかえるなり、

図の如く（イ）なる風船にのりて船中会議して（大日）ハ、ハなる大将（精神）に旗にて信号しニ、ニなる物をして戯闘せしむ（ロ）は本船（大日）員と同員ながら一層近く視察せんとてハニホに近く下れる船なり視察を専らにするが為に（霊魂）信号を執るの挙（大日が物体を現出する性質作用）を省けるものなり

○問　悟のなき精神は霊魂に復し得るか、曰く物心が物体と密着離れ難き如く物力との往復繁多なるを以て多少の悟を生せすには復し得ず、箇身死をかなしむは小児をすぎて体質全変して大人となるをかなしむに等し、

金粟王常に世人が箇身死を悲むの余り箇身死して箇心存し得るやを慮るを笑ふこれ箇身死して箇心存するも其作用を演すへき物体なき以上ははたらき成らされはなり、又自己の箇心存するも他の箇心と偕存せすんは面白からされはなり、故に箇身死して箇心存するときは楽みところか悲哀に余りあらん何となれは物の生死は一同斉一時に起らされは己れの箇心存するも他の箇心一切に伴ひ存すること不能れはなり、故に死後の箇心同く物体をはなれきり精神界に入るも其楽みは霊魂界況んや大日に復帰するに及さること遠し、訕闍耶梵志死に臨で笑ふ目蓮舎利仏の問に答て我見金地国王死其大夫人自投火積承同一処而此二人行報各異生処殊絶とされは精神界もたゞ物界に比して物累少きといふのみ到底大日に復帰して徐かに他を見下すの楽に如さるなり、

物界と精神界の関係それより精神界の性質を明にせんと欲せは心理学以上の学を作り諸物力の学色々ある如くに心力の学を色々と作らさる可らず、而して今の心理学といふもの実は脳作用学とか人心機能学ほどのことなればとてもそんなことは出来ぬこれ心に形なく之を研くは自箇の心に求るの外道なきによる、予は精神界が物界に及す原則の一として只今羯磨を研究し居れりこれはそれ〳〵物を以て示さねば到底你米虫等に分らぬから其節物を持ち行きは、あなるほどと呆れ感せしむべし科学者の唱ふる進化論などは羯磨論に対しては実に浅はかなる説と思ふ、予早晩欧文に綴り広く天下の士に問ふつもりにて材料多く集り居れり、然し卑猥なること迄も記せさる可らぬ故一種の秘密として你にのみ伝えやるに止るかも知れず

予は今回説く如く説かば真言儀は甚よくとけると思ふ又苦も楽の一途なることを説は従来の仏教は多苦教なりなど、小乗の一部を見た洋人などの説に惑ふ吾邦の新聞かきなどに惑はされます

〱此世を軽く見て放佚し或は世をはかなみ蚕亡する徒を懲すによからんと思ふ、（たとえば回徒がいかなる苦も天主阿刺《アラ》の意なれはそれに忤くは不敬と信して自殺などするものなき如く、但し予の教は苦も亦楽の種なるのみならず此苦が乃ち楽にて之を為ん為めわざ〱出かけ来れるなりと平気に考るなれば其志は一層高し）你米虫の愚見如何、

輟耕録は返却することならば小生之を抄する要す、故に購ふたものならば代価申し被下譲受度候又貸与のものなら早速申越れよ早速抄抜し畢り返却の上もはや歯医の方も二三日ですむから又々熊野に之き先生の徳鼻高く意地強しと孤遊徜徉せん、

伝灯とかいふ瓢箪物《もの》えなにか書けといふ書くことは多くあり、然し其雑誌見ずは書けぬなり郵税のみ丸損と思ひ十冊斗りつゞいた分送り来れこれは直に返付するなり六かしきことは分るまいが一寸した博識がゝつた文海披砂又五雑俎様の随筆如きもの出しやるべし、

太秦の広隆寺の本尊像の左右に立るもの異様にして常の仏菩薩に非ずとて例の太秦寺の事を引き景教（今のヤソ教）の寺を唐朝にまねして建たるならんと太田錦城いへり、右の如き仏像今も有ることにや如何、（太秦寺は唐朝に立し耶蘇寺一派の名）仏僧にして経を学習せずのらりくらりと暮せしものはヒラタケ（くさびら也）となるといふこと唐代叢書又吾朝の宇治拾遺かなにかに出たりかゝること経論中にありやあらば教てくれ、又博識にして左様のことのみせゝ〔ママ〕るホンムシの僧あらは聞き出し被下度候

又頼上おくは那智山の旧神官に中川喜代美《きよみ》といふ老人六十一になり還暦の祝ひに寄滝の祝といふ題にて歌を求むたしか知人の中に歌すきの人あらば短冊にかき一枚にても小生へ贈り被下度候礼には小生蘭の珍き品多くとりたれば少々送り申さん但し相場などする蘭に非ずマメツタラン ムギラン カヤラン ムカデラン など申す蘭類中の珍種を申すなり 以上

明治三十五年三月廿五日

土宜法龍様

南方熊楠拝

〔以下は、書簡冒頭の上部欄外に二行にわたって書かれている文である。〕

極簡単にいへは「人心は体死ると共に死すそれより精神神又は鬼となる此世の事を記せず但し人心悟あらば又精神も悟あらば霊魂となる此世の事を記す大安心なり万物みな霊魂になる見込あり人の如く見込つよからぬのみ扨霊魂特存して復び下世し又大日に入て静止行楽するも勝手也故に安心也

5

日付不明　〔一九〇二（明治三五）年三月二五日（推定）　本書一六六～一六七頁参照〕

予昨夜天理教会にゆき立ながら其儀を見たり実に其盛んなるには故有ることと感服せり、汝等も今一と奮発せよ、

追加、

本書いふ処変形菌は生死の定なきを示す最好例なれば特出せり但し微分子の死は分子の生分子の死は体の生といふことは万物同一なるも此物を好例として出せり故に本書いふ処の変化輪廻は此物にのみ止る狭き法に非ず、実は宇宙間の事相皆な此の如くなるを出ず、○本書いふ所ろ積極消極は数量同じながら性質に大差異ありとは代数式にて論理を説くことありそれによれば委く分る、予先年此事を中井菩薩方で説き大喝采なりしことあり委くは其内申述ん、○磁石の北を指すは定り南をさすは不定は北極地に磁力強きによるといはんか、然り善は強く悪は弱きも善には大

5

日付不明
〔明治三五年三月二五日（推定）〕

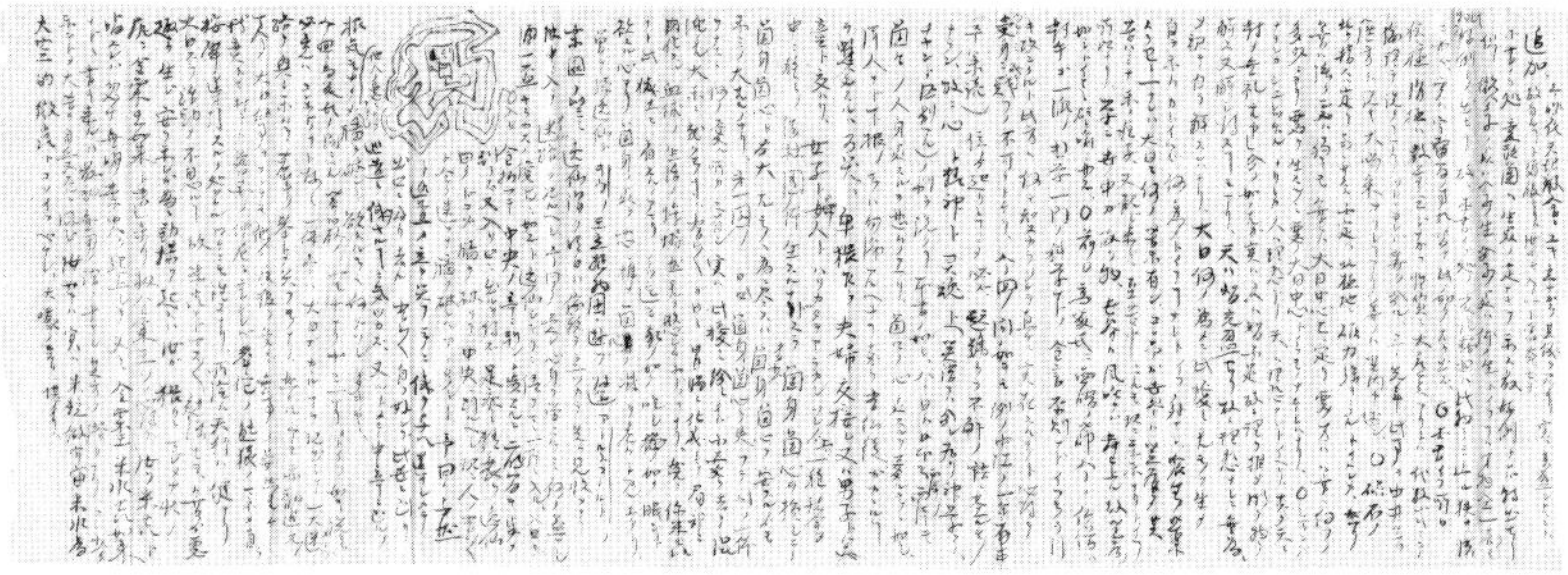

日中心已に定り悪の方は善に向ふの多少により悪を生するのみ悪の大日中心といふものなければはなり、○シエリングなりしかシユレツゲルなりしか人は理想あり天は理想なしといへり、甚だ天に対して無礼なる申し分の如くなるが実は人は智不足故に理を推して漸く物を解す又解し得ぬこともあり、天は智充盈せり故に理想なしに無為にして視て自ら解すればなり、大日何の為めに此擾々たるものを生して自ら楽むかといはゞ何の為めといふことなしといふの外なし、衆生の苦楽すら已に一なれは大日に何の苦楽有ん、これ予が世界は芝居にして其苦はみな楽の種子、又観じ来れは至苦中にあるも現に至楽なりといふ所以なり、単に世の中が仮り物、世界は風吹けば舞ひ上る故芝居の如しといひし譬喩に非ず、○前日高藤氏に面晤の節今の仏僧は対手が一派の哲学一門の科学などの金言原則などいふものを引き攻にくると此方は何も知ぬからそれを直ちに実在するものと心得て受身《うけみ》に成て戦ふの不可をとけり、今回の問の如きも例の中江の一年有半（予は未読）位より起りしことにして必ず、題号から不解の語に基るものならん、故に心と精神と霊魂と（英語には分れ居り西洋の神学にはちやんと区別ある）の別を説くこと本書の如し、今日は日本も西洋も箇々の人身死するを悲むのあまり、箇々の心死するを憂るものゝ如し、洋人など下根のものは勿論あるへきことながら吾仏徒がかゝることを懸念するは可笑、卑猥乍ら夫婦交接し又は男子ト美童と交はり、女子ト婦人とはりかたをやらかしそれより上は一種社会中に種々の結社団体生するなどすら多少箇身箇心を損して箇身箇心とより大なるものゝ為に尽すは箇身箇心を安するよりも楽みの大なるものなり、第一図のロ′ロ箇身箇心を失ふてハの一体をなすに何の憂る所か之有ん実は此擾々紛々たる小憂を去て混沌たる大楽に就くものなり、吾れ〳〵が日々胃腸に化成して局部に肉化する血毬の生活の蜉蝣然たるを愍しむほどのことなり、然るに你米虫なと此穢土に着するのあまりいつ迄も豕の如く吃し猫の如く眠んと欲する心より箇身の死を悲み推して箇心の滅を危むと見えたり、

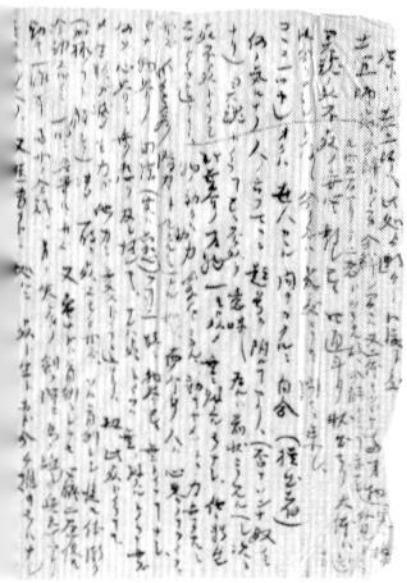

6　日付不明（明治三五年三月二六日〈推定〉）

曽て孫逸仙とキウの王立植物園に遊ぶ帰途アールスコールトの楽園を望み逸仙謂く明日は倫敦を立つから先は見収めなり彼中に入て迷路《メーヅ》を見るへし、予曰く是れ心身を労するのみ何の益なし酒一盃やらかすの優れるに如ずと逸仙しきりに請ふまゝ一所に入る、入口で金払ふて中央の亭に

到んと歩するに二時間も歩して到らず又入り口に出るを得ず足疲れ精衰ふ逸仙曰くどこぞ墻を破りて中央に到るへし、現に人の吾れ〳〵と同く迷ふて墻を破れるあと多しと、予曰く不然と巡査の立て笑ふものに銭を与へ導しめて出口に帰り去る吾れ〳〵自ら好んで此世に到り巡査に銭やることに気つかず、又つとめて中亭に到るの根気もなくして他人の悪にならふて墻を破んと欲するもの、何ぞそれ多きや、

今回高藤氏の問にある華厳の一も十なり十も一なりといふ如き説も必竟はこれほどのことと存候一体予は大日がかゝることを現出して一大迷路《メーヅ》を興し楽むを若輩の挙として笑ふものなり、然れとも予も亦勧進元の丁人にして大日何事をなしても他より反報を受ず無事にして晏然たるより博奕でも打てと魯国の仲尼も言たれば華佗の熊猿のまねして自ら按摩導引するを咎むるわけにも往ぬなり、所詮は天行は健なり大日すら活動して不息ること故米虫などます〳〵勉強せよ、善より悪趣を生じ安を楽んが為に動揺を起すは汝が猥りにまじめな状の尻に金粟王如来と書し来り扱金粟王その心得で汝を米虫と唱すれは忽ち無明の業火を起上して又々金粟王米虫如来などゝ書き来るは最初無用の語を書きし其方の謬りなり、これ少く楽んとして大苦を自受するに同じ汝如きは実は米粒做宇宙米水為大空的微虫とこそいふべけれ、大嘘の至りに堪たり、

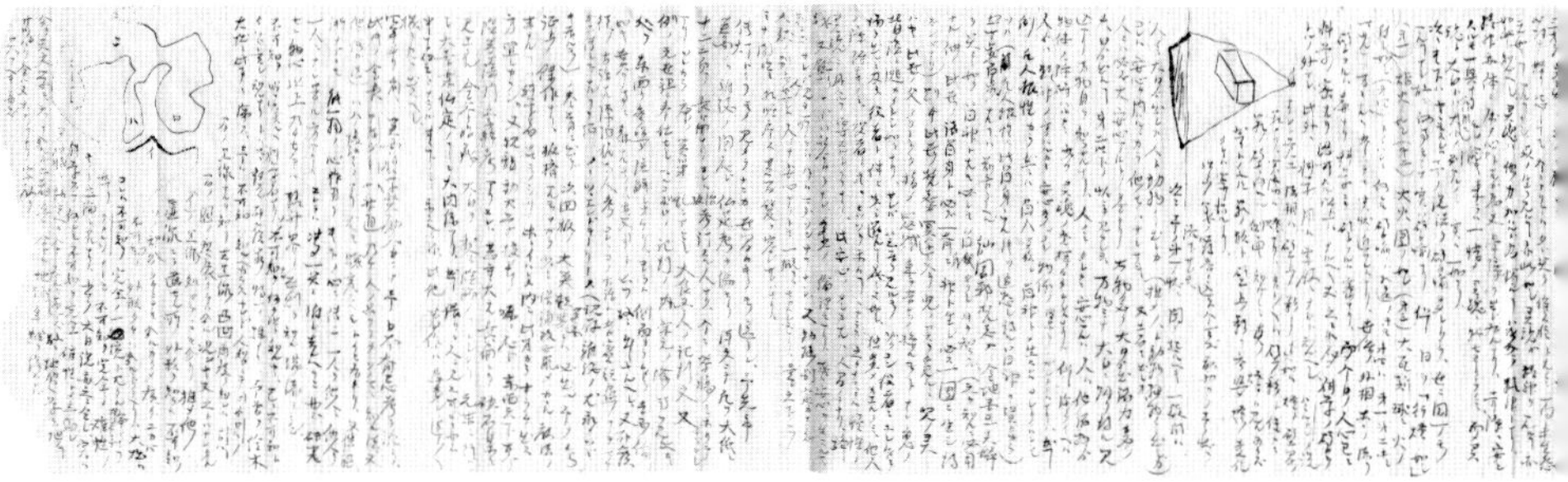

6 日付不明 〔一九〇二（明治三五）年三月二十六日（推定）〕 本書一六七～一六八頁参照

以下は土宜師へ此処より断ちて被渡下度

南方拝

土宜師宛

霊魂死不死の安心に対し已に四通斗り状出せり大体は御分りならんと存候分らずは幾度にても問ひに来れ、

こゝに一つ申しおくは世人かゝる問をかくるに自分（提出者）何の気もなく人の云ふまゝに題号を附ることあり、（否なそんな奴のみなり）霊魂といふこと已に不死を意味し居るは前状にて見るへし次に死不死といふも此世界の万物一も死して無に帰するものなし、他に転生するといふ迄なり、分解といふか分解の間には又二体をつゞける空間ありて二者とつらなる故に分解といふこと亦なし実は換外見といふと迄なり物の動くは動力 Force による、動きやめばとて力無くなるに非ず Energy 潜力と化する迄なる如し、而して今日の人は心界のことをいふにみな物界の用語（実は思想）を用ゆ故に物界已に無といふことなし、何ぞ心界に無の想を及し得んや、されは死といふは無に帰するといふに非ずして生形が滅して生力が他の力に変すといふ迄なり、扨此死といふことも（加様のことと解して）決して一時に死ぬものに非ず、そは首刎れし後も体漸く冷却するのみ一時に冷畢るに非ず又亀などは首刎られても心臓二昼夜も動き一昨年南非の合戦に首を失ひ乍ら剣を揮ひ馬を駆し兵卒ありしにても知るへく、又医者なとに拠るに死と生とほど分ち

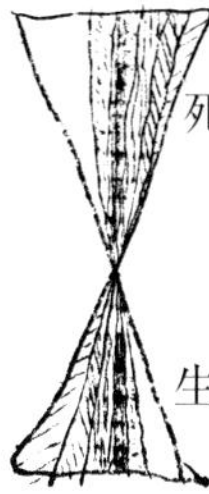

難きものはなしと呆れ書けり、故に生死の涯は漸にして成るものにして決してそりや死んだ人体も死に分子も死すといふに非ず、図中の生のの一画漸く死して死のの一画漸く生出する也

他の諸三角形内の画々も亦然り、乃ちいもむしの内に未来生の胞子ありそれがだん〳〵長じをいもむしが死に及び胞子は蛹《にしどち》となりその内に又蝶成りて漸次に蛹死して蝶飛び卵をのこす如し、人間の体七年毎に一変すること実は蛇の蛻するに同じとは吾れ〳〵幼時福沢先生に聞し所なり、人も蛇も常に変じゆくは同じことながら其垢を常にすりおとすと（蛇に近きトカゲは人と同く皮をすりおとすのみ、）一時に落すの別あるのみなり、心の変化亦如此吾れ〳〵今にして一才にして生れ二才にして歯生じ三才にして歩し出し五才にして戯れ出せしを自記することなし、乃至其頃一大事と心得て怒り怨しことも今になりてはたゞ笑を催す種となるのみ一向未生怨王如きことあることなし、死の生を見ること亦此の如し霊魂が精神を見ること亦如此と知るへし、霊魂は他の力加はるが為渇ることは幾分にして精神となり、精神亦体に属して心となるが為又暈障を生じ居るなり、暈障に安んするも一興なりもし飽《あ》き来らは一悟して霊魂に帰せよといふのみ、而して霊魂と大日とは作用に大小の別あるのみ実は一如なり、

次に貴下はや、もすれは予の説法を譬喩多しといふ、世に同一のものあることなし故に何事もみな実は譬喩なり、但し日を「行燈の如し」（第一）炬火の如し（第二）大火団の如し（第三）大瓦斯球に火の付し如し（第四）といはんに何れも譬喩には相違なきも第四は第一第二等にまさること万々なるは少しにても実状に近けれはなり、世俗の外相等にて法を譬ふるは麁なり科学にて譬ふるは密なり、而して今日の人心已に科学の密なるを認可する以上はなるへき丈之に相応して科学の譬をとるの外なし、此外に科学の用は宗教になしと知るへし、ハミルトンの説なりしと覚ゆ法相は壁上の影なり真如は燈と壁間の箱なり、実際は燈なり、吾れ〳〵は壁の影と僅かに箱の壁に向へる側面を知るのみ真の燈をは見る可らず然りといへとも箱の形と壁上の影を参照して燈の変化たけは察し得るなり、

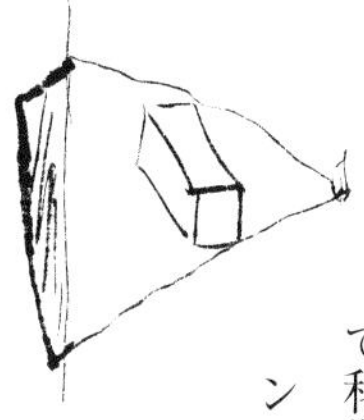

以上の義を心得呑み込で今一度最初から予の状を読下されよ、

次に予の第一の状に関して起るへき一疑問は人のみ大日より出しか人と動物のみ出しか（推して人と動物植物のみ出しか又土石も出しか、）これは安心を問はる、から他のものはさしさき〔ママ〕人には必ず大安心あるとの答なり万物悉く大日より出諸力悉く大日より出ること第二以下の状にて見られよ、万物みな大日に帰り得る見込あり万物自ら知らさるなり、人のみたしかに安心あるは人は他の諸物より物体の障碍はるかに少く霊魂の発揮多けれはなり、但し深くいへは人よりは精神の方はるかに安心多しこれ物体の累をのがれたれはなり、然し例の凡人根性から然らは箇人として死し箇神として生すれはよしといはんもそは（凡人根性は此箇身にあるときを追想し得る箇神を望むから）五十歩百歩なることは前書にいへる訕闍邪〔ママ〕梵志が金地国王夫婦を笑ひし如く箇神となるも必しも箇身たりしときを知らず、（之を知るに必用なる他の此世の諸箇身と必ず一斉に神と生し必す一団に生し得ずんばなり）則ち此世の梵志が冥途に入て児の霊を覓るに児の霊はや此世の父たりしものを指して寇賊来て吾れを掠るものとなし鬼の背陰に逃かくれし如きなり、されば芝居を見るものぞくこん役者にほれ乍ら場を出るに及で役者と伴ひ歩し還ること成らぬ如し、独歩してかえるのみ、他人の障碍なきのみ、役者と共にひつそり楽むことはならず、之をなすには頓悟して霊魂に帰するを要するといふなり、此安心のたしかなるは人間のみなり、蜂蟻又蟁《はあり》などは社会をなし、多少の倫理もあり、或は安心を生するも知れずされど人の見た所にては今はまだそんなことなし、又動植の別定かならず人獣の別亦然れは人みな安心ありとも一概には言はれぬなり、是れ天下のものみな漸次に相順序す其間髪を容れされはなり、

伝灯といふもの見たらなにか世間むきのもの送らん、予先年英国にて雑誌の問に応じ仏足考を編せり洋文にて凡そ大紙に十二三頁の長篇なりこれは活板考訂する人なく、今に草稿のみほりてちらかしありそれから唐の黄巣の乱にあひし大食国人の記行文又例の元世祖に奉仕せしマルコポ

ロの記行の内宋元の際の事を見るへき処を東西を参照して注解しおけり、これらは側面から乍ら吾国の僧如き世界の事に麁なるものには甚入用と思ふ故に出しやるへし、又耶蘇徒の古話なる漂泊猶太人考これはこの古話は吾賓頭盧のことをまちがえ伝しものなることを証しノーツ・エンド・キーリース（現存英国雑誌の尤も永くつゞき居るもの）の巻首に出で次回板の大英類典には必出る予の考証上の傑作なり、板権あるものながら少々増補改竄してか丶る教法の末なることは科学者なまものしり等にいはれぬ内に此方からさらけ出す方宜しからん、又現龍動大学校長の嘱に応じ東西天下古今陰茎陰門崇拝考ありこれは甚重大なる長篇にて砂石集に見えたる金界胎蔵の大日を和合陰陽のこととしたり元末に行はれし大善楽仏定のことに大関係あり、然し猥りに人に見す可きに非ず貴下望みならば貴下のみに示すへく候、此他著作は甚多し追ひ〳〵機を見て出すへし、

　四年斗り前に英国科学奨励会にて予日本斎忌考を読り、此ときの会長テレパシー（神通乃ち人の思ふことをそのま丶知る法又他に伝る法）は今後望みあり尤も験究すへしといひ居たり、又催眠術なとにも熊楠の心作用を貴下の心に伝え一人を他人に他人を一人になし畢る方あり、これらは決して一笑に附し去るへきに非ず、研究せは物心以上乃ちせめては精神界の原則を知る端緒ならん、

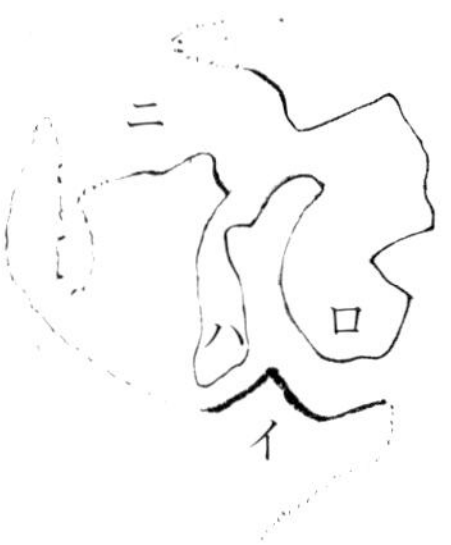

　不可知を唱導するは科学者なりその不可知なるを何を以て知るや、已に不可知といはゞ是れ知るなりとは之に対する耶蘇家の特一の難なり、予曽て鈴木大拙と此事を論す、予は不可知は知るへからすされど人智にてニよりロハの間の黒線なるを知り其黒線の凸凹角度を知れはニロハ間の図の広袤たけは分る　況んや又之とはなれたる（イ）の黒線の処たけにても分り推して他の虚線にて画せる所の外形を知らは不

可知のその部分たけにても分るかくして広げゆかば不可知の外形たけは分るといへり、大拙はこれは不可知を完全の一境と見たる論といふ然りデカルツなども不可知を完全にして確性《ポシチイブ》のものと立論したるなり、小生の大日説亦之に同じ、実は科学すら何れも不可知を完全確性として立論しよい加減に勘定を合し居るに過ず故に地質学で地のこと分り天文学で天のこと分るが二者立ち合ひで地球の年齢を議すればさつぱり合はぬほどのことなり宗教を笑ふへきに非ず

＊翻刻にあたっては、中瀬喜陽・松居竜五・田村義也・神田英昭の各氏をはじめとして、熊楠関西ワーキング・グループの各位のご協力をいただきました。ここに記して感謝いたします。

一七二―一九八頁に掲載の図版はすべて栂尾山高山寺蔵

第4部　データベースとしての森

熊楠が撮らせたと思われる、神島の全景写真および島内の自生のワンジュ

デジタル熊楠の壺

岩崎　仁

「南方熊楠の森」。これは熊楠が生き物たちを調査し木々に抱かれながら曼荼羅を思考した百年前の森のことなのか、または彼の頭脳の中に際限なく展開していた知識の森をさすのか、あるいは私たちがいま目にすることのできる紀伊半島南部の緑濃い森か、それとも。

熊楠のフィールドと現在の森

熊楠は、米欧留学から和歌山市に帰りついた一九〇〇年以降、一九四一年に和歌山県田辺の自宅で没するまで、紀伊半島から出ることはきわめて稀であった。当然のことながら彼のキノコ（菌類）、粘菌（変形菌）、藻類、蘚苔類などの生物学・生態学的調査ならびに研究はごく一部を除いて紀伊半島に広がる森で行なわれている。すなわち彼の研究フィールドは熊野の森に限定されていたといっても過言ではない。

この紀伊半島の森は「紀伊山地の霊場と参詣道」として二〇〇四年、ユネスコ世界遺産に登録された。しかしそれは文化遺産であり、自然遺産ではない。現実の紀伊半島南部、熊野の森はその大半が植林された杉で構成される人工の森であり、比較的昔の姿を残した山間部でさえ自然林と人工林が混在し、遠くから見るとあたかもパッチワークのごとき様相を呈している。

屋久島の森。大川の滝周辺の自然林

那智・瀞峡の森。部分的に植林が行なわれた結果、「つぎはぎの森」となった

現在、日本で自然遺産として登録されている地域は、知床、白神、そして屋久島の三ヵ所である。このうち屋久島の森は海岸部から標高二千メートル近い山岳部まで広がり、垂直分布として日本全体の植物相を島の内部だけで観ることができるといわれている。海岸部の亜熱帯性の照葉樹林帯から山間部の暖温帯・温帯針広混交林帯までは紀伊半島南部の森林とほぼ同じといってよい。実際、屋久島の大川の滝周辺に残された自然林は、熊野の那智一ノ滝付近の原生林と見まごうばかりである。かつて熊楠が愛し、考え得るかぎりの手段を用いて守ろうとした生命あふれる森は紀伊半島から消え去ろうとしている。今となっては屋久島の森にそのイメージを求めるしかないのかもしれない。世界遺産登録地域である島内西部林道周辺の海岸部から山を見上げると、さすがと思わせる手つかずの豊かな森が広がっている。この森こそまさに熊楠がキノコや粘菌を求めて徘徊したフィールドであろう。

熊楠の学問の底辺

熊楠は少年時代に数年の時をかけて、『和漢三才図会』のすべてを書き写した。彼は書き写すことによって頭の中のしかるべき場所へしっかりとデータを格納し、いつでも自在に取り出すことができたようである。この少年時代に書き写した『和漢三才図会』が自分の学問の基礎であると、「履歴書」と呼ばれる自身の書簡の中などでしばしば告白している。

また、熊楠は十三歳にして「動物学」という冊子（未公刊資料）を著作する試みを行なっている。その第一版目次は（一）博物学ノ大意並動物学ノ大意、（二）有機・無機二体ノ差別、（三）植物動物ノ差別並植蟲石蟲石草、（四）植物動物ノ區別法、（五）動物分類法、（六）動物番殖並化生湿生、（七）動物ノ界境、（八）有脊髄動物畧論、となっている。目次に続く序は「宇宙間物体森羅萬象にして之を見るに弥多く之を求むれば益蕃く其理を窮むれば弥深く其性

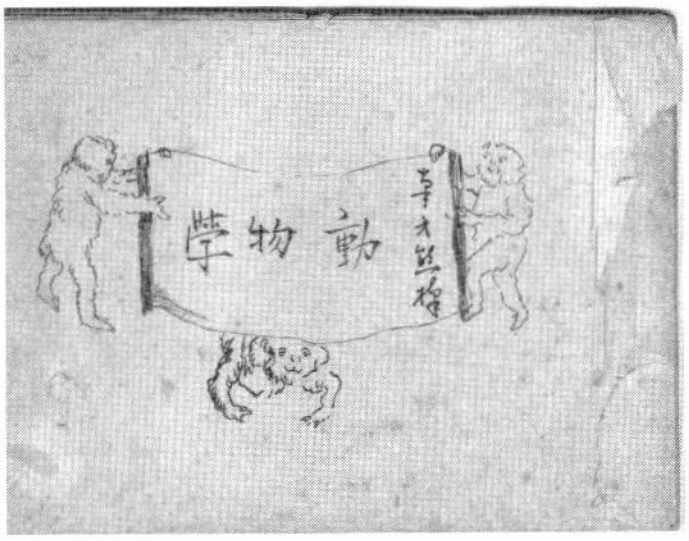

熊楠が13歳で自作した「動物学」第１版の表紙。この冊子より完成度の高いものが他に３冊残されている

を扣けば益繁く実に涯限ある可らず」とはじまり、「苟くも之が性を知り質を分け類を拆き属を別つに非んば焉んぞ以て之を了するを得んや」と続く。この時期、彼にとって探求の対象は植物に限らない森羅万象であり、彼の研究的手法が「分類」であることがこの文章から読みとれる。さらに、「而して博物學の如きも亦盛んに世上に行はれ人民心志を誘導して博學開智の域に進入せしむ　其人民世上に欠く可からずして學業上に有益なる実に開達智識の先導と云つ可し　余性素より博物學を好み特に動物学の人世に有益なるを喜ぶ」と続き、目次の内容と考えあわせると「博物学」こそが彼の学問的興味であり基礎であること、また冊子のタイトルでもある「動物学」がその中心であったことがうかがえる。最後は「因て之を書に約せんと欲し英国諸書を参校し漢書倭書を比て之を裨け以て此書を編輯せり」と結んでいる。後年、粘菌（変形菌）という学者たちがあまり興味を示さない植物とも動物ともつかぬ生物に彼が異様なほど打ち込むこととなる原点がここに見える。

このように後の「ロンドン抜書」「田辺抜書」につながる、熊楠の特異なデータ収集・整理能力と、そうして得た情報を文字や画像として残そうという彼の執念はすでに少年時代にはじまっていたのである。

熊楠と写真

画像記録・保存のひとつの方法は「写真」である。和歌山県田辺市中屋敷町の南方熊楠旧邸には熊楠が撮らせた多くの写真資料が保管されている。熊楠は神社合祀反対・自然保護を訴える際に『南方二書』を著すとともに、関係する場所の写真を資料として用いた。一九〇〇年代初頭の日本において、写真は先端技術であった。人を説得するためのツールとして写真を積極的に利用したことは先駆的であり、熊楠は画像・写真がもつ力を十分に理解していたといえる。

この神社合祀反対に関係する写真資料を見ると、非常に興味深い点に気づく。たとえば糸田の猿神跡の写真には真ん中に人が一人小さく写っている。また磯間の夷神社の写真には灯籠の右横、ちょうど鳥居の左先端部分にやはり人が一人写っている。そして神子ノ濱の写真にも鬼橋巌《ききょうがん》の手前に広がる畑の一番奥に、やはり人（この人物は熊楠本人の可能性が高い）が一人立っている。これらの人物は偶然に写り込んだとは思えない。意識して人を立たせている。では何のためにわざわざ立たせたのか。もっとも考えられるのは、人を「物差し」として利用したということである。何か大きさがわかるもの、たとえば硬貨や紙幣を「物差し」として写し込むと撮影対象の大きさが容易に判断できる。これと同じ目的で熊楠は人間を立たせたのである。写真を見せられた人は「鬼橋巌はこれくらいの大きさだ、この川はこのくらいの幅だ」ということを無理なく理解できる。つまり人物を写し込むことにより写真の資料として価値が高くなること、さらには見る人に写真が訴えかける力がたいへん大きくなる

熊楠が神社合祀反対運動に用いた写真資料３点。それぞれ裏に説明が記されている
上／稲成村大字糸田、猿神（日吉神社）跡
中／湊村大字磯間、夷神社
下／西牟婁郡湊村神子ノ濱、神楽神社

ことを熊楠は知っていたのである。

資料としての写真だけではなく彼自身の写真も多い。その中でとくによく知られた写真のひとつが「林中裸像」と呼ばれるもので、松の木の横に熊楠が下ばきひとつ、上半身裸でタバコをくわえ腕を組んで立った写真である。この写真を見ると熊楠はやはりパフォーマーであり、またそうであるがゆえに「写真のできあがり」を意識して写真に撮られていると思わざるを得ない。一九一〇年一月二八日の日記には「午下家を出同氏（辻氏）を訪、共に横手八幡写真とるより岡に出、途上松グミ生える松の下に予裸にて立ち喫煙するまま写真。岡の八上王子及中宮写真、それより岩田大坊松本神社写真、黄昏也」（『日記』三巻、三三五頁）とある。一九一〇年の一月から四月にかけて熊楠は、牟婁新報や大阪毎日新聞に神社合祀反対意見を続けて投書している。そのための資料写真を撮影する合間に行なわれたパフォーマンスである。この時代に素人が写真を撮影することは皆無で、熊楠自身が撮影したことはなかったであろう。写真技師（写真屋）を現地まで伴い、「ここで撮れ、あそこに人を立たせて撮れ」「ここに立つから、そっちの方向から俺を撮れ」というようにあれこれ周到に指示している様子が目に浮かぶようである。乾板をセットして暗箱を覗き込みアングルを決める、といった技術を要する操作は熊楠には似合わない。

このように写真の撮影は写真技師に頼らなければならないという事情から、残された写真のほとんどは和歌山県田辺市やその周辺部のものである。植物学的にも思想学的にも彼がもっとも充実した時間を過ごしたと思われる時期、「那智時代」と呼んでもよいが、この時期を過ごした那智や山深い山間部の写真はほとんどない。過去二年間、私は本書の著者たちとともに、数度にわたり、熊楠が歩き回ったであろう那智や中辺路から入った熊野の森を追体

林中裸像。背景の山の形から、日記の記述場所の熊野古道は特定できたが、松の木は見つからなかった

験することを目的に実地調査し、画像・映像のデジタルファイルとして記録した。本書の挿入写真の多くはこれらの画像ファイルを使用しており、映像ファイルを編集したものが添付のCDに納められた映像資料「南方二書の世界」である。

熊楠が残したもの

一方、南方熊楠旧邸には写真資料の他に、書簡、日記、抜書、原稿類の熊楠自筆資料をはじめ、蔵書や生物・植物・鉱物標本等の資料が多量に残されている。昨年、田辺市ならびに南方熊楠邸保存顕彰会から発行された『南方熊楠邸蔵書目録』[1)]によると、洋書千七百六十六点、中国書二百三十点、和古書三百二十三点、和書千四百七十九点であり、また本年発行された『南方熊楠邸資料目録』[2)]では、原稿類千二百四十七点、書簡二千百六点、その他自筆資料六百二十八点、来簡類五千七百十四点、写真・絵はがき等関連資料二千六十六点、その他雑誌・新聞切り抜き等二千五百七十三点とされている。なお、南方熊楠旧邸保管の生物・植物・鉱物標本等の生物関係資料については現在も調査・整理が進行中であるため、これら二つの目録に記載されていない。植物関係資料は旧邸以外に、四千点近い彩色菌類図譜をはじめとして、変形菌、藻類、蘚苔類、地衣類などの標本がつくば市の国立科学博物館植物研究部に多数保管されている。南方熊楠関連画像資料のスキャニングによるデジタルファイル化はこの彩色菌類図譜を出発点としている。これは彩色菌類図譜の劣化が著しく画像保存が急務とされたことがおもな理由であるが、彩色菌類図譜がもつ絵・画像としての美しさも大きな要因であった。添付のCDに納められたデータベース中の菌類図譜は量的には全体の三十分の一にすぎないが、十分にその魅力は伝わるものと思う。また、変形菌、藻類、蘚苔類と熊楠の関わり、これら植物資料の過去と現在は「第2部　南方熊楠の生態調査」に詳述され

現在の那智大阪屋跡から見た森。中央奥左が陰陽ノ滝や夜美ノ滝がある「くらがり谷」

ている。

熊楠資料のデジタルファイル化

南方熊楠旧邸保管資料のうち、蔵書や生物等の標本類を除く資料に対してマイクロ撮影による記録保存がこれまでに行なわれ、自筆資料のほとんどについて終了した。現在はマイクロ撮影に代わり、資料のスキャニングによるデジタルファイル化が進行しており、写真類についてはほぼ終了している。続いて書簡、日記、原稿などの自筆資料についてスキャニング作業が優先的に進められている段階である。従来、日記や書簡等の翻刻作業はマイクロ撮影フィルムからの紙焼きにより行なわれてきた。マイクロ撮影データは基本的に白黒二値の情報からなるため、その紙焼きも当然白地に黒で構成された画像となる。これに対しスキャニングによる画像ファイルからプリントアウトされる画像は、資料がたとえモノクロであっても幅広いトーンをもった画像であるため、マイクロ紙焼きよりはるかに多くの情報を観察者に提供できる。下図右は一九二六年五月十二日の日記の一部であるが、これは墨の濃淡により書き込んだ時系列がわかる例である。中央の「……ヨクモ書レズ時臥ス……」の部分と「四」および「廿《(廿)》分」の墨の濃さが異なっている。つまり熊楠が就寝時刻を後になって、たぶん翌日起きてから書き入れたのであろうと推測できる。この時期、日々の記述の最後は「徹暁不眠」ないしは「○時臥ス」のどちらかで締めくくられているが、たいていの場合「徹暁不眠」の文字の濃さは周囲の文章部分と異なっている。これも読書したまま朝

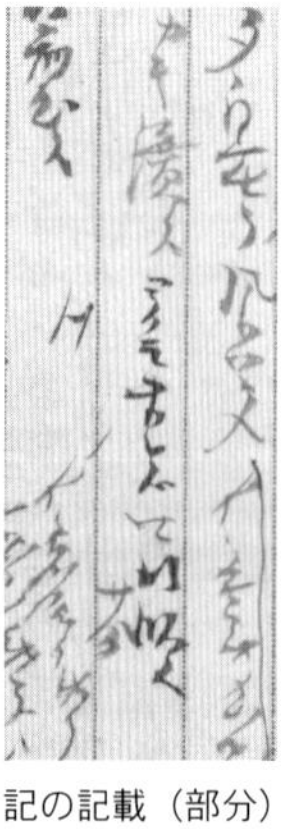

日記の記載（部分）

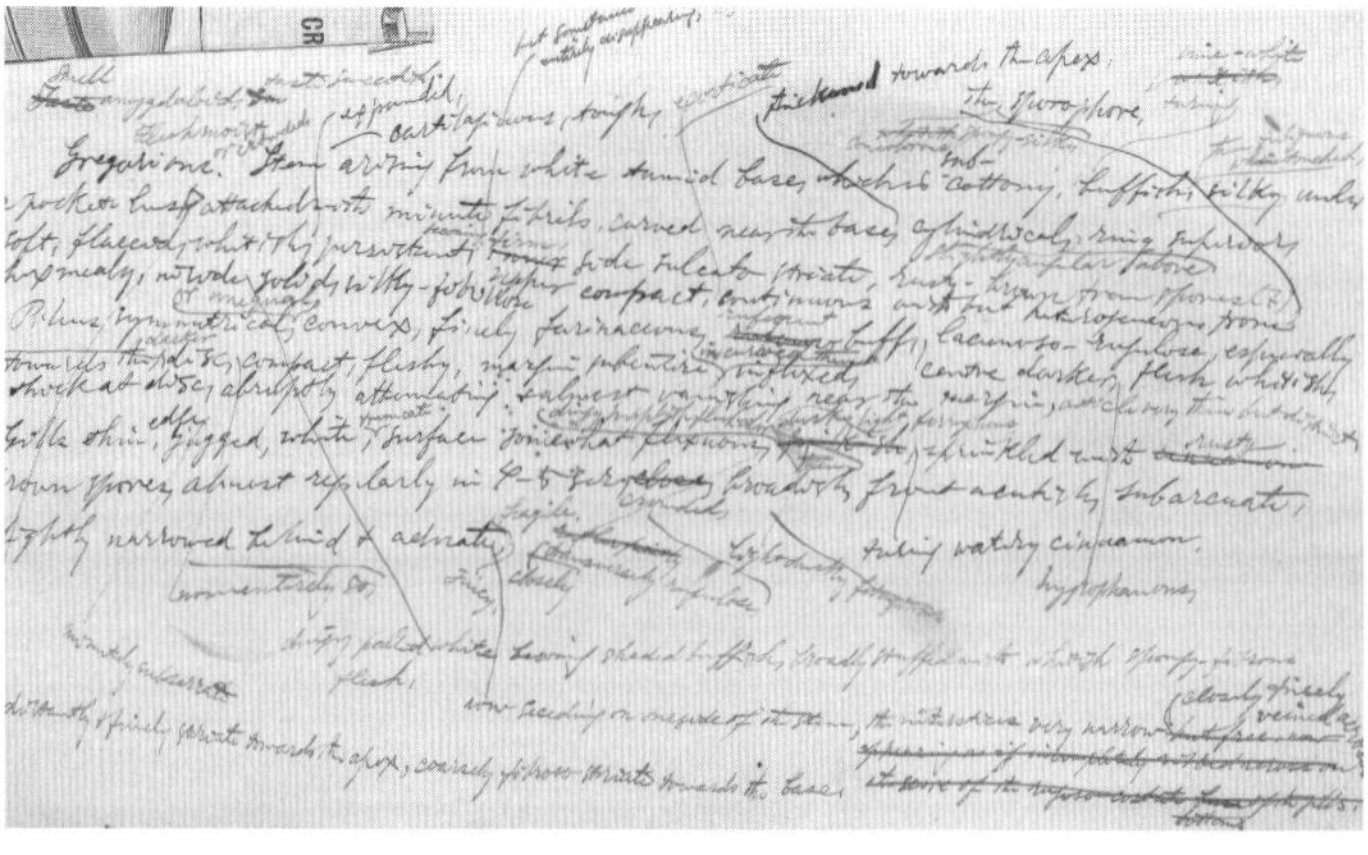

菌類図譜記載英文（部分）

になり、「ああ、今日も朝まで寝なかったわい」と翌日になって書き込んだものであろう。何事に対しても異常なほど詳しく正確に記録したがる熊楠の性癖がうかがえる。彼は自分の就寝時刻を克明に記することに執着したのである。

このようにスキャニングによるデジタルファイル化によって翻刻作業はかなり容易となった。熊楠は一度文章を書いてから追記したり書き改めたりを頻繁に繰り返すが、引用線が字に重なったりした場合も、墨あるいはインクの微妙な濃淡から判読可能となることがしばしばある。さらに画像処理により人間の目では認識し難い差異を強調して表示することができるなど、スキャニング画像は翻刻作業に大きく貢献する。ごく最近に発見された土宜法龍宛書簡についても最優先でスキャニングが行なわれた。そして、このスキャニング画像に基づく翻刻作業の結果、「第3部　南方マンダラをめぐって」には長文でかつ内容的にも非常に重要な書簡を含む合計六通の土宜法龍宛書簡の翻刻を掲載することができた。

次に、翻刻された文章はテキストデータとしてデータベース化されることでデータマイニング、すなわち新たな知見を発掘することが可能となる。彩色菌類図譜記載英文は全図譜の八〜九割が現在までに翻刻されデータベース化（そのデータ量は半角アルファベットで三百五十万字分に相当する）されているが、このテキストデータを全文検索して各単語の出現頻度を調査することにより、熊楠の英文の特徴を見出すことができたのはその一例といえる。[3] 前置詞の使い方において、標準的な英文と比較すると彼の記載文では with と at がよく使われ、of と to または by の出現頻度が低いことがわかったのである。

デジタルな壺

南辛坊は『仙人の壺』（新潮社）のあとがきで壺中ノ天について述べている。壺中ノ天（一壺天）とは別世界、仙境を意味し、広辞苑第五版によれば「後漢の費長房が薬売りの老翁とともに壺中に入って、別世界の楽しみをした故事から」とある。彼は次のように書いている。

小さな壺の口を通り抜けると、そこに別世界がひろがっている。楼閣や二重三重の門や二階造りの長廊下がめぐらしてあるお邸があり、そして、その外にはさらに景色が広がっている。そこはアナザーワールドなのだった。（中略）一体何が、このイメージの説得力なんだろう？と考えて、フト思いついたのは、壺とはつまり頭蓋骨のことじゃなかったか、というアイデアでした。入るはずのない大きなものが、小さな壺に際限もなく入ってしまう。

熊楠の壺、頭蓋骨の中にあった彼の脳はいま大阪大学医学部に保管されている。そして核磁気共鳴映像法（ＭＲＩ）による分析から、彼の脳には右海馬の萎縮が認められ、側頭葉てんかんの可能性が報告[4)]されている。

それはともかく、熊楠の壺中の天とは、彼の頭蓋骨中に広がっていたであろう『和漢三才図会』の世界、フロリダやキューバの蒼い空と海、那智の原生林、顕微鏡下の粘菌が形成するミクロコスモス、そして曼荼羅を介したマクロコスモスと、まったく際限がない。そして現在の「壺」はコンピュータであり、それをとりまくデジタル機器である。熊楠はキャラメル箱やたばこ箱に粘菌標本を入れたが、今やたばこの箱を平たくした程度の空間に二百年分の新聞記事（百ギガバイト）を記録保存できる。南方熊楠旧邸に保管されている膨大な量の資料すべてをテキストデータや画像データとして組み込んだデータベースが作り上げられたならば、かつて熊楠の壺の中に展開していた異空間があらたに「デジタル熊楠」として再構

たばこ箱に入れられた粘菌標本。
つくば市の国立科学博物館植物研究部蔵

築されることとなる。また現在の熊野や屋久島の森、キューバの空を画像や映像としてリンクさせれば、時代を超えた「南方熊楠の森」をコンピュータというバーチャルスペース中に鮮やかに蘇らせることもできる。このデータベースの森は今後も熊楠に興味を抱く多くの人々、そして熊楠研究者たちの手によって際限なく増殖・発展するであろう。

＊注＊

1 『南方熊楠邸蔵書目録』田辺市南方熊楠邸保存顕彰会、二〇〇四。

2 『南方熊楠邸資料目録』田辺市南方熊楠邸保存顕彰会、二〇〇五。

3 岩崎仁、田中伸也、萩原博光「研究者指向の南方熊楠菌類データベース—画像とテキストの統合型データベース—」『熊楠研究』第六巻、二〇〇四。

4 "Temporal lobe epilepsy in a genius of natural history: MRI volumetric study of postmortem brain", T Murai, T Hanakawa, A Sengoku, T Ban, Y Yoneda, H Fujita and N Fujita, Neurology, Vol. 50, pp.1373-1376, 1998.

- セキュリティ設定でアクティブコンテンツやポップアップ画面を制限していると一部表示されません。本CDを利用する際には一時的にこの設定をはずす必要があります。
- 菌類図譜の画面の多くは、図譜上の一部をクリックすると別画面が開き、記載された英文のテキストが表示されます。
- 詳細な画像を表示したい場合には「詳細表示ビューア」をクリックしてください。ビューアでは画像の左上部分が表示されるので、画像をドラッグすることで表示部分を移動させることができます。またスライドバーによって画像の回転と拡大縮小ができます。ビューアの詳しい操作方法はデータベース中の「ビューアの使い方」をご参照ください。

映像資料「南方二書の世界」の操作方法

- Windows® の場合、CD挿入後にCDの内容を表示し「NISHO.WMV」ファイルをダブルクリックするか、右クリックして「プログラムから開く」で動画再生ソフト（ウィンドウズ・メディア・プレーヤーなど）を選択してください。「南方二書の世界」がスタートします。

映像資料「南方二書の世界」

- Macintosh™ の場合、CD挿入後にCDの内容を表示し、「NISHO.WMV」ファイルをダブルクリックするとウィンドウズ・メディア・プレーヤーが起動し、「南方二書の世界」がスタートします。スタートしない場合は、(http://www.microsoft.com/japan/windows/windowsmedia/download/) からダウンロードしてください。

CD-ROMの使い方

本書についているCD－ROMは、南方熊楠データベースと映像資料「南方二書の世界」で構成されています。

データベースは「熊楠が歩いた道をたどる」というタイトルで、熊楠の那智時代と田辺時代との区切りとなる那智から田辺への旅程を再現し、彩色菌類図譜などの画像データと当時の日記や図譜記載英文のテキストデータを紹介しています。画像データベースとテキストデータベースはそれぞれ別に閲覧することもできます。

映像資料「南方二書の世界」は『南方二書』をてがかりに熊楠の神社合祀反対運動を紹介しています。

CDの起動とデータベースの操作方法

● OSとしてWindows® を搭載したパソコン（ブラウザソフトとしてIE 5.5以上をインストールした98およびXPにて動作確認）の場合、CDドライブに添付CDを挿入すると自動起動し、スタート画面が表示されます。

● Macintosh™ の場合（OS 9以降で動作確認）には、ドライブにCDを挿入しても自動起動はしません。CD挿入後にCDの内容を表示して、「INDEX0.HTM」ファイルをダブルクリックするか、ドラッグしブラウザソフトアイコン上にドロップしてください。スタート画面が表示されるので、あとはWindows® の場合と同様です。なお、フラッシュプレーヤーをインストールしていないと表示に支障があるので「README.TXT」を参照してインストールしてください。

● スタート画面が表示されたら、タイトル部分もしくは熊楠の写真（右図の白い点線内）をクリックするとメニュー画面へと変わります。進みたい選択部分をクリックすると閲覧できます。

スタート画面。
タイトル文字か熊楠写真を
クリックすると次の画面に

奥山直司（おくやま・なおじ）
1956年、山形市生まれ。
東北大学大学院文学研究科博士課程修了。現在、高野山大学教授。専攻、インド・チベット仏教図像学、仏教文化史。
著書に『評伝　河口慧海』（中央公論新社）、『ムスタン　曼荼羅の旅』（共著、中央公論新社）、『チベット［マンダラの国］』（共著、小学館）、訳書に『チベット文化史』（春秋社）などがある。

神田英昭（かんだ・ひであき）
1976年、東京都生まれ。
高野山大学大学院文学部密教学専攻　在学中。
論文に「〔新出資料〕土宜法龍往復書簡――第一書簡の紹介」（『國文學』50巻8号）などがある。

雲藤　等（うんどう・ひとし）
1960年、北海道三笠市生まれ。
早稲田大学大学院文学研究科修士課程（史学専攻）修了。放送大学大学院文化科学研究科修士課程（教育開発プログラム）修了。現在、龍谷大学科研費研究員。
論文に「南方熊楠の和文論文と明治期の日本語」（共著、『放送大学研究年報』16号）、「南方熊楠の記憶構造」（『熊楠研究』7号）、「南方熊楠の手紙」（『國文學』50巻8号）などがある。

（掲載順）

所　蔵

本書に掲載した南方熊楠関連の歴史的資料（写真・図版）は、各々に所蔵先を明記いたしました。明記していない熊楠ゆかりの多くの資料は、田辺市・南方熊楠顕彰会の所蔵になります。また、本文中に南方熊楠旧邸に蔵すると記された資料は、田辺市・南方熊楠顕彰会の所蔵です。ご協力賜りました皆様方に感謝いたします。その他、現代の写真・図版は各著者または編者によるものです。

出　典

引用文の出典を明記したなかで、『全集』は『南方熊楠全集』（全10巻、別巻2巻、平凡社）、『日記』は『南方熊楠日記』（長谷川興蔵校訂、全4巻、八坂書房）、『往復書簡』は『南方熊楠 土宜法竜 往復書簡』（飯倉照平・長谷川興蔵編、八坂書房）の略記です。

千田智子（せんだ・ともこ）
1971年、名古屋市生まれ。
東京工業大学大学院社会理工学研究科価値システム専攻博士課程修了。お茶の水女子大学・東京工業大学非常勤講師を経て、現在、日本学術振興会特別研究員（東京芸術大学）。博士（学術）。
著書に『森と建築の空間史――南方熊楠と近代日本』（東信堂）、『環境と国土の価値構造』（共著、東信堂）などがある。

安田忠典（やすだ・ただのり）
1967年、大阪府阪南市生まれ。
関西大学卒業、大阪体育大学大学院修士課程修了。現在、関西大学文学部総合人文学科専任講師（体育学）。南方熊楠顕彰会事業部所属。
論文「南方熊楠の変態心理学研究」（『人体科学』12巻1号）、連載「南方熊楠と熊野の温泉」（『熊楠ワークス』23号〜）などがある。

中瀬喜陽（なかせ・ひさはる）
1935年、和歌山県西牟婁郡生まれ。
東洋大学文学部卒業。現在、南方熊楠顕彰会副会長、紀南文化財研究会会長、田辺市文化財審議会委員長。
著書に『覚書南方熊楠』（八坂書房）、『南方熊楠独白』（河出書房新社）、『説話世界の熊野』『南方熊楠書簡――盟友毛利清雅へ』『門弟への手紙上松蓊へ』（以上、日本エディタースクール出版部）、『南方熊楠アルバム』（共編、八坂書房）、『父南方熊楠を語る』（共著、日本エディタースクール出版部）、『南方熊楠　奇想天外の巨人』（共著、平凡社）などがある。

萩原博光（はぎわら・ひろみつ）
1945年、群馬県生まれ。
北海道大学農学部卒業、農学博士。現在、独立行政法人国立科学博物館植物研究部微生物研究室室長。
著書に『森の魔術師たち―変形菌の華麗な世界』（共著、朝日新聞）、『南方熊楠の図譜』（共著、青弓社）、『日本変形菌類図鑑』（共著、平凡社）などがある。

山本幸憲（やまもと・ゆきひろ）
1947年、高知県生まれ。
高知県立高等学校教諭を経て、現在、高知県立佐川高等学校定時制教諭。
著書に『日本変形菌類図鑑』（共著、平凡社）、『図説日本の変形菌』（東洋書林）などがある。

土永浩史（どえい・ひろし）
1959年、和歌山県田辺市生まれ。
神戸大学大学院修了。現在、和歌山県立南紀高等学校教諭、南方熊楠顕彰会常任理事、希少野生動植物保存推進員（環境省）、日本蘚苔類学会等所属。
論文に「大台ヶ原山の蘚苔類　I〜IV」（『南紀生物』30、31巻）、「屋久島原生自然環境保全地域の蘚苔類」（『屋久島原生自然環境保全地域調査報告書』）などがある。

近田文弘（こんた・ふみひろ）
1941年、新潟県新発田市生まれ。
京都大学大学院理学研究科修士課程修了。静岡大学理学部助教授を経て、現在、国立科学博物館植物研究部植物第一研究室長。
著書に『中国天山の植物』（共著、トンボ出版）、『アジアの花食文化』（共編、誠文堂新光社）、『海岸林が消える？』（大日本図書）などがある。

◆編者略歴◆

松居竜五（まつい・りゅうご）
1964年、京都府生まれ。東京大学大学院総合文化研究科博士課程中退。論文博士（学術）。東京大学教養学部留学生担当講師、ケンブリッジ大学客員研究員、駿河台大学助教授、龍谷大学助（准）教授を経て、現在、龍谷大学国際学部教授。南方熊楠顕彰会理事、南方熊楠研究会運営委員・編集委員、日本国際文化学会常任理事。
著書に『南方熊楠　一切智の夢』（朝日新聞社）、『クマグスの森──南方熊楠の見た宇宙』（新潮社）、『南方熊楠　複眼の学問構想』（慶應義塾大学出版会）など。訳書に『南方熊楠英文論考──〔ネイチャー〕誌篇』、『南方熊楠英文論考──〔ノーツ・アンド・クエリーズ〕誌篇』（共に共著、集英社）。論文に「『戦場のメリークリスマス』とヴァン・デル・ポストの捕虜体験」（『紛争解決──暴力と非暴力──』ミネルヴァ書房）などがある。

岩崎　仁（いわさき・まさし）
1954年、愛知県生まれ。京都大学大学院工学研究科修士課程（工業化学専攻）修了。工学博士。現在、京都工芸繊維大学環境科学センター准教授。（社）日本写真学会理事、同西部支部長、南方熊楠顕彰会事業部所属。
Journal Award-for the Best Imaging Science Paper 1985（米国画像科学会1986年度論文賞）受賞、（社）日本写真学会平成15年度技術賞・同平成24年度功労賞受賞。画像資料調査およびデジタルデータ化担当として南方熊楠邸資料調査に参加。龍谷大学人間・科学・宗教オープンリサーチセンター展観「南方熊楠の森」（平成16年６～８月）の企画・構成。論文に「研究者指向の南方熊楠菌類データベース──画像とテキストの統合型データベース──」（『熊楠研究』6号がある。

南方熊楠《みなかたくまぐす》の森《もり》

2005年12月20日　初版第１刷発行
2017年５月18日　初版第２刷発行

編　者……………………松居竜五　岩崎　仁
発行者……………………光本　稔
発　行……………………株式会社 方丈堂出版
〒601-1422 京都市伏見区日野不動講町38-25
電話（075）572-7508
FAX（075）571-4373
発　売……………………株式会社 オクターブ
〒606-8156 京都市左京区一乗寺松原町31-2
電話（075）708-7168
編集協力…………………花月編集工房
印刷・製本………………日本写真印刷株式会社

ISBN978-4-89480-030-4 C0023